기술의 창조와 설계

하타무라 요타로 저
오덕수 · 임종국 역

岩波書店 화수목

역자 머리말

현대사회의 발전과 풍요로움은 기술의 창조와 개발에 의한 것임은 누구도 부인할 수 없을 것이다.

그런데 가만히 들여다보면 그 기술의 창조와 개발의 이면에는 수많은 실패와 시행착오가 커다란 받침대를 형성하고 있음을 알 수 있다.

본서 '기술의 창조와 설계'는 바로 그 '실패'를 두려워하지 않을 뿐 아니라 더 나아가 '실패'를 직시하고 오히려 그것을 살리는 일이 필요하다는 것을 역설하고 있다.

그렇다고 실패에 초점을 맞추고 있지는 않다.

저자인 하타무라교수는 창조설계의 선구자이다. 오랜 기간 동안의 활발한 연구와 후학 양성을 통해 새로운 기술을 창조하고 발전시키려면 어떻게 해야 하는지를 일찍이 깨닫고 또한 이것을 널리 알리고자 노력하고 있다.

그러한 활동 중에 저자 본인의 설명대로 그의 의지와 상관없이 '실패학의 대가'가 되어 있었다.

그러한 '창조를 위한 실패', '실패를 통한 창조'를 기술자들에게 알려야 하겠다는 사명으로 그 많은 실패사례와 성공사례를 재료로 하여 여러 문헌을 집필해 오던 중 이공학계의 학생들은 물론 현장 기술자들에게 꼭 필요한 본서를 정리하여 출판하게 된 것이다.

저자가 강조한 바와 같이 생각은 생물이므로 항상 변하는 것이 기본이다. 오히려 변하지 않으면 안 된다.

지금까지의 방식과 달리 생각의 씨앗내기부터 모으기, 분류하기, 전개하여 새로운 사고전개도를 만들어가는 '생각의 체계화'를 통해 기술의 창조와 설계가 이루어진다는 것을 믿어 의심치 않는 바이다.

본서는 이 같은 새로운 방식의 기술의 창조와 설계를 위한 '생각의 체계화'를 거의 완벽하게 제시하는 지침서라고 할 수 있다.

훌륭한 교재를 번역하게 된 것을 큰 영광으로 여기면서 우리나라에서 출판되기까지 힘쓰신 '도서출판 화수목'의 사장님과 직원 여러분께 감사드린다.

저자 머리말

본서(本書)의 유래(由來)

본서는 필자가 2개 대학에서 행해온 강의가 토대로 되어 있다. 하나는 도쿄(東京)대학에서의 「기계창조학」, 또 하나는 공학원에서의 「창조공학」이라는 강의이다. 도쿄대에서는 정년이 될 때까지 10년간, 대학원대학에서는 필자가 「전직(轉職)」하고부터 5년간이니까 모두 15년이나 강의해 온 것이 된다. 공학원에서의 강의는 지금도 계속 중이므로 최종적으로는 20년을 넘게 될 것이다.

도쿄대에서 처음 강의를 시작할 무렵 일본은 서구를 뒤쫓는 역사를 탈피하고 기술의 선두주자(top runner)로서의 지위를 확립하려는 참이었다. 필자가 이런 강의를 시작한 것은, 이제부터는 기술의 선두주자다운 사고방식에 기초한 강의가 필요하다고 생각했기 때문이다.

그럼 「선두주자에 어울리는 사고방식」이란 무엇일까. 그것은 「창조(creation)」이다. 누구를 흉내 내는 것이 아니라 자기 혼자 생각하여 전적인 제로로부터 새로운 것을 만들어낸다. 그것이 「창조」이다. 「창조」는 일생에 걸쳐 사색하고 실행해온 테마이다. 그것을 이번에는 학생들과 함께 연구하며 실행해가자고 생각한 것이다.

그런데 강의를 시작한 것은 좋으나 교본 같은 것이 전혀 없었다. 무엇을 어떻게 하면 좋을까, 어떻게 가르치면 좋을까, 처음에는 도무지 알 수 없었다. 그러나 이러니저러니 해도 15년간 계속해 왔으므로 지금에 와서는 필자 나름의 체계를 만들 수 있었다고 생각한다. 그 체계가 이 책의 골자로 되어 있는 것이다.

한편 대학 강의만이 아니라 2001년에는 도쿄대의 정년퇴임을 계기로 필자는 기업을 향해 「하타무라숙(塾)」이라는 사숙(私塾)을 열어 동일한 활동을 시작하였다.

하타무라숙에서는 「기업문화의 개조」라는 사고방식을 도입하여 대학강의보다도 훨씬 실제적이고 큰 관점에서 활동하도록 하고 있다. 「창조란 무엇인가」에 관하여 끊임없이 생각함과 동시에 머릿속에서 생각할 뿐만 아니라 실제의 기업 활동 내 플랜트나 프로젝트를 필자의 사고방식에 기초하여 실행해가는 것이다.

그리고 필자는 하타무라숙에서 배운 사람들이 실행해가는 단계에서 한 번 더 토론을 하거나 코멘트를 전하거나 하는 애프터케어도 행하고 있다. 그러는 중에 필자 자신에게도 리얼타임으로 피드백이 되어 생각의 내용이 진화해가기 때문이다.

그런 의미에서 본서의 내용은 기본적인 사고방식에 있어서는 아무것도 변하는 것이 없지만 교육방식이나 생각의 내용은 지금 현재도 계속 갱신(更新)되고 있다. 따라서 필자의 현 시점에서의 생각의 한 단면이 여기저기에서 나오는 것이 본서의 특징이 되어 있기도 하다. 학문의 세계에서는 진실이나 진리는 영구불변한 것이라고 생각하고 있는 사람이 많으나 필자는 그렇게 생각하지 않는다. 생각은 생물(生物)이고, 생각의 내용은 항상 변하는 것이 기본이다. 오히려 「변하지 않으면 안 된다」고 생각하는 것이다.

따라서 하타무라숙에서는 「필자가 말한 것의 앵무새가 되어서는 안 된다」고 얘기하고 있다. 필자의 얘기를 듣고 그렇다고 생각하면 도입하면 되고, 틀렸다고 생각하거나 현실에 맞지 않는다고 생각한다면 자기 나름으로 바꾸면 된다. 중요한 것은 그렇게 생각하여 도입하거나 자기 나름으로 바꾼 것을 다음 사람들에게 전하는 것이다. 그런 소위 「전언(傳言)게임」도 하타무라숙 활동의 중요한 일부가 되어 있다.

첨기(添記) 「전언게임」식으로 전해가면 생각은 기하학적으로 퍼져 간다. 그러나 퍼졌다면 퍼진 채로 두면 안 된다. 거기서 기하학적으로 늘어난 자식이나 손자, 증손들의 생각이 어떤 식으로 되어 있는지를 필자 자신이 확실하게 확인하도록 하고 있다. 이것은 시간도 걸리고 수고도 들고 모든 것이 대단한 일이지만 필자 자신이 반드시 나가서 행하여, 질의응답은 물론 철저하게 토론도 하여 필자 나름의 코멘트도 전하는 것으로 하고 있다. 교육에서는 이런 피드백 루프를 만드는 것이 중요하다고 생각하기 때문이다.

이 "전언게임"을 다른 말로 하면 「아웃풋을 확실히 행한다」는 것이다. 자세한 것은 본문에서 해설하는데 필자는 앞으로의 교육에는 「아웃풋형의 학습」이 빠져서는 안 된다고 생각하고 있다. 따라서 하타무라숙에서는 먼저 1인씩이 자기가 만들어온 생각을 모든 사람 앞에서 프리젠테이션 한다. 그 다음에 그룹으로 토론하면서 생각을 탐구하여 전체를 구축해가는 형태를 채택하고 있다.

이것을 또 다른 형태로 진화시켜 실행하고 있는 것이 공학원대학에서의 「창조공학」 강의이다. 학생에게 구체적인 과제를 부여하고, 그것을 어떻게 해결할까를 먼저 자기 혼자 생각하게 한다. 그리고 생각한 내용을 전원 앞에서 발표하고 토론을 하여 생각을 깊게 함과 동시에 최후에는 반드시 실물을 만드는 데까지 행하는 것이다. 예를 들어 2005년의 강의에서는 「위험하지 않은 회전문 만들기」, 2006년의 강의에서는 「위험하지 않은 놀이기구 만들기」라는 과제를 내주어 모두가 실행했다.

저자 머리말

공학원의 「창조공학」은 3학년생에 대한 1년 강의로 선택과목이다. 모인 학생은 고지식하다고 할까, 모두 진실하다. 따라서 1년이 지났을 무렵에 완성된 실물은 무엇이나 개성적이고 좋은 물품뿐이다. 필자는 매년 이 강의가 즐거움이다.

첨기 재미있는 것은 아웃풋형으로 한 사람씩의 생각을 내어 모아서 전체를 구축해갈 때의 모습은 「교육」이 아니라 생각을 「양육」하고 있는 것 같은 느낌이 든다. 「교육」보다도 「양육」이 중요하게 여겨지는 느낌이 필자에게는 드는 것이다.

문제점을 확실하게 현상에 도입하면서 제약조건에 바르게 대응시켜 그 제약조건 안에서 자기 나름의 연구를 해나가면 사람은 성장한다. 공학원대학의 강의나 하타무라숙에 참가한 사람을 보고 있으면 필자에게는 그러한 생각이 드는 것이다. 필자가 보기에는 불가능한 것 같았던 것을 참가자가 점차 실행해가는 것을 보는 것은 참으로 황송한 일이다. 왜 이런 일이 일어날까, 실은 불가사의함을 느끼는 것이다.

본서의 내용

이 책의 주요 의제는 제3장의 「창조학개론」이다. 특히 그 중의 「창조설계원리」이다.

창조설계원리는 필자가 주재하는 「실제설계연구회」라고 하는, 필자의 연구실 OB를 주체로 한 연구회에서 토론을 하여 구축해간 것이다. 필자 자신의 연구활동을 통해 도출해 온 부분도 있지만 「실제설계연구회」 회원들의 협력이야말로 본서에서 해설하는 하나의 체계를 만들 수 있게 한 것이다.

첨기 실제설계연구회에서는 그 시기마다 토론과 연구의 성과를 니칸(日刊)공업사의 「실제설계시리즈」로 출판하고 있다.

- 『실제의 설계-기계설계의 사고방식과 방법』(1988년)
- 『속 실제의 설계-기계설계에 필요한 지식과 테마』(1992년)
- 『속속 실제의 설계-실패로 배우다』(1996년)
- 『실제의 설계 제4권-이렇게 하여 정했다』(2002년)
- 『실제의 설계 제5권-이렇게 기획했다』(2004년)
- 『실제의 설계 제6권-기술을 전하다』(2006년)

또한 1983년 필자가 MIT에 유학했을 때 만나 알게 된 서남표(Nam Pyo Suh) 교수의 「액시오매틱 디자인(Axiomatic Design)」(직역하면 "공리적(公理的) 설계"라는 의미)의 사고방식에 깊은 영향을 받았다. 서교수와 만난 첫 무렵에는 별 느낌이 없었는데 그와 토론을 하는 중에 「이 사람의 생각하는 것은 평범한 것과는 완전히 다르구나」라고 생각하게 되었다. 따라서 필자가 볼 때 서교수 사고방식의 정확하고 좋다고 생각하는 부분은 기탄없이 도입하고 있다. 그러나 창조설계원리는 어디까지나 필자 자신이 철저하게 생각하여 만든 것임에는 변함이 없다.

첨기 필자는 서교수의 책도 번역하여 두었으므로 관심이 있는 독자는 그쪽의 책도 꼭 참조하기 바란다.

- N.P. 서 저(하타무라요타로 감역) 『설계의 원리-창조적 기계설계론』 아사쿠라서점(朝倉書店), 1992.(절판)
- Nam Pyo Suh 저(나카오마사유키(中尾政之), 이이노켄지(飯野謙次), 하타무라요타로(畑村洋太郎) 역) 『공리적 설계-복잡한 시스템의 단순화 설계』 모리키타출판(森北出版), 2004.

이와 같이 많은 사람과의 공동작업으로 만들어진 것이 창조설계원리인데 이렇게 하여 「창조란 무엇인가」를 추구해가는 중에 창조에는 「실패」라는 것이 부수적으로 반드시 따라온다는 것에도 주의가 미치기 시작했다. 그래서 실제설계연구회에서 출판한 것이 『속속 실제의 설계-실패로 배우다』(니칸공업사)이다. 그리고 이 책을 이어받아 필자가 『실패학의 장려』(고단샤(講談社), 2000)를 출판한 무렵에 생각지도 않은 일종의 사회현상이 일어났다. 그 결과 필자는 요청을 받아 실패학 강연을 할 기회가 비약적으로 늘어났다. 본서의 제2장은 그렇게 강연한 내용을 정리한 것이다.

창조의 근본에 실패이야기가 들어있는 것이 이상하다고 생각될지도 모르겠다. 그러나 창조를 하기 위해서는 실패에 눈을 돌릴 필요가 있는 것이다. 다른 말로 바꿔 말하면, 먼저 창조가 있고 그 다음에 실패가 오는 것이다. 따라서 본서는 필자 자신의 방식으로 하면 창조가 주(主)이고, 실패는 종(從)인 것이다.

그런데 『실패학의 장려』가 출판된 후 「종(從)」인 실패 쪽이 점점 커지고 있었다. 실패란 어떤 것일까. 실패를 어떻게 다룰까. 실패와 어떻게 만날까. 시대와 사회가 실패에 대한 새로운 사고방식을 강하게 요구하게 되어 「실패학」이 특이적으로 발달해간 것이다.

일의 순서로 보면, 필자 자신의 안에서는 「창조」에 관하여 생각하고 있는 중에 「실패」

가 나온다고 하는 것이 정확하다. 따라서 본서와 같은 교과서를 만들 때는 필자로서는 「창조」, 「실패」라는 순서로 배열하고 싶다. 그러나 세간에서 바라기는 먼저 「실패」쪽을 향해 있는 것이 보였다.

그래서 필자는 이 책의 목차는 독자가 알고 싶다고 생각하는 순서로 재편성해야겠다고 생각했다. 읽는 사람의 머리활동에 맞추지 않으면 아무리 훌륭한 것이 쓰여 있어도 이해되지 않아 흡수되지 않으므로 실행되지도 않는다고 생각한다. 쓰는 사람이 생각한 순서대로 쓰는 것은 쓰는 사람의 독선이고 그건 안 된다고 생각한 것이다. 이런 이유로 필자는 본서의 목차를 다음의 순서로 정했다. 즉,

1. 문제제기-지금 일본에서는 무슨 일이 일어나고 있나
2. 실패학의 장려〈실패학개론〉
3. 창조학의 장려〈창조학개론〉
4. 생각을 만들다
5. 긴급제언-3현으로 배우다

이다.

2장과 3장에 관해서는 말했으므로 1장, 4장, 5장을 설명하겠다.

한가운데의 2장과 3장에서 논하는 「실패」와 「창조」의 개념은 둘 다 머리로 생각한 간단한 이론이 아니라 필자가 실제로 현장에 가서 현물을 만지며 현지 사람과 만나 토론을 하여 실지 현장에서 충분히 단련한 것이다. 따라서 그 개념을 원료로 하면, 지금 일본 각지에서 일어나고 있는 여러 가지 사고나 트러블을 어떻게 이해해야 할지, 어떻게 대응해야 할지에 관하여 적확한 문제제기와 과제설정, 충분히 실효성이 있는 제언이 가능하다고 필자는 생각하고 있다. 1장과 5장은 서로 짝이 되어 그 문제제기와 제언을 행하는 장(章)이다.

한편 한가운데의 2장과 3장을 「생각을 만든다」는 관점에서 전부를 새롭게 보아 어떻게 창조라는 동작과 결부시킬까, 그 구체적인 방법에 관하여 설명하는 것이 4장이다. 단적으로 말하면 4장은 「사고전개도를 만든다」는 것이 주제이다. 창조를 하기 위해서는 사람을 따라하는 것이 아니고 또 사람으로부터 배우는 것도 아니고 자기 머릿속에서 「생각씨앗」을 점차 발달시키면서 자기의 독립된 생각을 만들어가는 방법이 필요하다. 그것은

오랫동안 원하고 있었던 것인데 구체적인 방법은 전혀 존재하지 않고 있었다. 「사고전개도」는 필자가 오랜 기간에 걸친 실천의 끝에 도달한, 그 구체적인 방법이다. 4장에서는 그 설명을 하고 실제로 「사고전개도」를 사용하여 독자가 자기 생각을 만들어가도록 한다.

첨기 일본의 교육은 잘 이해하는지, 잘 생각하는지, 훌륭하게 계산할 수 있는지, 정확한 답을 내놓는지, 그런 것뿐이다. 멋지게 나와 있는 것만을 이해시키려고 하여 「자기 생각을 만든다」는 것에 관해서는 일고(一顧)조차 하지 않았다. 「생각을 만든다」는 관점이 빠져 있는 것이 일본 교육의 큰 결점이라고 필자는 생각하는 것이다.

이상이 본서의 내용이다. 본서는 필자의 사색과 실행의 집대성인 것이다.

본서의 상정독자(想定讀者)

본서의 상정독자는 다음의 사람들이다.

- 공학계의 대학생, 대학원생
- 기업에서 기술에 관여하고 있는 사람. 특히 설계, 개발, 연구에 참여하고 있는 사람
- 현장을 조금이라도 좋게 하려고 노력하고 있는 기술자
- 널리 생산활동에 참여하고 있는 사람(사회기반시스템을 취급하는 사람도 포함)
- 널리 창조활동에 관여하고 있는 사람(넓게는 문학, 음악, 회화(繪畵), 연극에 관여하고 있는 사람)
- NHK 교육TV 「알기를 즐긴다」 "따라서 실패를 일으킨다."를 보고 더 깊이 알고 싶어진 사람

이 책은 필자가 대학에서 행하고 있는 강의에서 탄생한 것이기 때문에 공학계 학생들은 꼭 읽기를 바란다. 또 이 책에서 설명하는 개념은 하타무라숙을 기원으로 각지의 강연회를 통해 발달시켜 온 것이므로 기업 내에서 기술에 관여하고 있는 사람에게도 읽기를 권한다. 특히 설계, 개발, 연구를 행하고 있는 사람, 그리고 현장의 생산프로세스를 정말로 좋게 하고자 밤낮 허둥지둥 하고 있는 사람은 꼭 읽기 바란다. 이 책의 내용은 자기들 일에 직결하는 것이므로 금방이라도 살릴 수 있을 것으로 생각하기 때문이다.

그리고 조금 더 영역을 넓혀 실물의 생산에 관여하고 있는 사람만이 아니라, 소프트웨어나 사회의 기반을 이루는 시스템을 만들어 쓰고 있는 사람에게도 이 책의 내용을 살려줄 것이라고 생각한다. 예를 들어 은행의 결산시스템이나 철도・항공기의 예약시스템과 같은 거대시스템에 관여하고 있는 사람은 절대로 이 책을 읽어야한다고 생각하는 것이다.

그리고「넓게는」이라고 썼는데,「창조」라는 것이 가장 강하게 나오는 것이 실은「예술」이다. 그래서 조금 욕심을 부려 넓게 예술분야에서 창조활동에 관여하고 있는 사람에게도 읽히기를 바라는 것이다.

첨기 예술에 있어서의 창조란 어떤 것일까.「나는 이런 것을 표현하고 싶다」는 욕구나 충동, 소망이 우선 있다. 그리고 어떤「전체」가 아른아른하는 한편으로 반드시「부분」이라는 것을 생각하지 않으면 안 된다. 그 부분은 틀림없이 단편적이다. 그 단편적인 것을 연결하면서 만들고 싶은 전체상에 맞추어 간다. 재미있는 것은 부분인 단편은 이상할 정도로 세밀하고 상세한데 최후에 완성된 전체는 의외의 의외, 희미하고 멍한 것이다. 이것은 거꾸로 말하면 본체를 만드는 사람은 부분도 만든다는 말이다. 전체를 만드는 사람은 세밀한 것은 알지 못한다, 하지 않는다, 누군가에게 시킨다는 등으로 생각하면 큰 오해이다. 본체를 만드는 사람은 부분도 만들고 전체도 만드는 것이다. 이런 동작은 필자의 전문분야인 설계와 아주 똑같은 것이다.

이 책의 교정작업을 하고 있는 도중에 필자는 NHK 교육TV「알기를 즐긴다」의 "따라서 실패를 일으킨다"(2006년 8월 7일~9월 25일, 총 8회 방영)라는 프로에 출연했다. 이 프로가 방송된 이후 필자의 신변은 흥청거리고 흥청거려 재미있어 어쩔 줄 몰랐다. 어쨌든 사람을 붙잡고는 여러 사람이 여러 얘기를 하는 것이다. 그리고 그 모습을 보고「이것은 굉장히 중요한 일이 아닌가」라고 생각한 것이다. TV를 보게 된 사람들은 프로를 보는 걸로 끝나지 않는 것이다. 보고 있는 도중에서부터 머릿속 어딘가가 움직여 나와 자기 나름으로 생각을 시작하는 것이다. 지금 자기가 본 것을 자기의 생활이나 활동과 어떻게 관계시킬까. 그렇게 말하는 것을 머릿속에서 열심히 작동을 시작하게 하는 것이 필자에게는 보인 것이다. 따라서 본서는 그런「머리가 움직이기 시작해버린 사람」들에게도 읽기를 권하는 것이다.

이와 같이 본서는 생각하는 독자 한 사람씩이 다르다. 따라서 필자가 쓴 책으로는 본적이 없을 정도로 폭넓게 독자를 상정하게 되었다. 즉, 견지를 바꾸면 그만큼 큰 테마를 다루고 있는 책이라고 할 수도 있다.

본서의 이용법

본서의 이용법으로는 다음의 것을 생각할 수 있다.

(교과서로서의 이용)

- 대학에서의 창조교육
- 하타무라숙

(기본서로서의 이용)

- 기업의 창조성개발 프로그램
- NIIK 교육TV「알기를 즐긴디」외의 제휴 프로그램
- 자습용

먼저 말해 둘 것은, 본서는 딱딱한 단어는 전혀 없이 쓰여 있다는 것이다. 또한 독자의 머릿속 작동에 맞도록 철저하게 생각을 짜서 기술한 것이므로 특히 흡수되기 쉬운 책이 되었다. 따라서 대학생이나 대학원생 수준을 요구하는 것이 아니라 의욕이 있는 사람이라면 고교생이나 전문학교 학생도 충분히 읽을 수 있다. 일찍 읽어두면 그만큼 유리하게 되어 일찍 효과가 나타날 것이다. 「그 때 이 책을 읽어두어서 정말 좋았다」라고 생각하는 날이 반드시 올 것이라 확신하고 있다.

최근 대학의 공학계 학과에서는「창조」가 커다란 테마가 되고 있다. 따라서 대학의 창조교육 교과서로 사용하는 것이 본서의 표준적인 이용법이다. 학부생이 읽어도 좋고, 연구테마로 잡아가고 있는 대학원생이 읽으면 본서가 어두운 밤을 밝히는 등대의 역할을 할 수 있을지도 모른다.

한편 본서의 내용은 하타무라숙이나 기업주최의 강연회 등을 통해 연마되어온 것이다. 따라서 효과적이고도 실천적인 기업 내 교육을 시작하고 싶다고 생각하는 회사에 따라서는「이런 책을 바랬었다」라고 생각하는 내용에 맞도록 만들어져 있다. 그런 의미에서는 교과서라기보다 기업 내 교육, 창조성개발 프로그램을 실천할 때의 기본서가 되고 있는 것이다.

또 NHK의「알기를 즐긴다」를 보고 필자의 사고방식을 도입하여 자기도 움직여보고 싶다고 생각하는 사람도 본서를 충분히 읽어보게 될 것이다. 기술이나 공하에 관한 이야

기는 읽고 나서 잊어버려도 상관이 없다. 그러나 예를 들어 4장의 「생각을 만들다」같은 것은 기술이나 공학의 소양이 전혀 없는 사람이라도 어렵지 않게 읽을 수 있고 자기 활동에 도입하여 사용할 수 있을 것이다. 1장이나 5장의 문제제기·제언에서는 개별 기술이나 생산활동에 국한하지 않고 지금 일본의 모든 분야에서 진행되고 있는 문제가 지적되어 있다. 독자의 입장에 대응하여 느끼거나 생각하거나 깨닫는 것이 분명 있을 것이라고 생각한다.

방송프로에서는 현장성을 중시하여 영상·음성의 이점을 최대한으로 이용하여 배울 수 있도록 강구를 했는데 본서에서는 활자 미디어의 이점인 반추성(反芻性)·반복성을 의식하여 참으며 다시 읽도록 만들었다. 방송프로 쪽은 모두 DVD 등 개인으로도 볼 수 있는 형태로 제공되어야 한다고 생각하고 있다. 따라서 본서는 영상미디어와 커플링으로 공부할 수 있는 제휴 프로그램의 고리를 형성하게 될 것이다. 그런 의미에서 매우 효과적·효율적인 독습서로서도 이용될 수 있게 할 예정이다.

감사의 글

마지막으로 본서의 시작으로서 감사의 말씀을 드리고자 한다.

먼저 「실제설계연구회」의 멤버들이다. 그들의 협력과 가르침 없이 본서에서 말하고 있는 개념을 형성하는 것은 불가능했을 것이다. 또 현재도 계속되는 이 연구회의 활동 안에서 필자의 생각은 다양한 자극을 받아 늘 현재진행형으로 발전하고 있다. 그것은 전적으로 그들과의 토론 덕분이다. 본서에서 멤버의 이름을 거명할 수 없는 것이 유감이다.

그리고 키하라아키라(木原明)선생과 미야마(宮間熊男)선생. 키하라선생은 재단법인 일본미술도검보존협회의 풀무제철의 기능장으로 국가지정 선정보존기술 보유자이시다.

미야마선생은 이세신궁(伊勢神宮)의 식년천궁(式年遷宮) 대동량(大棟梁)을 하고 계시는 분이다. 두 분에게는 「기술을 획득하는 것이란」, 「기술을 전하는 것이란」이라고 하는, 기술에 참여하는 자는 누구에게라도 배우지 않으면 안 된다는, 본질적인 분수의 가르침을 받았다. 두 분 가르침의 일단(一端)을 이렇게 책이라는 형태로 남길 수 있는 것은 참으로 영광이라고 생각한다.

그리고 와세다(早稻田)대학 이공학부의 나카자와히로시(中澤弘)선생. 나카자와선생은 일찍부터 필자의 생각에 공명해 주어 필자를 초대하여 이야기할 자리를 제공해 주셨다. 와세다에서의 「나카자와숙」이 그 후의 「하타무라숙」의 맹아(萌芽)가 되었다고 생각한다.

하타무라숙을 통해 처음 전국각지의 기업에서 필자와 왕래해 준 사람들에게도 감사하고 싶다. 이런 분들과의 왕래가 있었기 때문에 본서의 내용은 연마되어 간 것이다.

또 2001년 봄 이래로 공학원대학에서 필자의 「창조공학」 강의에 참가해 준 학생 제군. 앞에서도 썼지만 그들은 고지식하다기보다도 진실하다. 그런 젊은 삶의 열의에 맞추어 필자의 강의도 점점 진화되어 가는 것이다.

그리고 MIT의 서교수. 지금까지도 해마다 몇 차례씩 만나 토론을 해왔는데 그와는 가장 빈번하게 만나 토론하고 서로 개념을 더욱 탐구, 높이고자 하고 있다. 필자가 그의 생각의 본질을 가장 이해하고 있는 것같이 그야말로 필자의 생각의 본질을 가장 이해해주고 있는, 세상에서 얻기 어려운 친구 중의 한 사람이라고 생각하고 있다.

그리고 이시무라마사코(石村雅子)선생, 세키준코(關田純子)선생. 이 책에 나오는 그림은 모두 이시무라선생이 필자의 손으로 그린 그림을 깨끗하게 그려준 것이다. 또 세키선생은 본서의 원고를 준비해 주었다. 두 사람은 필자의 비서를 맡고 있어서 언제나 신세를 지고 있는데 여기서 다시 한 번 감사의 마음을 표하고 싶다.

마지막으로 이와나미(岩波)서점의 편집부 나가누마고이치(永沼浩一)선생에게는 언제나 너무 많은 신세를 져 왔다. 그와는 본서의 전신인 『설계의 방법론』이라는 책을 낸 이래, 『직관으로 아는 수학』, 『속 직관으로 아는 수학』에 이어 4권째의 책을 만들게 되었다. 필자의 머리에 떠오른 것을 기록 · 정리 · 구성해 준 사람은 그이며, 그의 헌신적인 조력이 없으면 이 책을 포함하여 어느 책도 빛을 보지 못했을 것이다. 잘 참고 동조해 준 것이다. 감사의 말씀을 드린다.

이상의 여러 분들의 힘이 보태져서 본서는 이렇게 간행단계에 이르렀다. 마음으로부터 감사한다.

2006년 11월 8일

히티무라요타로(畑村洋太郎)

차 례

CHAPTER

01

문제제기

CHAPTER

01

문제제기

머리말에서도 언급했듯이 필자가 이 책에서 탐구해 왔다고 생각하는 것은 **창조(creation)**이다. 단, 창조란 이런 것이며, 이런 식으로 하면 창조가 가능하다고 말하는 것으로 끝나는 것이 아니다. 그러면 크리에이션은 없고, 일반적인 기초지식이 되고 말기 때문이다.

창조를 얘기할 때 실패를 얘기하지 않으면 안 된다. 왜냐하면 창조에는 실패가 따르기 때문이다. 완전한 제로에서 새로운 물건을 만들어내는 도전(challenge)을 할 때 사람은 반드시 실패를 한다. 결국 창조와 실패는 동전의 앞뒤, 수레의 두 바퀴라고도 부른다. 따라서 창조를 하는 데는 어떻게 새로운 물건을 만들까 하는 것뿐 아니라 실패라는 것을 어떻게 생각하고 어떻게 받아들일까 하는 것도 고려해야 한다. 그렇지 않으면 본래 의미로서의 창조는 성립되지 않는 것이다.

한편 **「모든 창조는 관찰에서 시작된다」**고 해도 과언은 아니다. 지금 일본에서는 여러 사고나 트러블이 일어나고 있는데 이들 대부분은 기술의 발전, 사회의 성숙, 사고방식의 변화를 반영한 것이다. 이는 실패를 받아들여 창조의 양식을 얻기 위해서는 일어나고 있는 현상에 내포되어 있는 역사적인 필연성, 공통성으로서 접목이 필수라는 것이다.

제1장에서는 먼저 문제 제기로서 지금 일본에서 어떤 일이 일어나고 있는지, 그 현상의 관찰에서 시작해 보기로 한다.

1.1 모든 산업의 성장과 쇠퇴

[그림 1.1]은 모든 산업의 성장과 쇠퇴를 나타낸 그림이다. 이상할지도 모르겠으나 모든 산업의 성장과 쇠퇴는 여기 나타낸 곡선으로 표현할 수 있다. 위 그림에서는 횡축은 시간, 종축은 생산량을 표시하고 있다. 모든 산업의 성장과 쇠퇴는 이 그림에 나타낸 바와 같은 포화곡선을 따르고 있다. 이 포화곡선을 「S 커브」라고도 한다. 또 이 곡선이 나타나고 있는 현상은 「수확량 체감의 법칙」으로 불리기도 한다.

보다 상세히 보자. 모든 산업은 생산량이 적은 「맹아기(萌芽期)」, 증가해 가는 「발전기」, 증가세가 점점 둔해지는 「성숙기」 및 감소해 가는 「쇠퇴기」의 네 시기를 거친다. 그리고 매우 이상하지만 맹아기의 말기나 발전기의 초기에서 성숙기의 말기까지 걸리는 기간은 어떤 산업이든 관계없이 약 30년이라는 것이다.

이번에는 아래쪽 그림을 보자. 이 그림에서는 종축을 「사회적 중요도」라는 별도의 척도에 적용하고 있다. 그러면 어떠한 곡선이 될까. 예를 들어 사회적 중요도를 「매상금액」으로 측정해 보자. 이 때 실제 매상금액은 「A : 객관」이라는 곡선으로 그려진다. 즉 매상금액(사회적 중요도)은 시작에서 점점 증가해 가는데 발전기의 말기쯤 피크를 나타낸 후 급격히 하락해 간다. 이와 같이 매상금액(사회적 중요도)이 하락하는 이유는 기술의 진부화(陳腐化)나 타사와의 경쟁에 지는 것이라 할 것이다.

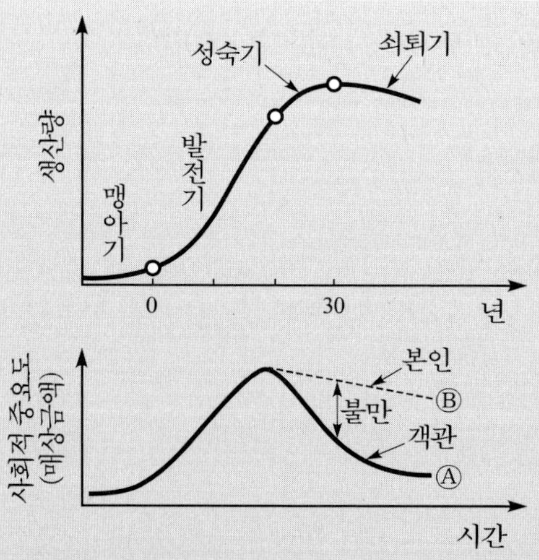

[그림 1.1] 모든 산업의 성장과 쇠퇴

첨기(添記)

사회에 나가 일을 하고 있는 사람은 보통 「나는 사회에서 중요한 일을 하고 있다」고 생각한다. 여기서 재미있는 일이 생긴다. 그림의 점선으로 표현된 직선을 보고자 한다. 「나는 사회에서 중요한 일을 하고 있다」고 생각하고 있는 사람은 「A : 객관」으로 나타난 실제의 사회적 중요도와 관계없이 자기는 「B : 본인」과 같이 평가하여 이에 상응하게 대우받아야 한다고 느끼고 있다. 그런데 사회는 그와 같은 평가도 대우도 하지 않는다. 여기서 이 A와 B의 차이(gab)가 본인 속에서 「불만」이라는 형태로 축적되어 가는 것이다. 이와 같이 인간은 자기가 하고 있는 일을 과대하게 평가하는 경향이 있다. 이 과대의 크기는 대체로 2할 정도이다. 「내가 이렇게 노력을 하고 열심히 하고 있는데」라고 생각해도 현실로는 자기가 생각하고 있는 만큼 커다란 일은 하고 있지 않은 것이다. 이를 「자기평가 2할증의 원칙」이라고 한다. 유능하고 분발하고 있는 사람일수록 이 원칙의 함정에 빠지기 쉬우므로 주의가 필요하다. 전직(轉職)해 보면 자기의 실력을 알게 된다는 것도 사실이다.

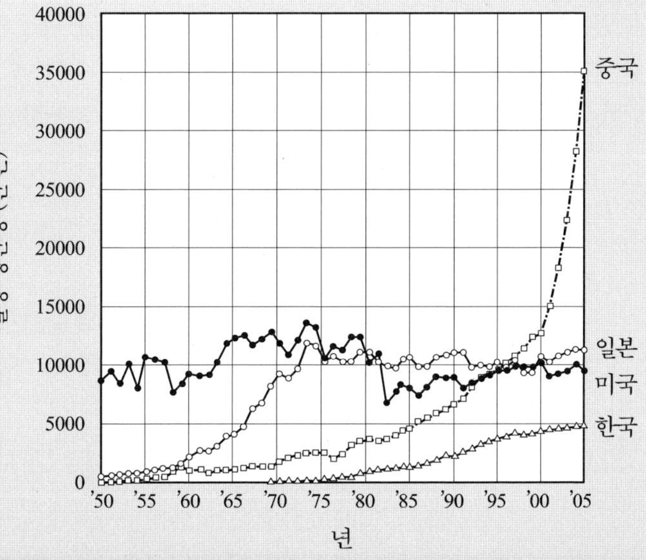

[그림 1.2] 철강 생산량 4개국 비교도

자료 : 철강통계요람(1961~2004년판) 및 일본철강연맹 홈페이지(2005년판)

막상 주요 산업의 대체에 관해서도 이상과 같은 것을 말할 수 있다. 또 대체 후의 특별한 산업 또는 한 국가에 관해서도 동일한 대체가 일어난다. 이는 철강 산업을 예로 들면 확실히 알 수 있다. [그림 1.2]를 보도록 한다. 우선 제2차 세계대전 후 당분간 미국의 철강 생산량이 현격히 많아졌으나 일본이 급속하게 추격하여 미국의 철강 산업이 쇠락, 일본에게 추월당했다. 생산량만을 보면 현재 중국이 압도적이다. 그러나 산업에서의 패권 구조 이동이라는 관점에서 보면 보다 본질적인 것은 1980년대 초 미국에서 일본으로의 이동이다.

미국에는 US스틸이나 베들레헴스틸이라는 세계적인 기업이 있는 한편 포드와 같은 자동차 회사에서도 철을 생산하여 장기간 세계의 패권을 장악하였다. 그런데 1980년경을 경계로 하여 생산량이 급격히 떨어져 일본으로 대체된 것이다. 왜일까, 미국은 기술개발을 태만히 하고 수요의 변화에 대응하지 못했기 때문이다.

일본의 철강업은 고도성장의 호황에서도 기술개발에 힘을 기울였다. 그리고 조선(造船)에 필요한 철뿐 아니라 자동차에 필요한 얇은 강판이나 고장력강, 전자강판이라는 고기능성 철에 대한 수요에 대응해 갔다. 철강 종류를 변화시켜 감으로써 고도성장 말기에 도달한 생산량의 피크를 그대로 유지해갔던 것이다.

첨기

일본의 철강업이 개발한 기술에는 키(key)가 되는 것이 있다. 연속주조(連續鑄造), LD전로(轉爐), 제어압연(制御壓延)이다. 이들 기술은 강(鋼)을 만드는 기술에 근본적인 혁명을 가져왔다. 또한 연속주조 기술을 근본적인 차원에서 발전시킨 일본의 역할은 칭찬할 만하다. 이들 기술개발이 철강업계에서의 패권 교체를 가져온 것이다.

한편 일본과는 달리 기술개발에 진력한 미국의 철강업은 수요의 변화에 대응하지 않고 1980년경을 경계로 생산량이 급락하였다. 그 결과 오랫동안 미국에 있었던 철강업의 패권은 일본으로 이동한 것이다.

이와 같이 성숙기에서 쇠퇴기에 걸친 기술에 어떻게 대처하는지에 따라 그 후의 추세에 커다란 차이를 생기게 하는 것이다.

첨기

다음 절에서 얘기하는 바와 같이 일본의 조선업에서도 똑같은 하락이 일어났다. 조선업과 철강업은 서로 함께 달리듯이 성장해 가는 것인데 여기서도 기술개발의 유무가 명암을 가르게 되는 것이다.

1.2 일본에서의 기계관련 산업의 생산량 추이

그러나 앞의 S커브가 정말로 사실을 반영하고 있는지 의문을 갖는 사람이 있을 것이다. [그림 1.3]을 보자. 1930년에서 2000년까지의 70년간 일본에서 기계관련 산업의 생산량 추이를 나타내고 있다. 곡선의 모양을 잘 보자. 실제로 어느 것이나 S자를 그리고 있음을 알 수 있다.

먼저 제일 위에 있는 (1)은 섬유 생산량의 추이이다. 1950년에 바닥이 되고 1980년경에 연간 약 200만 톤이라는 최대값을 보이고 있다. 젊은 사람은 이상하다는 느낌을 가질지도 모르겠으나 일본이 세계에서 최대 섬유 생산국이었던 시기가 있었다. 패전의 밑바닥에서 벗어나는 일본의 부흥기를 지원한 것이 섬유산업이었던 것이다.

이 그림에서 재미있는 것은 섬유산업은 지금까지도 연간 100만 톤의 생산량을 유지하고 있다는 점이다. 지금 사람들은 섬유라고 하면 중국이라고 생각하여 일본의 섬유산업 등은 미미한 정도라고 생각하는데 그렇지 않다. 피크 시의 생산량에서 보면 겨우 반 밖에 감소하지 않은 것이다. 한 번 피크에 도달하고 쇠퇴기에 들어가면 그 산업은 소멸해 버린다고 생각하는 것은 잘못이다.

첨기

「반」이라고 하면 놀랄만한 정도인데 기술자로서는 반사람 몫이다. 「배가 절반은 허용된다」, 「다른 자릿수는 바람직하지 않다」라고 하는 것이 기술력의 중요한 암묵지(暗黙知)이다. 잘 생각해 보기 바란다.

다음으로 그 밑의 (2)를 보자. 이는 조선업에서의 생산량 추이이다. 일본의 조선업은 패전에 의해 극단적 타격을 받았으나 전후 수년 동안 급격히 신장하기 시작하여 1973년 오일쇼크 경에는 연간 생산량이 1,600 ~ 1,700만 톤을 초과하기에 이르렀다. 그러나 그 후 쿵하고 1/3까지 급락하여 서서히 부활, 현재는 피크 시의 약 반 정도의 생산량을 보이고 있다.

1970년대에서의 조선업 몰락은 이 산업 특유의 체질을 반영한 것이다. 이만큼 급격하게 몰락한 것은 「일본은 조선대국이다」라는 허세가 있었으나 사실은 「그냥 싸구려 종이세공으로 만든 철」의 선체를 만들어 여기에 기술제휴로 만든 엔진을 탑재하는 것이었을 뿐이기 때문이다. 게다가 다른 나라가 맹렬히 추격해와 시장을 점점 잠식해 간 것이 실태이다.

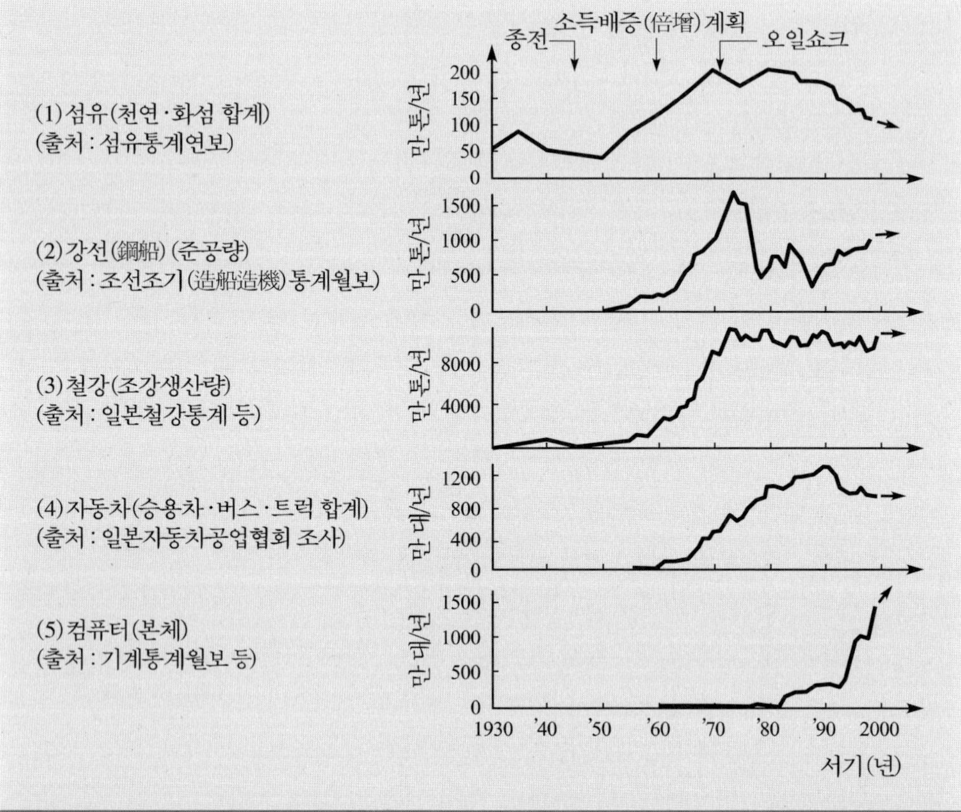

[그림 1.3] 일본에서의 기계관련 산업의 생산량 추이

이 현상은「기술 집적은 어느 정도 있을까」라는 특별한 관점에서 보면 잘 알 수 있다. 결국 전후(戰後) 일본의 조선업은 전쟁 전부터의 기술 집적 위에 편승한 것뿐이다. 적어도 필자에게는 당시의 조선업은 그와 같이 보였다. 그러나 그 후로는「싸구려 종이 세공」을 만들지 않고 LNG선박이나 컨테이너선박과 같은 고도의 선박을 제작하게 된 결과 현재 실적이 회복되고 있다.

한편 (3)의 철강업에 관해서 보자. 1973년까지 점점 늘어간 것은 조선업과 같은데 그 후 35년간의 추이는 다르다. 철강업은 연간 약 1억 톤에서 1억2천 톤의 생산량을 유지해 왔다. 이는 세계에서도 희귀한 사례이다. 왜 이러한 일이 가능했을까. 그것은 고

기능의 요구에 대응하기 위해 행한 기술개발 덕분이다. 일본에서 처음에는 값싼 철을 제작하였으나 생산량이 증대함에 따라 보다 고도의 기능이 요구되어 생산하는 철의 질을 높일 필요가 생겨났다. 그 요구에 따르기 위해 노력한 결과로 연간 1억2천 톤이라는 높은 수준의 생산량을 이어간 것이다.

첨기

과거의 축적 위에 발판을 걸쳐 두면 언제 어디서도 곧 같은 일이 일어난다. 자신은 훌륭한 기술을 사용하여 일을 하고 있다고 생각해도 실제로는 그만큼 대단한 일은 아니고 대단하다고 생각하고 있는 것은 자신뿐이라는 것이다. 어느 세계에서도 바로 「교만한 자는 오래가지 못한다」는 것이다.

조금만 더 상세하게 설명해 본다. 철 생산량의 약 반을 차지하는 SS400이라는 강재(鋼材) 및 그 상당 제품은 이전에는 1톤당 약 7~8만엔이었는데 현재는 중국의 경제가 과열하여 가치가 높아지고 있음에도 한 때 1톤당 약 25,000엔에 까지 하락하였다. 이처럼 단가가 낮아진 SS400을 총생산량의 반이나 만든다는 것은 보통으로 생각하면 제철업은 하지 말았어야 한다. 그럼에도 불구하고 철강업이 높은 수준의 생산량을 계속 유지하고 있는 것은 앞에서 설명한 바와 같이 자동차용의 박판이나 고장력강판, 전자강판 등의 고기능 요구에 대응하여 제품의 내용을 변화시켜 간 결과인 것이다. 기술의 수입으로 이것을 행하였더라면 적자만을 낳았을 것이다. 그러나 자기부담으로 행한 기술개발 덕분으로 현재 철강업은 기술수지에서 흑자이다.

다음으로 (4)의 자동차산업에 관해 보도록 한다. 자동차산업에서는 1990년경 연간 1400만대를 만든 것을 피크로 하여 그 후 감소, 현재 연간 900만대가 되고 있다. 이 생산량 감소는 자동차업계가 경쟁력을 잃었기 때문이 아니다. 경쟁력이 너무 강한 나머지 「피크를 친다」고 하는 꼴로 올라간 것이다. 생산력이 너무나도 강해져 수출을 확대한 결과 미일 간에 무역마찰이 일어나 지금까지처럼 수출이 되지 않았다. 이로 인해 생산지를 해외로 이전하게 되어 국내 생산량이 하락한 것이다. 다만 현재는 해외 생산이 증가하고 있기 때문에 그 부분도 포함된다면 일본계 자동차회사는 여기서 나타낸 것의 수 배 이상의 양을 세계 여러 곳에서 만들고 있는 것이 된다.

마지막으로 (5)의 컴퓨터산업을 보자. 컴퓨터산업은 새로운 산업으로 현재 「발전기」에 있다. 따라서 현 시점에서는 다른 산업과 같은 전체 모습을 볼 수는 없다. 또한 그 생산량을 대수로 보는 것도 적절치 않다. 그러나 컴퓨터 중 무언가 하나의 방식으로 제한하여 지금부터 약 10년 후에 전체 모습을 그려 본다면 어쩌면 지금까지 보았던 섬유, 철강, 자동차와 동일한 S커브를 나타낼 것으로 예상된다.

이상과 같이 어느 산업의 성장과 쇠퇴 모습을 더듬어 가면 어느 것이든 S커브를 나타내는 것으로 관찰된다. 여기서 중요한 점은,

① 어느 산업도 생산량의 추이는 S커브를 나타낸다.
② 어느 산업도 생산량은 30년에서 피크를 찍는다.

고 하는 것이다.

한편 하나의 산업뿐 아니라 몇 개 산업의 관계에 착안하면 알 수 있는 것도 있다. 한 번 더 [그림 1.3] 전체를 보도록 하자. 섬유산업에서 컴퓨터산업에까지 순서대로 눈을 옮겨 가 보자. 아래쪽 그림으로 이동할수록 S커브의 피크 연대가 오른쪽으로 옮겨짐을 볼 수 있을 것이다. 이는 시대의 흐름에 따라 일본의 주요한 산업이 교체되고 있음을 나타내고 있는 것이다.

첨기

S커브의 꼭대기에 도달하여 쇠퇴기에 들어서면 후에는 아무것도 될 수 없는가, 되는대로 소멸해 버리는 것인가, 그것은 아니다. 그 산업 중에는 완전히 별개는 아니지만 종래와는 다른, 다음으로 발전해 가는 종류가 반드시 존재하는 것이다. 감정(鑑定) 경영자는 그 종류에 착안하여 싹을 틔우고 육성해 간다. 자신들 안에 어떤 요소가 있는지, 그것이 어떻게 발달해 갈지, 거기에 어느 정도의 경영자원을 투입하면 좋을지를 관찰하고, 판단하여 실행한다. 이것이 가능한 경영자가 있는 회사의 S커브는 시간에 따라 [그림 1.4]와 같이 옮겨 간다. 이는 자신들의 놓인 상황에 대응하여 「변화한다」는 것을 나타내는 것이다.

여기서 재미있는 것은 그 커브를 연결해 가면 하나의 포락선이 나타난다. 감정(鑑定) 경영자에게는 이 포락선이 보일 것이다. 그리고 이 포락선이 연장되어 가는 방향을 목표로 하여 실제로 경영의 키를 잡는다. 이를 실행하고 있는 예가 미국 듀폰사이다. 듀폰이 어느 시대에서나 선진적인 기술을 계속 내놓고 있는 것은 경영사상의 근간부분에 「변화한다」고 하는 것을 도입하여 실행하고 있기 때문이다. 다른 곳의 기술을 도입하는 것이 아니라 자신들 중에 새로운 기술의 종류를 발견, 육성하여 사업의 내용을 끊임없이 변화시켜 가는 것이다. 이러한 경영사상에 따라 자신들도 실행하고 항상 변화를 계속하는 것이 일본의 토레이라는 회사이다. 거꾸로 표면만 그럴듯하여 큰 실패를 한 것이 수십 년 전에 일본의 철강업이 빠짐없이 행한 철옥(鐵屋)의 반도체사업이다.

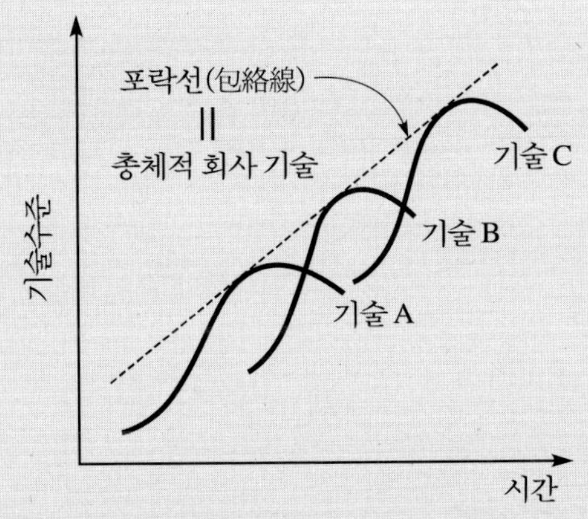

[그림 1.4] 주력기술의 교체에 따른 기업의 기술 수준 향상

1.3 지금 일본에서 무슨 일이 일어나고 있는가

이상과 같이 시대에 따른 산업구조의 변화에 대응하여 사회 내, 회사 내, 조직 내에서도 여러 가지 일들이 일어난다. 그런데 좋은 일만 일어나는 것이 아니다. 이제부터 설명하고자 한다. 그것은,

- 매뉴얼화의 폐해(弊害)
- 극간(隙間)조직의 발생
- 분기점에서의 선택과 그 결과

의 3가지이다. 지금 일본의 여러 장소에서 일어나고 있는 것이 바로 이 3가지 현상인 것이다. 순서대로 살펴본다.

(1) 매뉴얼화의 폐해

우선 매뉴얼화의 폐해를 나타낸 [그림 1.5]를 보면서 생각해 보자. 통상 하나의 물건은 여러 가지 기술을 묶어 만들어진다. 그리고 그 각각의 기술 주위에는 많은 식견이 달라붙어 있다.

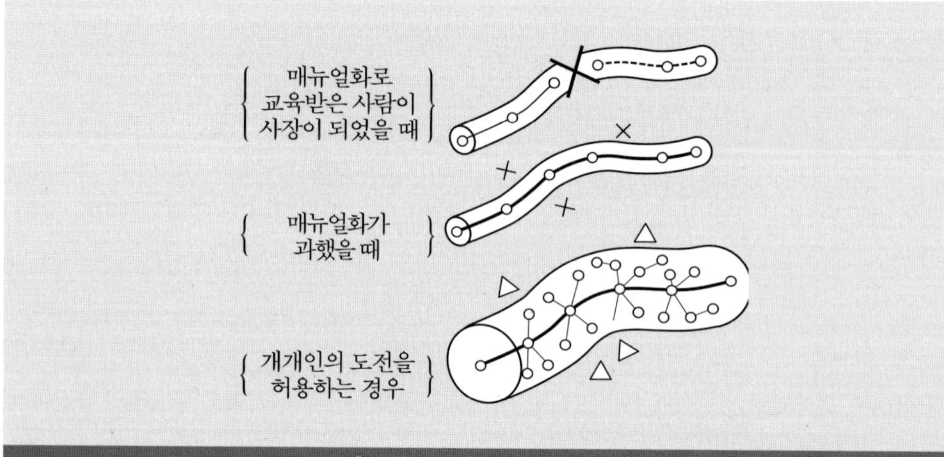

[그림 1.5] 매뉴얼화의 폐해

예를 들어 어느 산업이 아직 젊은 시기일 때를 생각해 보자. 이 때 그 산업을 구성하는 개개인에게는 여러 가지 일을 시도할 수 있는 기회가 주어진다. 단, 생산에 관련되는 여러 일들은 아직 확정되어 있지 않고 또 알지 못한다. 그러므로 개개인의 도전은 종종 실패로 끝난다. 그렇다고 해도 산업이 젊었을 동안은「저런 일에 헤맸다」,「그런 일을 시도했다」,「이런 실패를 했다」고 하였고, 지금 쓰고 있는 기술 주위에 있는 여러 잡다한 식견을 여러 사람이 잘 알고 있다. 그래서 이러한 형태로 기술 전체가 이루어진다면 조직 전체로서는 매우 풍부하고 커다란 지식 공간을 공유하게 되는 것이다. 따라서 더듬거리고 세련되지 못한 면은 있으나 자신들의 기술영역을 넘는 일이 생기는 것이므로 곤란한 어떤 일에 대응하는 일이 가능하게 된다.

그러나 산업이 점차 발달해 감에 따라「이것을 하면 좋다」라는 "매우 잘 되는 방법"을 알아간다. 그렇다면「저런 일에 헤맸다」,「그런 일을 시도했다」는 차츰「이것을 하면 좋다」로 치환되어 만사가 원활하게 진행되는 것이 된다. 그리고 어느 정도 지나면 더욱 원활하게 진행시킬 스마트한 방법을 찾아「이것을 하면 좋다」를「이것을 하라」로 바꾸게 된다. 이「이것을 하라」라는 것이 바로 매뉴얼이다.

자, 문제는 여기부터이다. 매뉴얼에는 보통「이것을 하라」고 쓰여 있다.「이것」을 하면 잘 되는 것이기 때문에 그렇게 쓰여 있는 것은 당연하고, 하나도 이상하지 않다. 그러나 매뉴얼에 따라 일을 하는 사람의 이해 방식은 틀려 있다. 매뉴얼에 따라「이것」만을 하고 있으면 차츰 매뉴얼에「이것만을 하라」로 쓰여 있다고 생각하게 된다. 그리고 결국에는「이것 외의 것을 하면 안 된다」고 이해하게 되는 것이다.

왜 그렇게 될까? 그것은 그 매뉴얼을 운용하고 있는 조직 내에 「헤매는 것은 시간 낭비이다」, 「무언가를 시도하는 것은 돈 낭비이다」, 「실패하는 것은 내가 잘못하기 때문이다」라고 생각하는 "분위기"가 존재하기 때문이다. 그리고 그런 "분위기"의 영향으로 누구라도 「이것 외에는 하지 않는 것이 좋다」라고 생각하게 되어 실제로 「이것」 외에는 하지 않게 된다. 그 결과 어느 새인가 「이것 외의 것은 하지 않는」 사람들에 의해 생산이나 기술의 운영이 행해지게 되는 것이다.

참기

"분위기"란 조직의 문화나 전통의 모습으로 구성되어 있는 공기와 같은 것이다. 조직에 속한 인간은 반드시 그런 "분위기"에 둘러 싸여 무의식적으로 지배되고 있다. 인간은 무언가 판단할 때 반드시 그런 "분위기"에 의한 영향을 받는 것이다. 회사의 방침에 따라 열심히 하는 것도 중요하지만 한편으로 「아, 나는 회사의 "분위기"에 영향 받고 있나」라고 자각하는 것도 중요하다.

그럼 현장은 어떻게 되어갈까? 조건이 변하고 자신들이 예상하지 않았던 일이 일어나면 누구라도 대처할 수 없는 상태가 된다. 「이것 외의 것은 하지 않는」 사람들은 예상하지 않았던 일은 고사하고 조건이 변하는 것도 머릿속에 들어있지 않다. 따라서 다만 우왕좌왕할 뿐 전혀 대응할 수 없는 것이다.

그러나 「일어난 일을 이해할 수 없다」고 하는 것으로 끝은 아니다. 매뉴얼에는 이런 폐해가 있음을 알지 못하고 자신의 예상을 뛰어 넘는 일이 일어나면, 바로 목전에서 일어나도 그것을 보지 못한다. 보여도 보이지 않게 되므로 당연히 무언가 일어나고 있는지도 모른다. 어떤 위험이 바로 옆에 있어도 태연하다. 아무런 문제도 느끼지 못한다. 따라서 아무 일도 하지 않는다. 이것이 「매뉴얼화 폐해」의 가장 두려운 일인 것이다.

조금 더 구체적으로 생각해 보자. 현실적으로는 정말 큰일이다. 예를 들어 중앙제어장치를 취급하거나 공장 등의 제어실에서 작업하는 사람들은 언제나 계측기나 숫자만을 본다. 그러면 점차 계측기나 숫자만으로 판단하게 되어 간다. 그리고 마지막에는 실제로 일어나고 있는 물리현상이 무엇인지를 볼 수 없고, 계측기나 숫자가 맞고 있으므로 문제가 없다고 판단하게 된다. 극단적인 예를 들면, 화재 경보가 울리면 「불이 났다」고 판단하여 행동하지만 계측기가 「불이 났다」는 숫자를 나타내지 않으면 실제로 불이 났어도 「불이 났다」고 인식하지 못하는 일이 발생한다.

더욱 큰일이 생긴다. 그것은 매뉴얼화로 교육받은 사람이 사장이 되었을 때이다. 매뉴얼화로 교육받은 사람은 「회사라는 것은 이렇게 운영되는 것이 좋다」라고 밖에 생각하지 않는다. 이런 사고방식을 가진 사람이 사장이 되면 회사의 경영은 완전히 형식적인 관리만으로 진행되게 된다. 그리고 이익을 높이는 것은 어느 부서인지, 가장 효율이 높은 방법은 무엇인지 라는 효율우선의 조직 운영만을 추구하는 경영이 된다. 그러면 그 회사는 어떻게 될까? 자신들의 주변에서 일어나는 실제 일을 누구도 이해할 수 없게 된다. 그뿐 아니다. 이해하려고 하지 않게 된다. 그리고 다양하게 변화하는 사회의 요구에 대응할 수 없게 된다. 그 결과 파멸이 일어나게 되는 것이다.

이와 같이 자신의 주변 상황이 어떻게 되어 가는지를 보지 못하고, 또 생각하지 못하면 대응할 수 없게 되는데 「매뉴얼화 폐해」의 가장 두려운 부분이다. 최근 2, 3 년간 일본에서 일어나고 있는 실패, 사고, 트러블은 거의 전부 이 「매뉴얼화의 폐해」로 설명할 수 있다. 단, 그렇다고 해서 「매뉴얼이 필요 없다」고 하는 것은 아니다. 여기가 가장 중요한 대목이다. 매뉴얼은 만들어야 하는 것이고 지켜야 하는 것이다. 매뉴얼을 사용하지 않으면 낭비가 많아져 비효율적이다. 그러나 「매뉴얼에 따라 하고 있으니 좋다」고 생각하게 된 바로 그 순간 모두 바보가 되어버리는 것이다.

그러면 매뉴얼은 무얼 위해 있을까? 매뉴얼은 지키기 위해 있으나 변하기 때문에 있다. 우선 매뉴얼에 따라 일하는 것이다. 그것만으로는 아니다. 「이 매뉴얼은 어쩌면 이상할 지도 모른다」, 「이상하다면 무엇이 이상한 것일까?」라는 눈으로 언제나 매뉴얼을 보아 필요하다면 매뉴얼을 변경해 나가지 않으면 안 되는 것이다. 적절한 매뉴얼의 운용이 없으면 건전한 조직 운영은 불가능한 것이다.

(2) 극간조직(隙間組織)의 발생

다음으로 [그림 1.6]을 보도록 하자. 이 그림이 나타내고 있는 것은 조직 내에서의 역할 분담과 실제이다. 다른 말로 하면 극간조직의 발생이다. 이것이 지금 일본에서 일어나는 제 2의 전형이다.

하나의 사회나 조직 내에서 결정되는 역할 분담에는 「명목」으로서는 어디에도 빠지지 않고 서로에게 겹치지도 않는다. 단지 이것은 어디까지나 「명목」이다. 예를 들어 조직이 젊을 때를 생각해 보자. 이런 조직에서는 보통 서로의 역할 분담은 정확히 되어 있지 않다. 그런데 그 조직의 구성원은 “나의 영역은 여기까지이다”라고 생각하고 일을 한다. 한편 다른 구성원은 “여기까지가 나의 영역이다”라고 생각하고 일을 한

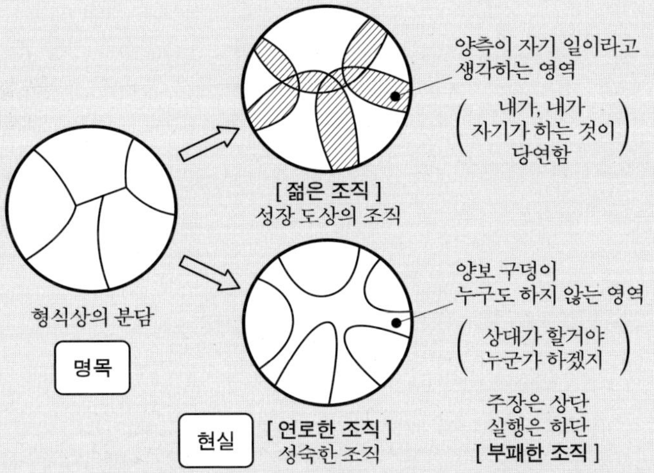

[그림 1.6] 조직 내 역할 분담과 실제

다. 그러면 그림의 사선부분에 나타난 바와 같이 역할 분담에 중첩이 생기게 된다. 이 중첩된 영역에서는 양자가 "이것은 내 일이다"라고 생각하고 일하고 있다. 어느 쪽 사람도 "내가 한다", "내가 하는 게 당연하다"고 생각하고 있는 것이다.

그러나 독자 여러분도 경험이 있을지 모르나 그런 처사는 서로에게 매우 피곤하다. 충돌이 일어나 내부 마찰로 전락, 모두 피곤해지는 것이다. 그럼 어떻게 할까? "내부 마찰이 없도록 하고 싶다"고 모두가 생각하기 시작하는 것이다. 그래서 어떻게 할까? 역할 분담, 영역 나누기를 정확히 하는 것이다.

여기서 [그림 1.6]을 한 번 더 보도록 한다. 조직 내의 역할 분담은 표면상으로는 그림 속 「명목」과 같이 된다. 그러나 실제로는 서로의 영역이 겹쳐 간섭을 일으키고 있다. 이것을 "여기는 나의 영역", "저기는 너의 영역"이라고 꼭 맞게 확실히 역할 분담을 정해 서로의 영역이 겹쳐져 간섭하지 않도록 그림 속 「현실」과 같이 바꾸는 것이다. 이렇게 하여 완성된 조직을 소위 「성숙한 조직」이라고 한다.

단, 「성숙」이라는 말은 「연로함」이라는 말로 바꿀 수도 있다. "너의 영역"은 차츰 "자기 영역이 아닌 영역"으로 변질되어 간다. 그런데 이렇게 되면 문제가 생긴다. 그때까지 "자기가 하는 게 당연하다"고 생각해 온 영역(그림의 사선 부분)이 "아마 상대가 할 거야", "이놈이 하겠지"라고 생각하게 되어 점점 홀쭉해지는 것이다. 그리고 "내가, 내가"의 겹치는 부분은 없어지게 되어 결국에는 「양보 구덩이」가 생기는 것이다.

첨기

예를 들어 교토 출장 토산품 선물로 생 꼬치를 직장 동료들에게 사 왔다고 하자. 「자, 자유롭게 잡숴 주세요」라는 말로 내용물을 꺼내 테이블 위에 놓았다고 하자. 이렇게 말할 때는 반드시 최후의 1개가 「양보 구덩이」로 남는다. 그리고 「최후의 1개를 먹어치우면 나쁘다」든지 「아직 어떤 사람이 먹지 않았으니까」든지 모두가 양보하는 중에 그 꼬치는 딱딱하게 굳고 유효기간이 지나 결국 먹을 수 없게 된다.

「양보 구덩이」란, 즉 「누구도 하지 않는 영역」이다. 이 「누구도 하지 않는 영역」을 가진 조직을 극간조직이라고 한다. 트러블을 일으키고 치명적인 사고를 발생시키는 것은 이 극간조직이다. 왜 그런가. 「누구도 하지 않는 영역」은 「누구도 책임지지 않는 영역」이기 때문이다. 「누구도 하지 않는 영역」은 누구나 "나에게 책임은 없다"고 생각하는 영역이다. 자기에게 책임이 없는 것에 특별히 주의를 기울이는 사람은 없다. 트러블이나 사고는 반드시 발생하게 된다.

한편 이와 같은 극간조직에서 트러블이나 사고가 발생하면 그 구성원은 "거기서 일어난 것은 내 탓은 아니다"라고 생각한다. 세상 사람들에게는 그것이 책임 회피를 꾀하는 것으로 보인다. 그러나 반드시 그렇지만은 않다. 거기가 또 실패라는 것의 취급이 곤란한 곳이다.

그 구체적인 예로, BSE(광우병) 발생을 감시하는 농림수산성(農林水産省), 후생노동성(厚生勞動省)의 대응을 보자. 이 예를 [그림 1.6]의 「현실」에 적용해 보자. 그러면 이 문제를 둘러싸고 무엇이 일어났는지를 잘 이해할 수 있다. 당시 "농수산성이나 후생성은 괘씸하다!"고 비난하는 사람이 많았다. 그것은 맞지 않다. 그들은 자기들이 하지 않으면 안 되는 일, 자기들이 결정한 일은 전부 지키고, 일어난 일에 대하여 각각 정확하게 대처했기 때문이다. 농림성이나 후노성(厚勞省) 직원들은 한 사람 한 사람씩 보면 누구도, 아무 것도 이상한 일은 하지 않은 것이다. 거기에 관계없이 전체로서 국민에게 불이익이 일어났다. 게다가 누구 한사람이 어떻게 할 수도 없었다. 이것이 극간조직에서 일어나는 일의 최대 특징으로 모순인 것이다. 지금 일본의 여러 곳에서 이런 극간조직이 늘어나고 있다.

(3) 분기점에서의 선택과 그 결과

지금 일본에서 일어나고 있는 일의 세 번째 전형은 분기점에서의 선택과 그 결과이다. 여기서 [그림 1.7]을 보자. 지금 산기슭을 출발하여 산등성이를 타고 넘어 정상을 향하고 있다. 산등성이에 분기점이 있다. 이 분기점까지 왔을 때 오른쪽으로 갈지 왼쪽으로 갈지 선택의 결정이 필요하다.

여기서 전방의 길을 바라다보자. 좌측으로 가면 정상까지 부지런히 올라가지 않으면 안 된다. 정말 큰일인 것 같다. 한편 우측으로 가면 좌측보다 완만한 길을 걷게 된다. 이쪽은 쉬울 것 같다. 「심한 오르막길보다 완만한 길로 가고 싶지 않나」 임시로 그렇게 생각하여 우측 쉬운 길을 선택, 걷기 시작했다고 하자.

그런데 문제는 여기부터이다. 오랫동안 간 곳(● 표 지점)에서 「이 길은 어쩐지 위험하다」는 기분이 드는 것이다. 이대로 계속 걸어가면 파멸이 일어날 것 같은 예감이 든다. 「아차! 길을 잘못 들었나!」하고 여기까지 걸어와 힘든 마음이 드는 것이다.

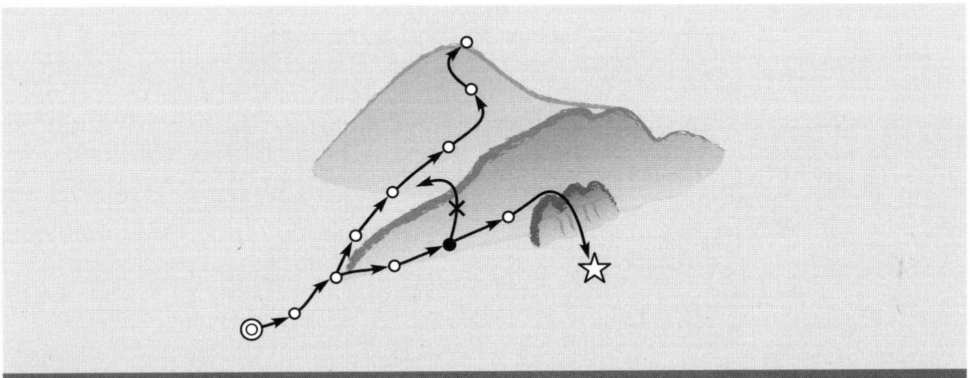

[그림 1.7] 분기점에서의 선택과 그 결과 – 잘못된 분기를 선택하면 넘어갈 수 없다 –

어떻게 할까. 여기까지 와 버려서는 되돌아가지도 되돌아갈 수도 없다. 될 수 있다면 능선을 타고 넘어 저쪽 길로 이동할까라고 생각할 수 있다. 그러나 시간이 너무 지연되어 후회막급이다. 행차 후의 나팔이다. 능선은 꽤 높아 금방 타고 넘을 수는 없다(그림의 ×표 지점). 이래서는 방법이 없다. 결국에는 파멸로 이어질 것이 분명한데 그대로 계속 걷는다. 그리고 마지막에는 ☆표 지점에서 파멸로 끝이 나는 것이다.

이와 같이 잘못된 분기를 선택하면 무엇을 해도 넘어 갈 수가 없다. 지금의 일본에서는 이러한 후퇴도 여의치 않아 알면서도 파멸에 이르는 사례가, 규모의 차이를 불문하고 허다하게 보인다. 그런데 기이하게도 분기점에서의 결정에서부터 파멸에 이르기까지의 시간이 모름지기 30년이라는 사실이다.

「정말일까?」라고 생각할지 모르겠으나 정말이다. 예를 들어 미쓰비시 자동차의 리콜 은폐를 생각해 보자. 1970년경 미쓰비시 자동차는 미쓰비시 중공업으로부터 분리 독립하였다. 그 2, 3년 후에 리콜 은폐가 시작된다. 그때부터 첫 번째 발각까지가 27년인 것이다.

모두가 「이상하다, 이상하다」고 알고 있으면서 잘못된 방향으로 자꾸 간다. 이 같은 현상은 사회가 성숙해 갈 때 필연적으로 일어나는 현상이기도 하다.

첨기

제2장에서는 실패 이야기를 하는데 거기서 항상 나오는 것이 「30년」이라는 숫자이다. 독자 여러분은 이 「30년」이라는 숫자를 잘 기억해 두기 바란다. 그리고 하나 더 생각해 두기 바라는 것이 「1/300」이라는 숫자이다. 둘 다 제 2장에서 자세히 해설하는데 실패를 이해하는 데는 「30년」과 「1/300」이라는 두 개의 숫자를 생각해 두면 좋다고 해도 과언이 아니다. 그만큼 중요한 숫자이다.

1.4 보지 않음 · 생각하지 않음 · 가지 않음

그렇다고 해도 어떻게 이만큼 많은 사고가 발생하고 실패가 일어나는 것일까. 사고나 실패가 일어났을 때 어떻게 하면 좋을까. 그것은 먼저 **자기가 현장에 가서 잘 관찰하는** 것이다.

그런데 [그림 1.8]을 보자. 지금 일본 내에서 일어나고 있는 것이 이것이다. 즉, **보지 않음 · 생각하지 않음 · 가지 않음**이다. 필자는 이것을 「3 않음」이라 부르고 있다. 지금 모든 생산현장에서 이 「3 않음」이 일어나고 있는 것이다.

「나의 일은 이것을 보는 것이다. 다른 일을 보는 것은 아니지」라고 언제나 말하면서 일을 하고 있으면 어떤 사고가 발생해도 현장에 가서 실태를 확실하게 보려고 하지 않는다. 「내가 생각할 필요는 없는 것이다」, 「내가 생각해도 어차피 대단한 일은 생각나지 않는다」, 「서툰 사람의 생각은 아무 쓸모없다」 등으로 평소부터 말하고 있으면, 「왜 이런 일이 일어났을까」, 「어떻게 대처하면 좋을까」라는 것을 전혀 생각하지 못하게 되기 때문이다.

그런데 보지도 않고, 생각하지도 않으며 도대체 무얼 하고 있을까. 현장에서 멀리 떨어진 사무실에서 퍼스컴의 키보드를 두드리고 있는 것이다. 바야흐로 경험의 리얼 타임성이 요구되고 모든 방면에 스피드가 요구된다. 모든 일을 IT로 행하여 컴퓨터의 입출력으로 순식간에 정보를 교환한다. 「종이에 글자를 쓰는 미련한 일을 하지 마라」라는 풍조에 빠져 있다. 과연 그렇다. 그러나 그렇다면 어떻게 될까. 퍼스컴 앞에 앉는 것 외에 방법이 없게 된다. 책상에 줄곧 앉아서 한 걸음도 걷지 않게 되는 것이다.

본래 현장을 확실히 보고, 그 실태를 정확히 파악하지 않으면 안 되는 사람이 그런 상태가 되면 어떤 일이 벌어질까. 사고가 발생하는 것이다. 실태를 파악하여 적절한 판단을 내려야 하는 사람이 판단을 내리기 전에 먼저 실태를 파악하는 일 자체를 하지 않는 것이다. 그리고 형식상으로만 사물을 조종하게 되는 것이다. 그러니까 사고가 발생하는 것이다.

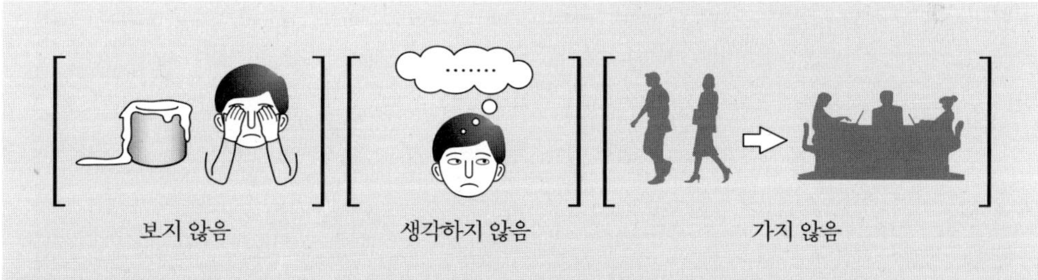

[그림 1.8] 보지 않음 · 생각하지 않음 · 가지 않음 – 모든 생산현장에서 일어나고 있는 "3 않음" –

사고라고 공장에 한하는 것이 아니다. 관공서에서도, 병원에서도, 공원에서도, 어디서도 사고가 일어난다. 예를 들어 병원으로 생각해 보자. 병원에서는 의료과실문제가 있으므로 치료 과정에서 행해진 것은 모두 반드시 기록하여야 한다. 그래서 의사나 간호사는 기록에 의존하게 된다. 최근에는 진료기록을 관리하는 것도 퍼스컴이다. 그러면 환자를 보는 것보다 퍼스컴 화면을 보고 있는 시간이 더 많게 된다. 수간호사가 현장에 가는 시간이 적어지는 한편 경험이 적은 간호사나 마음에 여유가 없는 의사들이 환자를 보는 기회가 늘어나고 있다. 사고는 여기서 생기는 것이다. 매우 동일한 일이 전국 생산현장에서 일어나고 있는 것이다.

1.5 형해화(形骸化)한 관리

이것도 실화이다. 「형식에 매몰된 관리의 맹점」이라는 말을 보자. 다른 말로 하면 예상외에는 대응할 수 없다는 말이다.

어느 공장에서 지붕에 매단 간판이 어두워져 불편하므로 새로운 백열등으로 교체하였다. 그런데 광도가 증가하여 밝아진 것은 좋으나 간판의 커버가 열을 받아 불이 붙었다. 「아이쿠 큰일났다!」라고 외치자 종업원이 모두 나와 소화기를 갖고 와서 불을 끄려고 하였다. 그러나 [그림 1.9]를 보자. 허 참, 천장까지 소화제를 미치게 하는 소화기가 1개도 없었던 것이다.

이것을 우스운 이야기라고 생각하면 안 된다. 필자는 「그래서 어떻게 되었는지?」를 공장 관계자에게 들어보았다. 방법이 없기 때문에 공장의 자위소방대가 출동해 와서 호스로 물을 뿌렸던 것이다. 그런 후에 「확실하게 불을 끈 후 공장은 어떻게 되었는지?」를 들어보았다. 「말도 마세요. 불은 껐지요. 근데 정밀기계가 물을 뒤집어쓰는 바람에 손해는 수천만 엔이 되었답니다.」라고 답변이 돌아왔다. 기계가 전부 물에 젖었기 때문이었다. 호스로 과도한 물을 뿌렸기 때문에 손해가 수천만 엔이나 된 것이다.

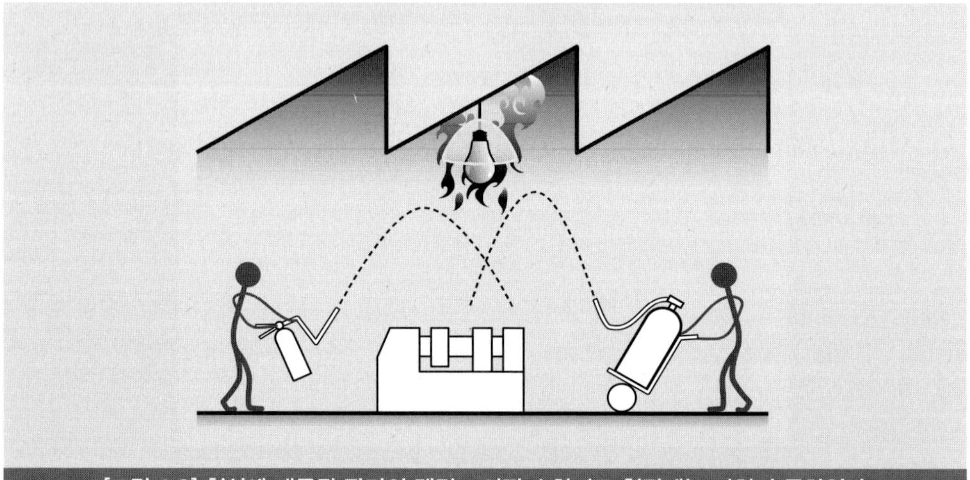

[그림 1.9] 형식에 매몰된 관리의 맹점 : 어떤 소화기도 천장에는 미치지 못하였다

이 공장에서는 과거에 화재로 전소한 일이 있었다. 그 때도 소화기는 제대로 구비되어 있었다. 그러나 관리가 너무나 되지 않아 오히려 누구도 소화기를 다루지 못하는

상태가 되고 말았다. 그 후 회사는 이 경험을 깊게 반성하여 불이 나면 좌우간 소화기를 사용하도록 평소에 부단히 지도하고, 소화훈련도 정기적으로 행했었고 한다. 그 효과로 종업원은 소화기 사용에 대해서는 전혀 어색함이 없게 되었다. 소화기도 언제나 즉시 사용 가능한 상태가 되었다. 그런데 가장 중요한 소화기가 제대로 작동하지 않아 어떠한 역할도 하지 않았던 것이다. 모처럼 평소부터 훈련을 거듭하여 만일에 대비하고 있었는데 거꾸로 큰 손해를 일으키게 되자 사장 등은 매우 낙담한 것이다.

그럼 말해보자. 어디가 이상한 점이었을까. 그것은, 실패는 규칙이나 훈련으로 방지한다고 생각하고 있었던 점이다. 다시 말하면 소화기만 있으면 불을 끌 수 있다고 생각하고 있었던 점이다. 이것이 커다란 잘못이고, 오해였던 것이다. 이 오해가 관리의 형해화(形骸化)를 일으킨 것이다.

정말로 생각해야 할 것, 행하여야 할 것은 규칙이나 훈련이 아니다. 과거에 일어난 실패 중에 있는 「이상(異狀)」인 것이다. 먼저 그 「이상」이 어떻게 이상한지를 생각하고 또 「무엇을 해야 할까」를 생각할 필요가 있다. 그렇지 않으면 실패는 몇 번이라도 다시 생기는 것이다.

이 이야기로부터 배워야 할 것은,

- 관리의 형해화가 실패를 낳는다.
- 실패의 본질을 생각하지 않는 대응은 더한 실패를 낳는다.

라는 것이다. 인간은 어떠한 머리 회전을 하며, 어떠한 행동을 하는 것일까. 인적 요인에 대한 통찰을 포함한 진정한 안전, 진정한 방호(防護)가 없다면 실패는 몇 번이고 반복되는 것이다.

1.6 명목과 실태의 괴리

「우리 회사는 30년간 무사고・무재해. 계획대로 움직여 왔는데 자기가 사장이 되자마자 화재가 발생하고, 사람이 죽었다. 더 사장직을 수행하는 것이 싫어졌다」고 하는 사람이 필자가 있는 곳으로 종종 방문해 왔다. 그리고 「자기 회사의 무엇이 이상한 걸까」라고 필자에게 묻는 것이다. 이럴 때 필자는 반드시 「명목과 실태가 맞지 않을 것 같으니 현장을 보아두라」고 말하고 있다.

여기서 그 사장은 철저하게 조사해 보았다. [그림 1.10]을 보자. 이 그림은 그 사장이 경영하는 기계공장에서 근무하는 반장의 일과에 관한 것이다. 좀 더 자세하게 말하면 「반장의 시간배분에 대한 명목과 실태」이다. 사장이 조사해 보니 반장의 시간배분에 대한 명목과 실태는 매우 괴리되어 있었다. 즉, 명목과 실태는 현저하게 달랐던 것이다.

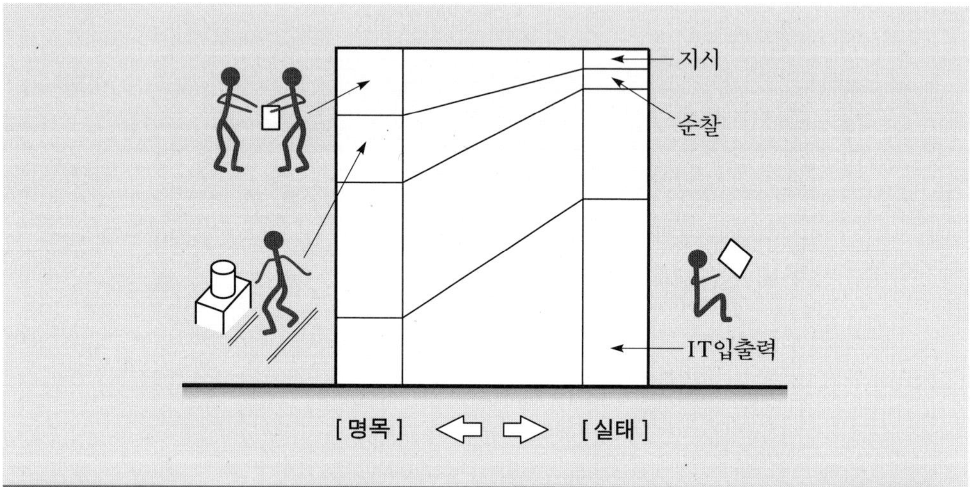

[그림 1.10] 반장의 시간배분에 대한 명목과 실태 – 기계공장에서의 반장의 일과 –

반장이란 생산현장에서 10인 정도의 부하를 지휘하는 우두머리이다. 그리고 이 우두머리의 일에는 지시, 순찰, 컴퓨터에의 데이터 입출력 등이다. 각각의 시간배분을 그림으로 나타내면 「명목」상에는 그림 왼쪽에 나타낸 바와 같이 된다.

그런데 젊은 기술자가 우두머리인 반장의 뒤를 하루 동안 달라붙어 무슨 일을 어느 정도 하는지 스톱워치로 추적 측정해 보았다. 그러자 놀랍게도 컴퓨터에의 데이터 입출력이 전체의 반 이상을 차지하고 있었던 것이다. 반면에 순찰이나 지시하는 시간이 거의 없어졌다. 이것이 「실태」였던 것이다.

본래 현장을 완전하게 장악하여 생산에 관한 전부를 지도해야 하는 반장이 어떻게 현장에 가지 않는다는 것인가이다. 그런데 현장은 이렇게 「실태」와는 동떨어진 「명목」으로 움직이고 있다. 이와 같은 형해화한 조직 운영이 회사를 비정상적으로 되게 하여 이러저러한 사고를 일으켜왔던 것이다.

그러면 그 사장은 어떤 대책을 강구하였을까. 다음은 사장 자신으로부터 들은 이야기이다.

「노인이 키보드를 쳐서는 안 된다. 진짜 그렇다. 키보드로 자라온 사람과 해를 거치며 열심히 5월의 장마처럼 반복 작업하고 있는 사람이 함께 일할 수 있을 리가 없다. 그렇다면 노인에게는 키보드를 손대지 말게 하고, 젊은이가 대신 치게 하면 좋다는 것이다.」

이러한 방식으로 대책은 극히 간단했던 것이다. 실제로 실행해 보니 이것이 제법 좋았다. 무엇이 좋았다는 것인가 하면 젊은 사람들이 성장하기 시작한 것이다. 「반장의 일이란 이렇게 여러 가지가 있는가」라고, 반장 대신에 키보드를 치면서 생각하고 있었던 것이다. 그리하여 생산현장이 활짝 변해 갔다.

또한 여기에 이제부터 일본은 어떻게 해야 하는지, 어떻게 하지 않으면 안 되는지의 답이 있는 것이다.

CHAPTER 02

실패학 개론

CHAPTER

02

실패학 개론

사람들은 필자를 「실패학의 대가」라고 부르는데 정작 본인으로서는 「그런 사람이 되었다」라는 심정이다. 이렇게 말하면 놀랄지도 모르겠으나 필자는 실패학을 시작하고 싶어서 시작한 것이 아니다. 시작하게 되어버린 것이다. 돌이켜보면 그것은 시대와 사회가 요구하고 있었던 게 아닐까 한다. 그러나 필자 자신의 생각으로는 창조(creation)라는 것을 생각하기 위해서는 아무래도 시작하지 않을 수 없었던 것이다.

본 장에서는 그 「아무래도 시작하지 않을 수 없었던」 실패학의 얘기를 해보자. 실패학 이야기의 내용은 다음과 같이 6개로 나누고 있다.

① 실패의 필요성
② 실패 살리기
③ 실패의 원인과 결과
④ 실패의 필연성
⑤ 실패지식의 전달
⑥ 실패를 살리는 공부

순서대로 설명해 보자.

2.1 실패의 필요성

그럼 먼저 「실패의 필요성」이라는 얘기부터 시작해 보자.

「실패가 필요하다」라고 말하면, 「선생님은 실패를 하라고 말하는 겁니까」라고 짜증을 내는 사람이 있는데 그렇게 말하고 있지 않다. 실패는 하지 않는 편이 좋다고 결정하고 있는 것이다. 그뿐 아니라 필자가 말하고 싶은 것은 「실패하지 않으려면 실패하지 않도록 하십시오. 그래도 "필연적으로 실패하지 않을 수 없게 된다"는 말이기도 하고 그렇게 말하는 것이 매우 중요하다」라는 말이 되는 것이다.

「필연적으로 실패하지 않을 수 없게 된다」라는 것은 본서의 대주제인 「창조(creation)」에는 부속물의 특성을 갖는다. 창조를 할 때에는 아무래도 실패라는 결과가 나오게 되는 것이다. 세상의 많은 사람은 「실패는 좋지 않은 것」, 「실패하는 것은 나쁜 것」이라고 생각하여 실패를 피하려고 한다. 실패를 절대로 하지 않는 최선의 방책은 「아무것도 하지 않는 것」이다. 그러나 그렇게 하면 새로운 것은 아무것도 생겨나지 않는다. 따라서 새로운 것을 만들어 내려면 실패에는 "허용되는 실패"와 "허용되지 않는 실패"가 있음을 이해하여 실패를 두려워하지 말고 과감하게 도전해 가는 것이 중요한 것이다. 왜냐하면 그것이 창조를 위한 첫걸음이기 때문이다.

그렇다면 **허용되는 실패**란 어떤 것이란 말인가. 그것은 개인이나 조직이 새로운 일에 맞닥뜨려 허둥대면서 무엇인가 해결해 갈 때 일어나는 실패이다. 이런 실패는 개인이나 조직의 성장과 진보에는 필연적으로 따라오는 것이다.

반면에 **허용되지 않는 실패**라는 것도 있다. 그것은 자기가 행하고 있는 것으로부터 아무것도 배우지 못하고, 같은 우(愚)를 반복해서 범하는 실패이다. 지금 세상에서 발생하고 있는 허다한 실패는 이 "허용되지 않는 실패"이다.

그런데 이 "허용되지 않는 실패" 전부가 허용되지 않는 다면 그것 또한 맞지 않다. 설령 "허용되지 않는 실패"를 일으켜버렸다 해도 실패로 배운다는 것이 중요한 것이다. 유감스럽게 발생한 실패도 그 후의 취급 여하에 따라 실패로 잃는 것보다 그 실패로 얻은 지식으로 다음에 일어날 동종의 실패를 미연에 방지함으로써 전체로서의 실패 총량을 감쇠할 수 있을 때 처음에 주어진 실패는 「허용되는 실패」로 승화될 수 있는 것이다. 이 「실패로 배운다」는 것은 다른 말로 하면 「실패를 지식으로 한다」로, 곧 「실패로 얻은 지식을 살리다」가 되는 것이다.

실패라고 하는 것은「이런 실패를 했다」,「저런 실패를 했다」라고 하는 다만 실패담으로는 결코 이해할 수 없다. 실패는「진정한 과학적 이해」를 통해「실패지식」으로 승화시켜 학습이 가능하게 되는 것이다. 따라서 이렇게 배우는 것으로「실패를 살린다」는 것이 가능케 되는 것이다. 필자가「실패는 필요하다」고 말하는 것은 이 때문이다.

(1) 실패체험의 필요성

인간은 지금까지 한 일이 아닌 것에 도전하여 행동을 하면 대개의 경우 결과는 모두 실패로 끝난다. 어느 정도의 비율로 실패하는지를 보면 99.7%이다. 숫자가 세 자릿수까지 표시되어 누군가가 상당한 조사를 한 것으로 생각하는 사람이 있지만 그렇지는 않다. 어폐를 두려워하지 않고 말하면 적당한 숫자이다.

그러나 근거는 있다. 세 자릿수까지나 되는 세밀한 숫자로 말하는 것은 천에 삼이라는 단어가 있기 때문이다.「천에 삼」이란 인간이 오랜 역사 속에서 배우고 축적해 온 지식을 간단한 단어로 정리한, 일종의 속담이다. 결국 인간이 과거에 경험해 온 것의 총체를 가리키는 단어이다. 독자 여러분도 틀림없이 경험이 있을 것이다. 딱 맞게 준비하고 정확하게 계획하여 만사가 잘 되어가는 일도 있다. 그런데 무언지 알지 못하고 하여튼 해나가다 보면 이따금 잘 되어가는 일도 있다. 이「이따금 잘 되어가는」일을,「천에 삼은 잘 되어간다」고 하는 것을 줄여서「천에 삼」이라는 단어로 표현한 것이다.

그러면「천에 삼」을 뺀「천에 구백구십칠」은 무언가, 이게 바로 실패이다. 결국 1,000 중에 997은 실패이다. 그래서 실패의 확률을 997/1,000, 즉 99.7%라고 하는 것이다.

첨기

「천에 삼」을 다른 말로 표현한「하인리히의 법칙」이라는 것도 있다.「하인리히의 법칙」이란 미국 보험회사에서 일하고 있던 H. W. 하인리히라는 사람이 노동재해의 발생을 통계적으로 분석한 경험칙이다. 이 법칙에 의하면 1건의 중대재해의 뒤에는 29건의 찰과상 정도의 경미한 재해가 있고, 이 경미한 재해의 뒤에는 또 300건의, 상처라고는 할 수 없어도 오싹한 체험이 있다. 즉, 중대한 재해(실패)는 300건에 1회, 결국 1/300의 확률로 발생한다는 것이다. 하인리히의 법칙에 관해서는 2.3절(1)「실패의 현재화 확률」에서 보다 상세히 설명하고 있다.

그런데 그 99.7%를 점하는 실패를 일으켰을 때 사람은 어떤 것을 느끼는 것일까. 사실 그 느낌은 정해져 있다. 우선 처음에 「아차!」라고 생각하는 것이다. 왜 그런 생각일까. 그것은 「예상치 않았던 일이 일어났다」라고 생각하기 때문이다. 그리고 난 다음에 직접피해를 느낀다. 즉, 「아프다」, 「다쳤다」, 「곤경에 처했다」라고 느끼는 것이다. 그 다음으로 다른 사람, 사회와의 관계를 생각한다. 「부끄럽지 않을까」, 「사람들에게 알려지지 않고 싶다」, 「가능하면 숨기고 싶다」라고 생각하는 것이다.

세상에서는 「실패를 감출 필요는 없다」라고 말하고 있다. 필자는 그렇게는 생각하지 않는다. 「감출 수 있는 실패는 어차피 감추어진다」라고 생각하고 있다. 일부러 자기의 실패를 사람들에게 선전하고 다닐 필요는 없는 것이다. 그러나 일어난 실패로부터 꼭 배워야 할 때나, 침묵하다가 치명적인 사태에 이를 것을 알고 있을 때는 제대로 용기를 갖고, 어느 하나도 숨기지 않고 자기에게 일어난 실패를 사람들에게 밝혀야 하는 것이다. 다만 실패를 전할 때에는 일어난 것을 그대로 전하는 것만으로 끝나는 것은 아니다. 실패는 지식으로 하여 전하지 않으면 전하지 않는 것이다.

그럼 「실패를 지식으로 한다」라는 것은 어떤 것일까. 여기서 [그림 2.1]을 보도록 한다. 이 그림은 이 장(章)에서 가장 중요한 그림이다. 실패체험의 필요성을 나타낸 그림이다. 「일을 망쳤다」라는 실패는 어떻게 이해해야 할까. 그 진정한 이해는 물리학의 힘이나 원자레벨의 거동에까지 고찰해야 얻을 수 있다는 것을 그림에 나타내었다. 「실패를 지식으로 한다」라고 할 때는 이렇게 일련의 프로세스를 따라가야 된다.

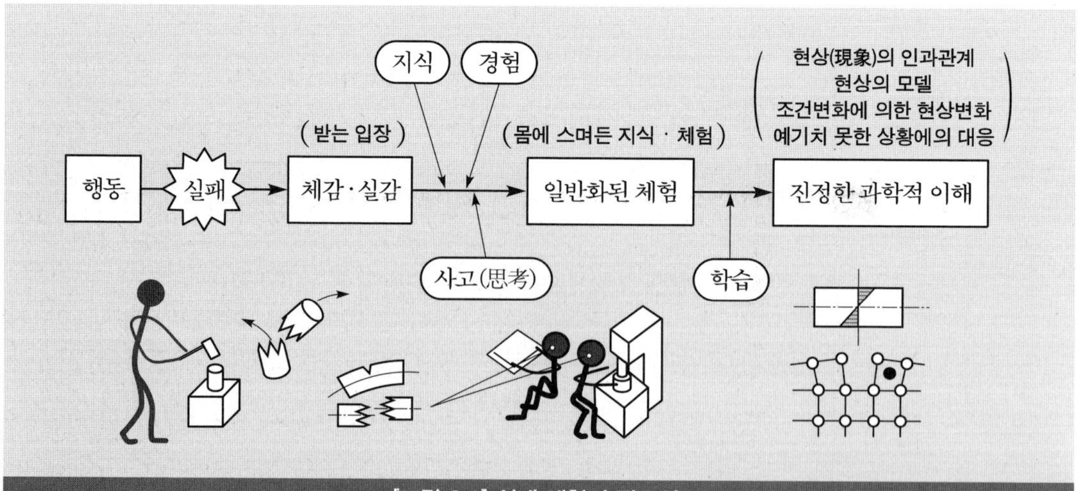

[그림 2.1] 실패 체험의 필요성

그리고 이 프로세스를 따라간 결과 도달하는 「진정한 과학적 이해」가 다음의 「실패를 살린다」라고 하는 것으로 이어지는 것이다. 그런 의미에서 필자는 실패체험은 필요하다고 생각하고 있다.

그럼 지금부터 [그림 2.1]을 보면서 여러분이 일에서 뭔가 실패했을 때를 생각해내기 바란다. 꼭 생각나는 것이 있을 것이다. 어떤 행동을 한 결과 실패하여 괴로운 맛을 보았다고 하자. 그럴 때 어떤 것을 느끼는 것일까. 「두 번 다시 똑같은 실패는 하지 않겠다」고 느꼈을 것이다. 이것을 다른 말로 하면 실패를 받아들이는 입장에서의 **체감, 실감**을 얻었다고 하는 것이다. 그럼 체감, 실감을 얻으면 인간은 어떻게 되어갈까. 스스로로부터 나오는 지식이나 경험을 획득하게 되어 새롭게 행동하기 시작하는 것이다. 그리고 자기의 머리에서 일을 생각하게 된다. 그렇게 하는 중에 그 사람 안에는 몸에 스며든 지식이나 경험이 완성되어 간다. 이것을 여기서는 **일반화된 체험**이라고 부르기로 한다. 일반화된 체험을 터득한 사람은 또한 스스로 학습을 진행하게 된다. 그리고 결국에는 진정한 과학적 이해에 도달하는 것이다.

「진정한 과학적 이해」란 이과(理科)의 법칙을 아는가, 계산이 빠른가, 만사의 짜임새를 잘 설명할 수 있는가 라는 등 단순하게 「무언가 습득하고 있다」는 상태를 말하는 것은 아니다. 그것은 단지 표층적(表層的) 이해이다. 필자가 말하는 「진정한 과학적 이해」란 「안다」라는 것, 즉 사물의 본질을 이해한다는 것이다.

그럼 「안다」란 어떤 것인가. 여기서 [그림 2.2]를 보자. 예를 들어 자기 눈앞에서 일어

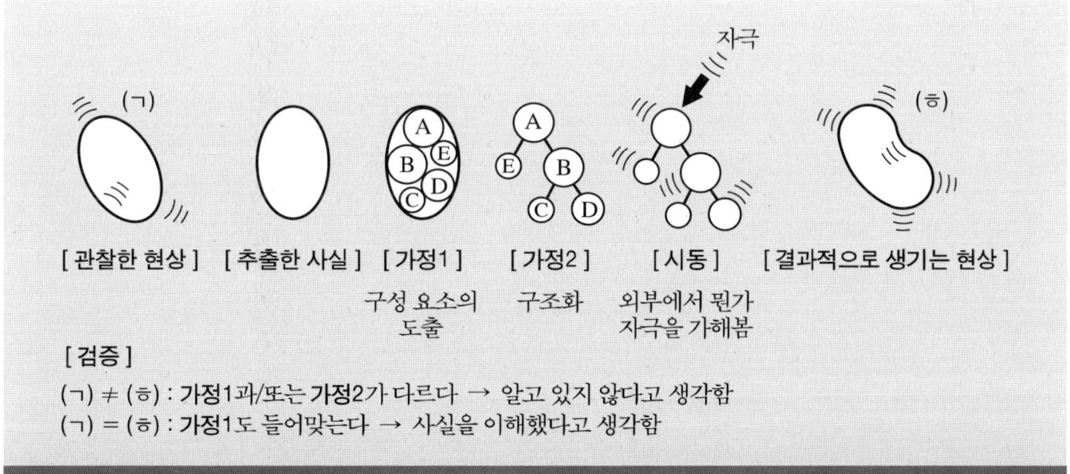

[그림 2.2] 실패 체험의 필요성 「안다」라는 것은 무엇일까
– 요소의 도출 · 구조화 · 시동을 통해 비로소 "알았다"고 생각함 –

나고 있는 어떤 현상이 있다고 하자. 먼저 이것을 반드시 자기 눈으로 보고 관찰한다. 그리고 그 현상이 어떤 구성요소로부터 성립되고 있는지를 생각한다. 다음으로 그 **구성요소의 도출**을 행한다. 또 어떤 구성요소가 어떻게 얽혀 지금 눈앞에서 벌어지고 있는 상황이 될 수 있는 걸까, **구성요소의 구조화(構造化)**를 행한다. 마지막에 구성요소를 구조화한 것을 자기 머릿속에서 움직여 보는(이를 「시동(試動)」이라 한다) 것이다. 그리고 처음에 관찰한 움직임과 시동시킨 움직임을 비교(이를 「검증(檢證)」이라 한다)하여 그 움직임이 눈앞의 현상과 같은 움직임이 되었을 때 인간은 「아, 알았다!」라고 생각하는 것이다. 이러한 「알았다!」라고 하는 것을 바로 「진정한 과학적 이해」라고 한다.

첨기

아는 것이 가능하면 만드는 것이 가능하다. 소설을 쓰고, 그림을 그리고, 작곡을 하며, 기계를 만든다. 「창조」라고 하는 활동은 가지각색인데 어디에도 없는 것을 만들어 내는 사람들을 보고 있으면 다음의 공통점이 있는 것 같다.

1) 재료를 모으는 능력이 뛰어남
2) 관찰하는 안목이 예리함
3) 적당히 무모함
4) 끈질김
5) 둔감함
6) 팽개치지 않음
7) 머리가 유연함

중요한 것이므로 조금 보충해 본다. 「재료를 모으는 능력이 뛰어나다」는 것은 호기심이 강하다는 것이다. 흥미롭다고 보면 어쨌든 덤벼들어 수중에 넣어버리고 싶어 하는 것이다. 「관찰하는 안목이 예리하다」는 것은 글자를 읽는 것처럼 사물을 잘 보고 있다는 것이다. 「적당히 무모하다」는 것은 제멋대로의 추측이라 해도 어쨌든 시도해 보는 적극성을 말한다. 「끈질기다」는 것은 시작하면 끝까지 그만두지 않는 끈질긴 성질이 강하다는 것이다. 「둔감하다」는 것은 알기까지 시간이 걸리고 납득하는 데도 시간이 걸리는, 어떤 종류의 둔함이다. "공진 주파수가 작다(파장이 길다)"라고 해도 좋다. 그러나 한 번 이해하여 납득하면 두 번 다시 잊지 않는다. 「팽개치지 않는다」는 것은 한 번 작업한 것을 처음에 자기가 작업하고자 했던 것과 같은지 어떤지를 평가·검증할 수 있는 것을 말한다. 「머리가 유연하다」는 것은 다른 사람의 말을 잘 듣고 그 충고를 받아들이는, 겸손과 온유이다.

이런 특성을 갖고 있는 사람이 「무언가 정말 새로운 것을 만들고 싶다」고 생각하면 이상하게도 모두 머리 회전방향이 똑같아진다. 그 머리 회전방향이 「요소의 도출」, 「요소의 구조화」, 「시동」, 「검증」 등이다. 이것이 가능한 사람은 머릿속에 피드백루프가 형성된다. 그러므로 정말 창조적인 일을 하는 사람은 계속 연마하여 좋은 것을 연달아 창출해 낼 수 있는 것이다.

이런「진정한 과학적 이해」가 가능하게 되면 현상을 보고 관찰하면서 그 본질을 알아 그 것을 사용하게 된다. 이 본다・안다・사용한다는「저렇게 하면 위험하다」,「이렇게 하면 안 된다」라고 하는 경험지식과는 다르다는 것에 주의하기 바란다. 무엇이 어떻게 다른 것일까. 다음의 네 가지 점에서 다르다. 즉,「진정한 과학적 이해」가 가능하려면,

- 현상의 인과관계를 자기가 기술(記述)할 수 있다
- 현상의 모델을 만들 수 있다
- 조건변화에 따른 현상의 변화를 예측할 수 있다
- 예측하지 못한 현상이 일어나도 적절한 대응이 가능하다

등이다. 이것이「진정한 과학적 이해」와 경험지식의 다른 점이다.

그러면 어떻게 해야「진정한 과학적 이해」에 도달할 수 있을까. 우선은 도전하는 것이다. 지금까지 했던 일이 아닌 것으로 도전하면 인간은 어떻게 하든 실패를 한다. 그러나 그 실패야말로 필요한 것이다. 그리고 그 실패로 배우는 것이 중요한 것이다.

진지하게 도전해서 일어나는 실패는 "허용되는 실패"이다. 바꾸어 말하면 그것은 도전이나 성장이나 진보에 부수되어 일어나는 필연적인 실패이다. 그러므로「실패는 해서는 안 되는 것」,「실패는 나쁜 것」,「실패는 부끄러운 것」이라고 생각하는 것은 틀린 것이다.

첨기

실패를 매우 두려워하는 사람이 있는데 그런 사람을 위해 절대로 실패하지 않는 방법을 고안해 냈다고 하자. 답은 간단하다.「전혀 행동하지 않는」것이다. 이것 외의 방법은 없다. 아무것도 하지 않는 것이 가장 실패하지 않는 방법인 것이다. 그러나 아무것도 하지 않는다면 진보는 없다. 개인에게도 조직에게도 그때까지 하지 않았던 것으로 도전하여 행동할 때 반드시 실패를 한다. 이 진실을 먼저 충분히 이해해 둘 필요가 있다. 그 위에「실패를 피하려고 하지 마라」고 명심하지 않으면 개인도, 조직도, 사회도 아무 진보도 이룰 수 없는 것이다.

(2) 타타라(풀무) 제철로 보는「진정한 과학적 이해」

다음으로「진정한 과학적 이해」란 어떤 것인지를 구체적인 예를 통해 알기 쉽게 설명해 보자. 먼저 [그림 2.3]을 보기 바란다. 이것은「타타라 제철」을 하고 있는 곳의 사진이다. 타타라 제철은 일본 재래의 제철법으로 일본도(日本刀)로 쓰는 옥강(玉鋼)을

만드는 제철법이다. 강(鋼)이란 철(鐵)과 탄소(炭素)의 합금이다. 매년 겨울 3회나 7회 정도만 시마네(島根)현 요코타(横田)의 「일도보(日刀保)타타라」((재)일본미술도검보존협회의 약칭으로 타타라 제철의 사업주체임)에서 행하고 있다. 사진의 사람은 기하라(木原明)씨라고 하는 총작업반장으로 국가지정 선정보존기술보유자이다.

타타라 제철에서는 점토로 만든 로(爐) 중에 사철(砂鐵)과 목탄을 30분에 1회씩 순서대로 넣고 공기를 옆으로 불어 넣는다. 약 72시간에 완성되는 「게라; 조철(粗鐵)」라고 하는 2.5~3.5톤의 철괴(鐵塊)가 로 중에서 성장해 가서 옥강이 되는 것이다. 로에 공기를 불어 넣는 풀무를 「타타라」라고 부르므로 「타타라 제철」이라는 설명도 있다. 실제로 어떤 작업을 하는지 알고 싶은 사람은 미야자키 하야오 감독의 애니메이션 〈원령공주〉를 보면 좋을 것이다. 영화 속에는 여인이 발로 밟고 있는 「타타라」가 나온다. 전에는 사람이 발로 밟아 이것을 작동시켰던 것이다. 지금의 타타라 제철에서는 3일낮 3일밤 기계를 동력으로 하여 풀무로 바람을 만들어 보낸다.

필자가 기하라씨에게 처음으로 말을 건 것은 1994년이다. 본서를 집필하고 있던 중에도 견학을 하러 갔는데 기하라씨는 건강하게 일하고 있는 것 같았다. 기하라씨의 작업을 보고 있으면 너무 흥미롭다.

[그림 2.3] 타타라 제철(목탄제철공장)

기하라씨는 전통적인 작업을 하고 있다. 그런데 필자는 방문하기 전에 타타라기술을 기록한 문서가 어딘가에 있고, 비밀리에 구전(口傳)되고 있어 기하라씨가 그것을 정확히 지켜서 언제나 같은 것을 만들어 내고 있을 것으로 생각하고 있었다.

그런데 기하라씨에게 물어보니 기본은 몸으로 익혀둔 것으로 문서 같은 전혀 없다는 것이다. 완전히 틀린 것이다. 어떻게 생각해야 할까. 사철도 천연으로 존재하는 것이고, 목탄도 천연의 나무로부터 만들어지는 것이기 때문에 성분이 항상 일정한 것으로 만드는 것은 아니다. 옥강을 만들 때는 어떤 일이 일어나고 있는지를 자기 눈으로 관찰하여 어떤 작업을 어떻게 하면 무슨 일이 일어날지를 머릿속에 구상하여 작업하고 있는 것이다. 로의 속은 변화가 빠르기 때문에 「결정된 대로 작업하는」 것 같이 느슨한 작업을 해서는 강철이 만들어질 수 없는 것이다.

기하라씨가 일을 하고 있을 때 필자는 여러 가지 일을 물어 보았는데 여기에 옮겨 본다.

하타무라 샤-하는 것 같은, 부취부취 하는 것 같은 이상한 소리가 들리는데 저 소리는 뭡니까?

기하라 스스로 들어 보십시오.

(죽통을 귀에 대고 들어보면 꼭 배에 청진기를 대고 듣는 것 같은 느낌이었다)

하타무라 공기를 풀무로 바람을 불어 보내면 들리는, 저 「샤-」나 「쥬쥬」하는 소리는 뭡니까?

기하라 바람 길의 통과가 좋고 사철이 반응하여 철 녹은 방울이 떨어져 들어올 때의 소리지요.

하타무라 어떻게 그런 것을 알고 있는 겁니까?

기하라 왜냐면 저는 구멍으로 들여다보았기 때문이죠.

하타무라 아, 역시 그렇군요. 그럼, 온도는 어느 정도일까요?

기하라 제일 높아서 1,450℃정도로, 조금 낮은 온도에서도 반응하고 있지요.

하타무라 어떻게 알 수 있습니까?

기하라 측정했기 때문이죠.

하타무라 무엇으로 측정했습니까?

기하라 열전대(熱電對)요. 재질은 백금로듐으로 용접은 이렇게 저렇게 해서 전부 측정한 거죠.

하타무라 2,000℃정도에서는 안 되니요.

기하라 그건 서양식 제철법인 것 같은데 낮은 온도에서 환원반응이 일어나는 것이 이것의 특징으로 좋은 철이 될 수 있는 것이기 때문에 온도를 올리면 전부 망가져 버리지요.

하타무라 탄소 함유량은 어느 정도일까요?

기하라 음-. 여러 가지 있는데 평균으로 하면 1.2% 정도일 거요.

하타무라 어떻게 그걸 알고 있는 건가요?

기하라 역시 저는 옥강의 깨진 면을 보기도 하고, 스스로 분석하고 있는 거죠.

하타무라 아, 네. 그래도 이런 「타타라」풀무로 바람을 만드는 오래된 방법으로 하지 않고, 송풍기로 연속 송풍하여 바람을 불어 넣는 쪽이 좋지 않나요?

기하라 그렇게 하면 되지 않습니다. 그 이유는 타타라를 근대화한 지금까지의 각형(角形) 용광로의 실적이나 시험 결과로부터 판단할 수 있는 겁니다.

하타무라 전부 스스로 해보고, 진정한 지식을 만들어 갖고 있군요. 그런데 기하라씨의 전 직업은 무엇입니까?

기하라 이전에는 히다치(日立)금속의 야스기(安來)공장에서 각형 용광로 순도 높은 목탄제철 일을 하고 있었습니다.

하타무라 그럼 어째서 지금은 이런 일을 하고 있는 겁니까?

기하라 (재)일본미술도검보존협회가 전통기술의 보존 전승과 전국의 도장(刀匠)에게 일본도 재료인 옥강을 공급하기 위해 1977년에 「일도보(日刀保)타타라」를 복원했을 때 과거 경력으로 반장 견습공으로 채용되었던 겁니다.

기하라씨는 전통적인 방법의 최후 고수였던 아베 요시조우(安部 由藏)반장의 제자가 되어 열심히 노력을 하였다. 옛 기술이기 때문에 어딘가에 문서가 있거나 도면이 있거나 하지 않을까라고 기하라씨도 생각했다고 하는데 실제로는 그런 것은 어디에도 아무것도 없었다는 것이다.

그럼 기하라씨는 어떻게 기술을 습득했던 것일까. 기하라씨에게 물어본 결과 그것이 바로 「진정한 과학적 이해」였음을 알게 되었다.

아베씨는 누구에게도 「저것을 이렇게 하라」, 「저렇게 하라」, 「이것을 생각하라」처럼 얘기한 일을 한 번도 없었다. 「괜찮으니까 자기가 하는 방식을 보고 스스로 좋다고 생각하는 대로 만들어 보라」고 말하는 것이었다. 그리고 기하라씨가 해보고 마음에 들지 않았을 때 옆에서 보고 있던 아베씨는 「나라면 이렇게 한다」고 가르쳐 준 것이다. 결국 아베씨는 기하라씨의 머릿속에 사고회로(思考回路)가 정확히 자리잡아 가도록 지원(support)하고 있었던 것이다. 배우고자 하는 기하라씨의 머릿속에 전체 지식이나 생각이 구축되어 가는 도움을 주고 있었던 것이다. 그리하여 지금도 기하라씨는 확실하게 할 수 있는 것이다.

「저것을 이렇게 하라」, 「이것을 저렇게 하라」고 구체적으로 지시하여 「그대로 하고 있네」라고 배우게 되었다면 타타라기술은 중도에 단절되어 버렸을 것이 틀림없다. 기하라씨는 어쨌든 스스로 해본 것으로 자기 머릿속 지식이나 생각으로 자리 잡게 되었던 것이다. 스스로 작업을 하면서 일어나고 있는 일을 자기 육안으로 보기 때문에 다음에 무엇을 해야 할지가 머릿속에 구성되어 가는 것이다.

이와 같이, 일어나고 있는 전체의 변화, 현상을 자기 머릿속에 옮겨 그 중의 변수(parameter)를 어떻게 변화시킬까를 생각해 가는 이것이 「진정한 과학적 이해」인 것이다. 사물의 이해라는 의미에서도, 교육이라는 의미에서도, 기술을 어떻게 전수해 갈까라는 의미에서도 타타라 제철은 훌륭하게도 과학적인 방법으로 운영되고 있는 것이며, 따라서 지금까지 지속되고 있는 것이다.

그런데 옛날에는 옥강을 만드는 데 4종류의 사철이 사용되었다고 한다. 따라서 만들기가 쉬웠다. 그런데 사철을 만드는 데 사용했던 모래가 너무 쌓여 하천이 천정천(天井川)이 되어 범람하게 되어 버렸다. 또 국가 정책으로 환경보전을 위해 지금부터 40년 전 쯤부터 수질오염방지법이 시행되기도 하여 하천에 모래를 흘려버리지 못하게 되었다. 그래서 종래 형태의 사철은 더 이상 채취해 낼 수 없게 되었다고 한다. 지금은 산의 채굴장소에서 자력선별기를 사용하여 물로 씻어 사철을 채취하므로 사철은 1종류밖에 사용하지 않는다. 결국 지금 채용되고 있는 방법은 옛날부터 그대로 전래되어 온 것은 아니고, 옛날 옥강기술에 연구를 가한 방법인 것이다.

그러면 왜 지금도 깔끔한 옥강이 만들어질 수 있는 걸까. 그것은 기하라씨 전의 아베반장이 연구하여 한 종류의 사철로 만들어질 수 있도록 한 기술을 기초로 하여 기하라씨가 자기 나름으로 생각해 그때그때의 상황에 맞추어 스스로의 작업 내용을 진행하고 있기 때문이다. 산 사철(山 砂鐵)은 장소에 따라 그 성질이 달라서 근대공업의 원재료 기준에 맞는 성분의 것이 나오지는 않는다. 여기서, 일어나고 있는 일에 대응하여 머리를 사용하는 방법을 바꿀 필요성이 생긴다. 그렇지 않으면 좋은 것을 만들어 낼 수 없기 때문이다.

첨기

제3장의 「첨기」에서는 다도(茶道)의 세계에서 「수 · 파 · 리(守 · 破 · 離)」라 불리는 가르침에 관하여 필자 나름으로 생각해 보았다. 기하라씨가 실행해 온 것이 바로 이 「수 · 파 · 리(守 · 破 · 離)」라고 생각하는 바이다.

여기서 [그림 2.4], [그림 2.5]를 보도록 하자. 이것은 필자가 추측하여 기하라씨의 머릿속을 묘사한 것이다. 기하라씨의 머릿속에서는 점토로 만든 로(爐)는 「투명한 것」처럼 되어 있다. 로의 상부로부터 투입된 사철이나 목탄이 로 속에서 쌓여 밑으로 떨어져 간다. 필자의 눈으로 보면, 기하라씨는 자기 머릿속에서 그것이 어떤 형태로 되어 가는지를 가상적으로 만들어 가는 것처럼 보인다. 게다가 머릿속에서만 만드는 것이 아니라 기하라씨는 한쪽에 20개 있는 취입관(吹入管) 위에 구멍을 내어 작업 중에 실제로 전부 육안으로 관찰하고 있는 것이다. 그리고 철 녹은 방울이 어떻게 떨어지고 있는지를 자기 눈으로 관찰하고 있는 것이다.

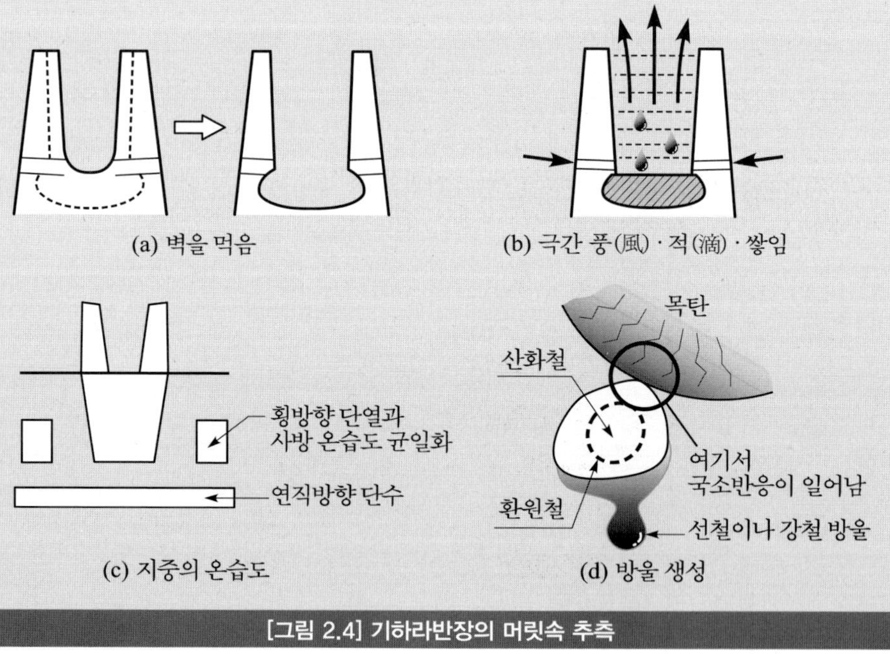

[그림 2.4] 기하라반장의 머릿속 추측

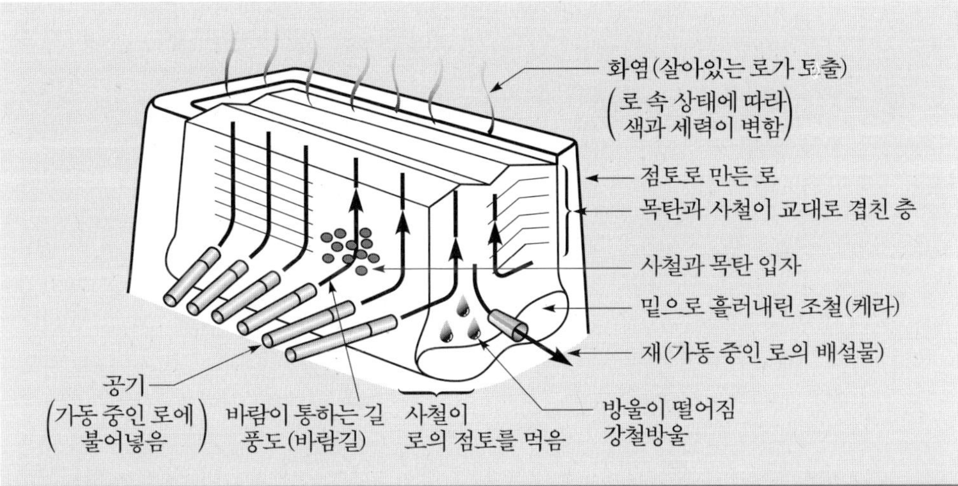

[그림 2.5] 필자(하타무라)가 추측하는 기하라반장의 머릿속

그 한편으로 기하라씨의 머릿속에 있는 로의 속에는 「풍도(風道)」가 만들어져 있는 것 같다. [그림 2.5]를 보기 바란다. 기하라씨는 바람이 가는 길을 머릿속에 계속 떠올리며 방울을 제어하고 있는 것처럼 느껴지는 것이다. 필자는 그런 식으로 생각했다고 기하라씨에게 말해 보았더니 그대로라고 답하였다. 로 속에 입체형의 「풍도」를 상상하고 그 주위에서 일어나는 반응을 머릿속에 완전한 모델을 만들어 이해하고 있는 것이다. 그리고 행해야 할 작업을 입으로가 아니라 무언가 사인을 만들어 진행해 간다. 그러면 72시간 후에 로를 부수어 끄집어냈을 때는 깨끗하고 표면이 용암처럼 솟아오른 납작한 길이 3m, 폭 약 1.2m의 철괴(鐵塊)가 만들어지는 것이다.

기하라씨는 이와 같은 모델을 머릿속에 만들어 그것을 훌륭하게 실행하고 있다. 이것은 기하라씨 속에 「진정한 과학적 이해」가 있고, 이에 따라 작업을 하기 때문에 가능한 것이다. 진정한 「제철의 신」인 것이다.

첨기

작업을 견학했을 때 한 곳이 깨끗하지 않은 장소가 있는 것 같았다. 그래서 기하라씨와 이런 이야기를 나누었다.

하타무라 저쪽은 이상한데 실패인가요?
기하라 네, 실패한 거죠.
하타무라 실패한 것을 모두에게 알렸나요?

기하라	알리지 않았어요. 그대로 작업은 한 겁니다.
하타무라	그 때 불어 넣는 바람은 중지시켰나요?
기하라	그대로예요.
하타무라	그 때 상부에서 투입하는 사철이나 탄은 가감했나요?
기하라	그건 지시하여 전부 중지시켰기 때문에 거기만 실패한 거죠. 옆에서 보고 있어서 알았나요?
하타무라	몰랐는데요, 뭔가 이상한다고 느꼈죠.

사람이 행하고 있는 것을 그 사람과 직접 얘기하여 정확하게 이해하는 것처럼 생각하려면 묻는 사람 쪽은 그 사람의 머릿속에 있는 것과 같은 모델을 자기 머릿속에 반드시 만들어 둘 필요가 있다. 왜일까. 그것은 사람에게 말을 물을 때는「당신이 하고 있는 일은 스스로에게는 이런 식으로 보여도 진짜 모습은 무엇일까요?」라고 묻는 방식으로 하지 않으면 진정한 것을 끄집어낼 수 없기 때문이다. 필자는 그것을「머릿속을 들여다보다」라는 말로 표현하고 있다.「중요한 것을 말해 주십시오」라든가,「이건 어떻게 할까요?」등과 같이 말하여 듣는 방법으로는 진정한 것을 얻어낼 수 없다. 상대와 정말 똑같은 레벨에서「나라면 이렇게 한다」,「이렇게 될 것이다」라고 철저하게 생각하여 자기 머릿속에 모델을 만든 위에 상대에게 임하지 않으면 아무것도 끄집어낼 수 없고, 아무것도 보이지 않는 것이다. 그리고 그것을 실행하는 것을 시작으로「진정한 과학적 이해」를 얻는 것이 가능한 것이다.

기하라씨는 본서의 원고를 훑어보고 코멘트도 해주셨다. 이 장을 빌어 인사드리는 바이다.

2.2 실패를 살리다

일어나버린 실패를 그대로 놔두면 다만 실패이다. 그럼 실패를 다만 실패로 끝내지 않으려면 무엇이 필요할까. 그것은 실패를 철저히 맛보아 살리는 것이다.「실패를 철저히 맛본다」는 것은, 그 실패에 관한「진정한 과학적 이해」를 얻는다는 그것이다. 그리고「진정한 과학적 이해」를 얻을 때 처음으로 실패는 보물이 되고 살리는 일이 가능하다. 마이너스 결과인 실패는 전화(轉化)하여 플러스가 될 수 있는 것이다. 이 절에서는「진정한 과학적 이해」에 의해 실패를 살려낸 과거의 귀중한 사례로 배우도록 해본다.

(1) 기술을 진보시킨 3대 실패 – 실패로 배우는 것의 필요성

기술의 세계에는 「이것을 알지 못하면 엉터리다!」라는 말이 있다. 물건을 만드는 인간에게 이것을 알고 있지 못하면 「그러고도 네가 물건을 만들었다고?」라는 말을 듣게 되는 중요한 지식이다. 즉 기술을 진보시킨 3대 실패,

① 타코마교(橋)의 붕괴
② 전시표준선(戰時標準船)의 파괴
③ 코메트기(機)의 추락

이다. [그림 2.6]에 그 3가지를 나타내었다. 차례대로 살펴보기로 한다.

[그림 2.6] 기술을 진보시킨 3대 실패 : 실패로 배우는 것의 필요성

1) 3대 실패의 1 : 타코마교의 붕괴

먼저 타코마교의 붕괴로 설명을 시작하자. 1940년에 미합중국 워싱턴주 시애틀 북쪽에 있는 타코마만에 길이 1km에 걸쳐 현수교가 건설되었다. 이 교량을 만들 때의 사전 홍보는 「안전하고, 빠르고, 가볍게 만든다」였다. 그런데 실제로 만들어보니 바람이 불자 흔들려서 그대로 다리가 떨어져 버리는 것이 아닐까 염려되었다.

[그림 2.7] 타코마교의 붕괴

사진제공 : University of Washington Libraries, Special Collections, UW21422

그런데 여기부터의 대응이 실로 미국다운 것이었다. 「누가 나쁘다, 무엇이 나쁘다」가 아니라 일어나고 있는 일을 확실하게 관측하고 관찰하도록 하게 되었다. 그리고 풍속계나 온도계, 16mm 무비카메라를 교량 주위에 몇 대나 설치하게 되었다. 자, 이야기는 이제부터이다. 모든 측정준비를 끝낸 바로 그날 오후 갑자기 바람이 불어왔는데 참, 겨우 초속 19m의 바람에 실제로 다리가 붕괴되어 떨어져버린 것이다. [그림 2.7]은 그 때의 모습을 촬영한 것으로 다리가 떨어져 내리는 순간이다.

아무리 그렇다하더라도 도대체 무슨 일이 일어난 걸까. 바람이 만들어내는 공기의 소용돌이에 의해 다리가 요동치고, 또 다리가 요동치는 것으로 새로운 소용돌이가 발생하여 그 소용돌이가 또 다리를 요동치게 하고, … 라는 「공진」이 일어난 것이다. 타코마교는 이 공진에 의한 비틀림에 버티지 못해 무너져 내린 것이다. 그런데 그러한 공진을 설계자는 알지 못했다.

한편 다행한 것은 타코마교의 붕괴로 발견된 것이 있다. 즉 상판의 비틀림 강성이 크면(결국 비틀림에 강하면) 공진에 의한 비틀림은 작게 제어된다는 것이다. 타코마교의 상판은 평판형상을 하고 있어 비틀림 방지가 이루어지지 않았다. 이 취약성이 사고 후에 행해진 풍동(風洞)실험해석에 의해 규명되어 상판 탄성의 중요성이 인식되기 시작한 것이다.

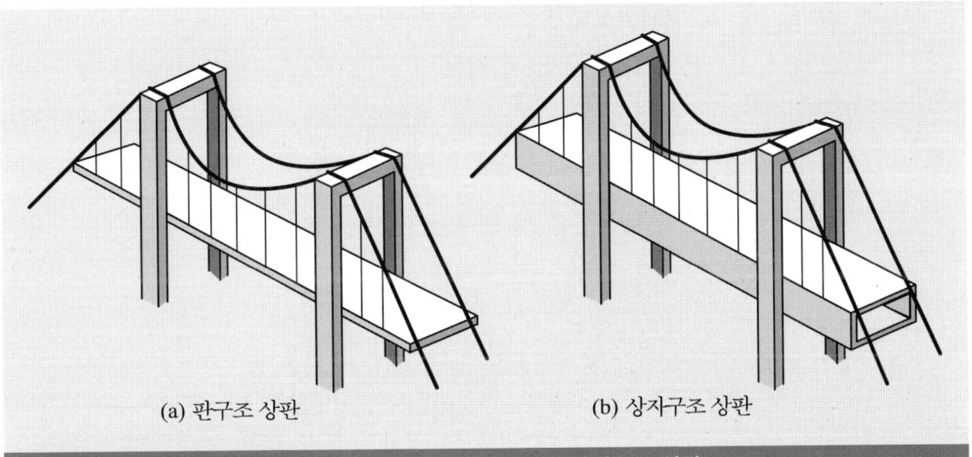

[그림 2.8] 현수교의 판구조 및 상자구조 상판

그럼 상판의 비틀림 탄성을 높이기 위해서는 어떻게 하는 것이 좋을까. [그림 2.8]을 보사. 종래의 나리에서 사용되고 있넌 판구조 상판과 새로운 상자구조 상판을 비교해 보면 비틀림에 대한 탄성은 상자구조의 쪽이 월등히 높다. 그래서 미국에서는 그때까지 만들어 이용하고 있던 대형 현수교의 상판을 모두 상자구조로 개조한 것이다.

실패라고 하는 관점에서 보아 이 사례의 흥미로운 점은 미국이 이 실패로부터 얻은 지식을 적극적으로 세계 중으로 알린 점이다. 그 덕분에 이후에 세계 어느 곳에서도 대형 현수교가 떨어지는 사고는 없어지고 다리의 안전성이 향상되었던 것이다. 현재 세계에서 제일 긴 다리는 일본의 아카시(明石)대교이다. 이 다리는 길이가 2km나 되지만 초속 80m의 강풍이 불어도 떨어지지 않는다는 검증이 되어 있다. 실제로 2005년에는 초속 60m의 강풍에 노출되었으나 꿈쩍도 하지 않았던 것이다.

2) 3대 실패의 2 : 전시표준선의 파괴

두 번째 실패는 전시표준선의 파괴이다. 제2차 세계대전이 시작되자 미국은 병사와 무기를 유럽에 대규모로 수송하기 위해 「전시표준선(戰時標準船)」이라는 배를 만들었다.

전시표준선이 획기적이었던 것은 건조기간을 대폭 단축시킨 점이다. 그때까지의 해군선 건조에는 철판에 구멍을 뚫어 그 구멍을 통과시킨 대갈못(rivet, 鋲)의 양측을 압착하여 연결하는 방법이 채택되고 있었다. 하지만 이 방법에서는 구멍을 뚫는 데 들어가는 물품의 조달을 맞출 수가 없다. 그런데 전시표준선에서는 용접으로 연결하는 방법, 즉 전용접선(全鎔接船)에 의한 방법으로 교체하여 공기 단축이 가능해졌다.

그런데, 용접으로 연결하는 방법에서는 1개소에 균열이 생기면 배 전체로 균열이 이어져 갈라져버리는 결점이 있었다. 리벳으로 연결하면 혹시 균열이 생겨도 리벳 구멍이 있는 곳에서 균열을 막아 부분적인 파손으로 끝날 것이다. 그러나 용접으로 교체한 전시표준선에서는 이런 용접기술의 문제가 드러나게 되었다.

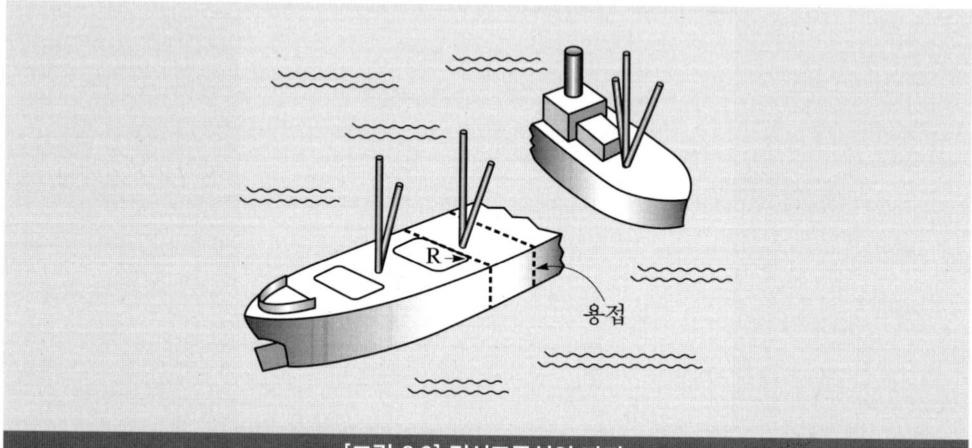

[그림 2.9] 전시표준선의 파괴

여기서 [그림 2.9]를 보자. 이 그림은 두 척의 배를 그린 것이 아니다. 한 척의 배가 정확히 중앙부근에서 두 동강으로 잘린 것을 그린 그림이다. 한겨울 북대서양의 찬 바다를 전시표준선이 지나가면 이상하게도 이 그림과 같이 선체가 잘리거나, 부서지거나, 침몰하거나 하였다.

전부 5,000척 건조된 전시표준선 중 3,000척은 수송선이고, 이 배는 「리버티선」으로 불렸다. 이 리버티선의 실제 3할이 이런 사고를 당한 것이다.

강한 철이 그렇게 간단히 잘려버릴까 하고 생각할 것이다. 그런데 철은 잘리는 것이다. 그럼 왜 그런 일이 일어났을까. 3가지 원인이 있었다. 즉,

① 저온취성(低溫脆性)

② 수소취성(水素脆性)

③ 응력집중(應力集中)

이다. 저온취성이란 철이 0℃ 정도의 저온이 되면 강인함이 없어지고 취약해져 짝 하고 잘리는 현상이다. 전시표준선에서는 철 재질이 적당하지 않았기 때문에 일어났다.

이것을 막기 위해서는 철 성분을 조정하는 수밖에 없다. 수소취성은 용접을 할 때 공기 중에 함유되어 있는 수분의 수소가 철 속에 녹아들어 용접부분이 취약해져 버리는 현상이다.

한편 세 번째 원인인 응력집중인데 여러분은 항구에서 커다란 입을 열어 짐을 싣고 있는 화물선을 본 적이 있을 것이다. 화물선은 가능하면 짐을 많이 싣기 위해 큰 해치(hatch, 구멍)를 열도록 만들어져 있다. 응력집중은 그 해치의 각이 예리하게 구부러져 있으면 발생하는 현상이다. 선체가 힘을 받았을 때 선체의 형태를 이루고 있는 재료 중에 구멍의 각 주변에 힘이 집중되어 부서져 버리는 것이다.

이상의 3가지 원인이 겹쳐 전시표준선의 사고가 계속 일어났던 것이다. 미국은 이 3가지 원인을 알고, 전쟁이 끝나고부터 세계로 정보발신을 하였다. 그 덕분에 전후에는 저온취성, 수소취성, 응력집중으로 배가 침몰하는 일은 없어졌다. 현재 대형 철재 구조물을 안심하고 이용하는 것은 이 사고로 배웠기 때문이다.

첨기

지금도 샌프란시스코의 피셔먼스워프(Fisherman's Wharf)에 리버티선이 원형 보존되어 있으므로 기회가 있으면 가보기 바란다. 노르망디 상륙작전 50주년 기념행사가 있었을 때는 실제로 대서양을 왕복한 일도 있다. 이 배를 보면 전쟁에서 승리하기 위해서는 무엇이 필요했을까를 잘 알 수 있다.

3) 3대 실패의 3 : 코메트기(機)의 추락

마지막으로 코메트기의 추락에 관해 소개해 보자. 제2차 세계대전이 끝날 때쯤 전후(戰後)에는 제트기의 시대가 올 것이라 생각되고 있었다. 군용기뿐 아니라 여객기도 제트기로 되게끔 미국과 영국은 개발경쟁을 벌이고 있었다(패전국인 일본과 독일에게는 개발시키지 않았다). 그리고 경쟁에서 이긴 것은 영국이었고, 그 결과 등장한 것이 코메트기이다.

코메트기를 소유하고 있던 회사는 BOAC(British Overseas Airways Corporation)이다. 그런데 막 정기운행을 개시했을 때 계속하여 공중 폭발하여 추락한다. 하지만 원인은 전혀 알 수가 없다. 당시 영국 수상이었던 처칠은 「잉글랜드은행이 텅 비어도 좋으니 철저한 원인규명을 하라」고 지시를 내려 거국적인 원인규명을 시켰다. [그림 2.10]과 같이 실제 비행기를 수조 안에 넣어 내압(耐壓)시험을 하는 등 현재로서는 도저히

[그림 2.10] 실제 비행기를 사용한 코메트기의 내압시험

출전 : Ministry of Transport and Civil Aviation : *Civil Aircraft Accident－Report of the Court of Inquiry into the Accidents to Comet G-ALYP on 10th January, 1954 and Comet G-ALYY on 8th April, 1954*

생각할 수 없는 일을 시도해 보았다. 그 결과, 원인은 기체에 생긴 금속의 피로 파괴인 것을 밝혀냈고 또한 금속피로의 올바른 평가법도 확립하였던 것이다.

금속피로란 간단히 말하면, 반복해서 힘을 가하면 금속이 지쳐 파괴되어 버리는 현상이다. 고공을 비행하는 비행기의 기체(機體)에는 내외 압력차에 의해 반복적으로 하중이 걸린다. 코메트기의 공중폭발은 이 압력차에 의한 금속피로가 발생한 창부(窓部)의 균열로 일어난 것이다. 코메트기의 개발 시에는 금속피로에 의한 파괴조건이 잘못 산정되어 있었다. 그 때문에 기체의 피로수명을 10배 이상으로 본 오판을 저질러 사고가 일어났던 것이다.

영국은 밝힌 원인을 세계로 전하였다. 현재 모든 여객기는 수천 시간인가 비행하면 기체로부터 내장(內裝)이나 기기(機器)를 전부 떼어내어 기체만을 남겨 금속피로를 일으키고 있는 곳은 없는지를 확인한 후 필요한 곳곳을 보수하고, 어디에도 문제가 없음을 확인하고 나서 사용하고 있다. 이러한 정기적인 확인작업의 필요성을 인식시켜준 것이 코메트기의 공중폭발사고인 것이다.

첨기

1985년에 일본항공의 520명이나 되는 승객・승무원이 사망한 오스타카(御巣鷹)산 추락사고도 금속피로에 의한 파괴가 원인이었다. 추락사고가 나기 약 7년 전 엉덩방아를 찧는 사고를 냈던 그 기체(機體)가 보잉사에 의해 후부압력 격벽이 수리되었는데 그 수리하는 방법이 틀렸던 것이다. 이 때문에 수리한 부분의 피로파괴에 의해 추락한 것이다. 여기서 기체 본체가 아니라 주변 부분에 파괴의 단서가 있었던 것에 주의해 보자. 이 오스타카산 추락사고는 아까의 코메트기 사고와는 성질이 전혀 다른 사고인 것을 배워야 한다. 오스타카산 사고는, **사고는 모두가 주의를 기울이는 주요부분에서는 일어나지 않고 주의가 소홀하게 되는 주변부분에서 일어난다**, 라고 하는 전형적인 예인 것이다. 모두가 주의하고 있는 곳에서는 사고는 일어나지 않는 것이다. 「이건 괜찮다」, 「이건 문제없을 것이다」라고 생각하고 있는 바로 그 주변에서 사고는 일어난다. 오스타카산 사고의 잔해는 2006년 4월부터 일본항공의 「안전계발센터」에 전시하도록 되었다. 똑같은 비참한 사고를 두 번 다시 반복하지 않게 하기 위해 시작한 전시이다. 독자 여러분도 꼭 가서 보기를 권한다(견학에는 사전 접수가 필요).

(2) 파괴된 터빈 로터

기술의 진보에 공헌한 것은 영국과 미국뿐, 일본은 「편승」이라고나 할까 결정적인 것은 없다.

1970년 10월 24일 미쓰비시(三菱)중공업의 나가사키(長崎)조선소에서 시험운전 중이던 대형 터빈 로터가 갑자기 파열되었다. 비산된 파편으로 4명이 사망하고 61명의 중경상자가 발생했다. 비참한 사고이나 이 사고가 터빈의 설계・제조기술의 진보에 미친 영향은 절대적인 것이다. 그 증거로 그때까지 터빈 로터의 파열사고가 세계에서 1년에 수 건씩 일어났으나 이 사고로 깨달은 지식이 전해지고부터 세계에서 만들어진 터빈 로터는 한 번도 파열사고를 일으키지 않았다는 것이다.

터빈 로터란 둘레에 날개(blade, 翼)를 부착한 고속 회전체이다. 나가사키조선소에서 운전되고 있었던 터빈 로터는 본체직경이 (최대)1,778mm, 흉부길이가 3,590mm, 무게 50톤으로 제작방법도 구조도 전혀 새로운 것이었다. 터빈 로터는 완성되면 안전을 확보하기 위해 과속시험을 실시한다. 사고를 일으킨 터빈 로터는 정격 회전수를 20% 늘려(3,000회전을 3,600회전으로 올려) 그 시운전을 실시하였다. 그런데 3,540회전에 다다랐을 때 로터가 4개로 잘라지면서 원심력에 의해 날아가 버린 것이다.

첨기

터빈 로터가 파괴될 때는 반드시 4개로 잘라진다는 것이 경험적으로 알려져 있다. 터빈 로터는 문자 그대로 「사산(四散, 사방으로 흩어짐)」된다.

여기서 [그림 2.11]을 보자. 비산된 파편 중 11톤짜리 철괴(M)는 무려 1.5km나 떨어진 높이 200m의 산꼭대기까지 날아가 처박혔다. 한편 9톤짜리 철괴(S)는 공장에서 800m 떨어진 나가사키만으로 추락했다. 나머지 파편 중 철괴(H)는 조선소 내 지면에 처박혔고, 철괴(W)는 공장 중을 돌아 날뛰어 4인을 살상하고, 61인에게 중경상을 입혔다.

참고로 [그림 2.12]에 파열된 터빈 로터의 단면도를 나타내었다. 로터란 회전축인데 「축(軸)」이라고는 해도 엷은 부분이나 두꺼운 부분 등 복잡한 형상을 하고 있는 것이다. 이런 복잡한 형상을 한 철재 로터를 만드는 데는 먼저 녹은 철을 주물사(鑄物砂)로 제작한 원주형 주형(鑄型) 안으로 흘려 넣는다. 그리고 차갑게 굳을 때 단조(鍛造)에 의해 형태를 만들어 가는 것이다. 어떤 형태로 만들까 하는 것이 연구해야 할 부분인데 또한 그 형상을 어떻게 만들어갈까 하는 데 중요한 기술이 필요하다.

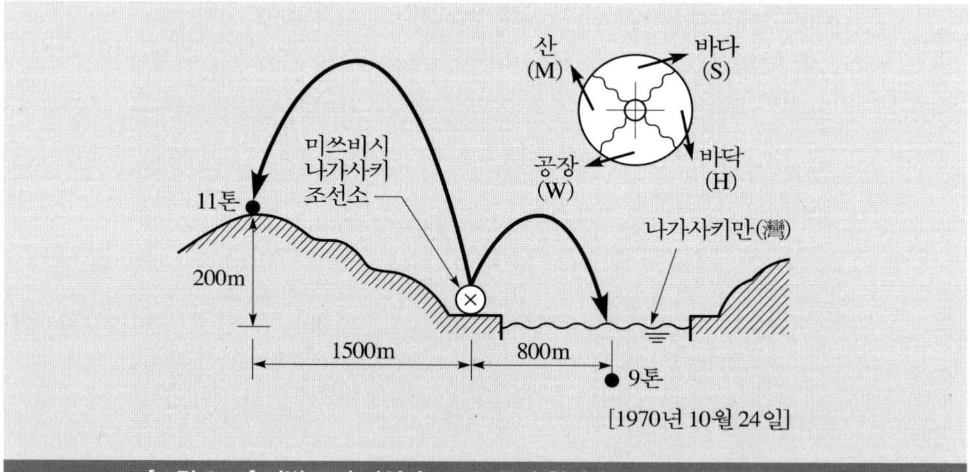

[그림 2.11] 터빈 로터 파열사고 : 11톤의 철괴가 1.5km 앞까지 날아감

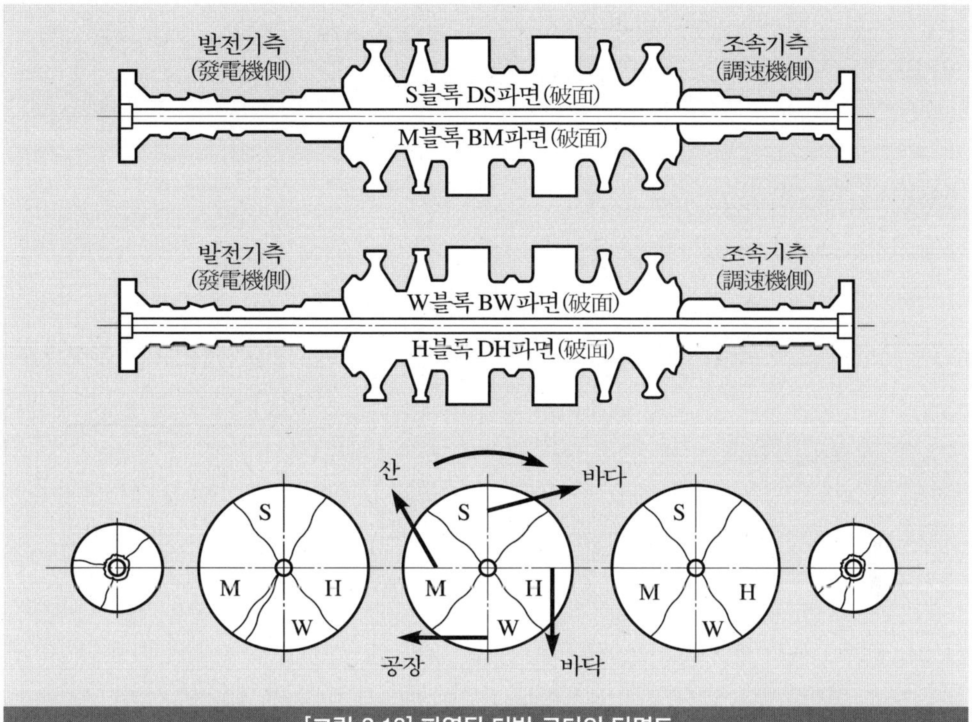

[그림 2.12] 파열된 터빈 로터의 단면도

그렇다고 해도 왜 이런 대형사고가 일어난 것일까. 조금 자세히 설명해 보자. 파열된 로터에는 주형(鑄型)에 유입된 철을 냉각시키는 공정에서 문제가 발생해 왔던 것이다. 주형 중에 철을 유입시키면 철 속으로부터 바깥 방향으로 열이 발산되어 나간다. 결국 냉각된다는 것이다. 한편 이렇게 주형 중에 재료를 유입시켜 냉각시킬 때 반드시 일어나는 현상이 있다. 중심부분에로의 가스 압축이다. 예를 들어 가정의 냉장고로 아이스캔디를 만든다고 하자. 플라스틱틀에 재료를 흘려 넣고 냉동고에 오래 놓아두면 아이스캔디가 만들어진다. 이렇게 만든 아이스캔디를 잘 살펴보자. 정중앙 부분이 희어져 있을 것이다. 그 흰 부분은 재료 중에 함유되어 있던 공기가 압축되어 생긴 부분인 것이다.

이와 같이 집에서 아이스캔디를 만들 때 보이는 것과 동일한 현상이 철을 굳힐 때도 나타난다. 주형에 유입된 철은 냉각되어 감에 따라 바깥쪽에서 안쪽 방향으로 응고가 진행된다. 응고의 진행과 함께 철에 함유되어 있던 불순물과 가스도 철의 안쪽으로 압축되어 간다. 그리고 최후에 철 전체가 응고되는 것이다. 나가사키조선소에서의 터빈 로터 파열은 로터가 되는 철을 응고시킬 때 압축된 가스의 작은 거품(泡,

micro-porosity)이 원인이었다. 그 거품이 기원이 되어 미소한 균열이 생기고, 로터의 회전에 의해 그 균열이 발전하여 결국에는 파열에 이른 것이다.

이렇게 얘기하면 거품이 생기는 것이 나쁘다고 생각할지 모르겠으나 그렇지는 않다. 문제는 거품의 크기이다. 통상 크기가 2mm 이상인 거품이 있으면 위험하다고 알려져 있다. 그럼 미쓰비시의 기술자들은 거품 보는 것을 빠뜨렸을까. 그것도 아니었다. 초음파를 사용하여 2mm 이상의 거품이 없다는 것을 확인했다. 그럼에도 불구하고 터빈 로터는 날아가 버렸다. 왜일까. 미쓰비시중공업의 기술자는 「2mm 이상의 거품이 있으면 위험하다」라는 지식은 과거의 경험을 통해 정확히 알고 있었다. 그러나 「설사 2mm 이하의 거품이라도 거품이 많이 모이면 외견상 큰 거품과 같은 상태가 되어 매우 위험하다」고 하는 것까지는 알지 못했던 것이다.

첨기

원주형 물건을 만들 때는 어떤 것도 원통형 주입 틀에 재료를 유입시켜서 냉각, 응고하여 만든다. 아이스캔디이든 터빈 로터이든 어느 것이나 같다. 따라서 거품 문제는 원주형 물건을 만들 때는 반드시 고려해야 할 공통의 문제인 것이다. 이것 또한 중요한 「암묵지(暗默知)」이다.

이 사고로 배워야 할 것은 많으나 그 중에서도 중요한 것은 사고 후 미쓰비시중공업의 대응이다. 터빈 로터를 만들 때는 합금강(合金鋼) 중에서도 가장 강도가 높은 니켈・크롬・바나듐강을 쓰는데 미쓰비시중공업은, 진공도를 종래보다도 1항(桁) 높이지 않으면 안 된다는 것을 세계 속으로 정보 발신한 것이다. 그와 함께 미쓰비시중공업은 그때까지 제작되었던 터빈 로터를 새로운 방법으로 다시 만들어 모두 무상으로 교체하였다. 이 같은 대응의 결과, 타사(他社)를 포함하여 거품이 남는 주조법은 폐기되고 제강법의 수준이 한 단계 높아져 그와 같은 사고는 근절되었다. 미쓰비시중공업이 사고원인에 관한 정보를 적극적으로 공개하지 않았다면 같은 사고에 이한 희생자가 지금까지도 끊어지지 않았을 것이다.

그런데 실패라고 하는 관점에서 보아 이 사고가 중요한 것은 실패지식의 승계가 이루어지고 있다는 점이다. 실물이 없어지면 반드시 기억에서 사라진다. 이 사실을 알고 있던 미쓰비시중공업은 사고의 자세한 내용을 전시하는 박물관을 나가사키조선소 안에 만들었다. 박물관에는 잘린 터빈 로터가 그대로의 모습으로 보존・전시되어 있다. 전시 안내판에는 「장래의 교훈으로 삼다」라고 쓰여 있다.

[그림 2.13] 파열된 터빈 로터(미쓰비시중공업 박물관 전시)

[그림 2.13]의 사진에 로터를 가리키고 있는 사람은 나가사키조선소의 소장이었던 후쿠다 세이지(福田征孜)씨이다. 필자가 견학차 방문했을 때 로터의 그 부분에 균열이 생겨 날아갔다는 것을 배웠다. 필자가 동경대학에서 교편을 잡고 있을 때 후쿠다씨 일행은 회전기계의 강의를 하러 와주었다. 그 때「자기들은 이와 같이 생각하여 이렇게 했다고 해도 이런 사고를 일으켜 버렸다」고, 사고의 경위를 자세히 가르쳐 주었다. 기술에 종사하는 사람은 변명하거나 사실을 숨기거나 하는 것이 아니라 일어났던 사고를 정확히 상정(想定)하여 판단해야 한다. 후쿠다씨 일행은 기술의 장래를 담당할 학생들에게 그렇게 얘기했다.

후쿠다씨 일행의 강의를 학생들과 함께 들은 후 필자는 나가사키까지 출장을 가서「미쓰비시중공업의 사고에 대응하는 방법을 배우는 것이 기술자에게는 진정한 공부이다. 정말 책으로 내고 싶다」고 하면서 미쓰비시의 여러 분들에게 부탁하였다. 처음에는「형사사건에 연루되어 있는 일이므로 실은 어디에도 자료를 내주지 않고 있다」고 소극적이었으나 필자가,「그런 얘기를 하고 있으면 동일한 사고가 꼭 다시 일어나며, 장래를 담당할 학생을 교육하기 위해서 정확히 자료를 내어주십시오」라고 재차 부탁하였을 때 내부협의를 한 결과 자료 유출을 허락받게 되었다. 그 자료를 토대로 사고의 배경, 사고의 이해에 필요한 지식, 사고 경위, 사고 후의 대처, 사고로 배워야 할 점 등에 필자의 분석을 보태어 편집한 것이 『실제의 설계 – 실패로 배우다』(일간공업신문사, 1996)의 제6장 「터빈 로터 파열사고로 배우다」이다. 미쓰비시중공업이 공개한 자료는 이 책에 게재하고 있는 것뿐이다. 매우 귀중하고 중요한 내용이다. 기술자라고 이 사고의 교훈에서 배우지 않으면 안 된다. 꼭 참조를 권한다.

첨기

이 사고와 관련하여 하나 더 평가받아야 할 것은 검찰의 대응이다. 미쓰비시중공업은 사고의 조사에 전면적으로 협조함과 동시에 당시의 기술로서는 될 수 있는 대로의 것을 행하여 일어난 사고였다고 주장했다. 검찰은 그 주장을 받아 들여 업무상 과실상해와 과실치사로 입건하는 것은 안 된다고 한 것이다. 만약 입건으로 한다면 검찰이 기술의 진보를 가로막는 것이 된다. 그렇게 이해한 검찰은 불기소를 결단하였다고 생각된다. 이 일은, 기술의 진보는 기술자에 의해서만 이루어지는 것이 아님을 가르치고 있다. 사회도, 회사도, 사법도, 각자가 각자의 입장에서 기술을 마주 대하는 것이 매우 중요한 것이다.

(3) 한 사람도 부상자가 나오지 않은 중대 화재사고

그런데 그 터빈 로터의 파열사고로부터 32년 후인 2002년, 같은 미쓰비시중공업 나가사키조선소에서 다이아몬드 · 프린세스호(号)의 화재사고가 일어났다. 다이아몬드 · 프린세스호란 총 113,000톤, 전장(全長) 290m, 최대 폭 37.5m의 당시 미쓰비시중공업 나가사키조선소에서 건조 중이었던 호화여객선이다. 개실 내장공사 중에 화재가 일어나 약 36시간에 걸쳐 계속되어 총면적의 약 4할이 타버렸다. [그림 2.14]의 사진은 독자 여러분도 본 적이 있을 것이다.

이런 큰 화재사고가 있으면 어쨌든 세간의 이목은 실화(失火)의 직접원인과 현장대응의 지체에 집중된다. 모두 그런 것이 알고 싶어지는 것이다. 실제로 이 다이아몬드 · 프린세스호 화재사고에서도 그랬다. 그러나 이 사고로부터 무엇을 배워야 할까라는 견지에서 보면, 중요한 것은 다른 데 있는 것이다. 그게 무얼까. 한 사람도 부상자가 발생하지 않은 것이다.

[그림 2.14] 불타는 다이아몬드 · 프린세스호

사진제공) 매일신문사

첨기

그 후의 조사에 의하면 실화의 직접원인은 용접에 의한 열이었다고 한다. 작업자가 객실 내 천정에 늘어뜨리는 쇠장식을 용접하고 있을 때 그 열이 천정의 철판을 통해 위층 객실에 전해져 목제 가구류에 착화(着火), 벽의 십자가 등 가연물로 번졌던 것으로 보인다.

화재가 일어난 것은 저녁 5시가 지나서였다. 가을의 일몰 시간이라 선내는 아무것도 보이지 않음에도 불구하고 약 1,000명이나 되는 작업자들 전원이 겨우 15분 정도 만에 무사히 대피했던 것이다. 왜 그것이 가능했을까. 그것은 평소부터 화재가 일어날 것을 예상하여 철저하게 훈련을 하여, 작업자 한 사람 한 사람이 갑작스런 사고를 만나도 확실히 실행할 수 있게 되었기 때문이다. 또 중요한 것은 작업자가 선내에 없는지를 확인할 수 있는 시스템이 준비되어 있었던 것이다.

발화 직후 현장에서는 작업자가 소화(消火)활동을 하고 있었다. 그러나 도중에 소화활동을 중지하고 작업자가 대피를 시작했다. 탈출로로서는 해안 벽에 연결되는 통로가 선체의 전방과 후방에 두 세트 있었을 뿐이다. 이 통로는 통과하는 작업자를 전원 바코드로 체크하는 시스템으로 되어 있어 기록되고 있었다. 그리고 선내에 사람이 없다는 것을 확인한 후 소방당국에 의한 소화활동을 재개한 것이다. 이와 같은 경우

선내에 사람이 남아있음에도 불구하고 소화활동을 우선으로 해 버리는 일이 많다. 그것이 대형 사고로 이어진다는 것을 미쓰비시중공업은 잘 이해하고 있었다. 그래서 선내에 있는 작업자 전원을 확실히 탈출시킬 방책을 갖고 있었던 것이다. 이것이 간단한 일인 것처럼 보이지만 평소부터 철저하게 의식하고 있지 않는 한 실행할 수 없는 것이다. 화재현장에서 가장 중요한 것은 신속하고도 확실한 대피인 것이다.

예를 들어 공장의 클린룸에서 화재가 발생했다고 상상해 보자. 독자 여러분의 회사에서는 클린룸에 아무도 없음을 확인하는 시스템을 갖고 있을까. 그것은 의외로, 그럴 것 같지만 그렇지 않다는 것이다. 재해 시에는 안과 밖의 연락이 좀처럼 되지 않는다. 안에서 일어나고 있는 일을 밖에서는 도무지 알지 못하는 상태가 된다. 그래서 도우러 들어가는 것이 좋은지 어떤지도 빨리 판단하기 어렵게 된다. 이 헷갈림이나 주저함이 피해를 더욱 확대시키게도 하는 것이다.

이것은 간단히 훈련을 하면 무언가 가능하다는, 무언가 조직이나 시설을 만들면 막을 수 있다고 말하는 것은 아니다. 재해가 발생했을 때는 어떻게 말하는 것이 있을 수 있을까, 그것에 대하여는 어떻게 대처하면 좋을까를 평소부터 자기들의 활동 중에 도입해 두지 않으면 안 되는 일이다. 그러기 위해서는 자기 머리만으로 상상하는 것이 아니라 사고를 일으킨 현장에 가서 실제 상황을 직접 듣고 배우는 것이 필요하다. 실패경험은 업계나 회사의 벽을 넘어 공유해야 하는 것이라고 필자는 늘 말하고 있다. 독자 여러분에게는 꼭 타사에 공부하러 나갈 것을 권하는 바이다. 그리하여 진지하게 배우고자 하는 사람에 대하여는 확실하게 응대를 하고, 거꾸로 자기가 배울 때에는 겸허하지 않으면 안 된다.

참기

다이아몬드・프린세스호의 화재사고는 앞의 터빈 로터 파열사고를 일으킨 터빈공장의 바로 옆 해안 벽에 계류하여 의장(艤裝)공사를 행하고 있던 중에 일어났다. 그리고 그 발생 시기는, 터빈사고로부터 공교롭게도 30년 후였다. 이것은 필자가 말하는 「중대사고 30년 주기설」을 뒷받침하는 것이다. 미쓰비시중공업의 대비와 대응은 훌륭하였으나 중대화재를 일으킨 사실 또한 직시하여 정확한 성찰(단순한 「반성」이 아님)을 해야 할 것이다.

(4) 메이지(明治) 산리쿠(三陸)쓰나미의 교훈

그런데 실패를 일으킬 것 같은 경우가 있으면 실패한다고 알고 있으면서 파멸적인 실패로 계속 진행되어가는 경우도 있다. 인간은 「**욕(欲)·득(得)·리(利)**」의 앞에서는 어떤 교훈도 경고도 무시하고 가는 것이다. 그 예가 메이지 산리쿠쓰나미에서 볼 수 있다.

1896년(메이지 29년), 이와테(岩手)현에서 미야기(宮城)현에 걸친 산리쿠(三陸) 해안을 쓰나미가 덮쳤다. 이 쓰나미로 2만2,000명이 쓸려가 사망하였다. 믿기 어려울

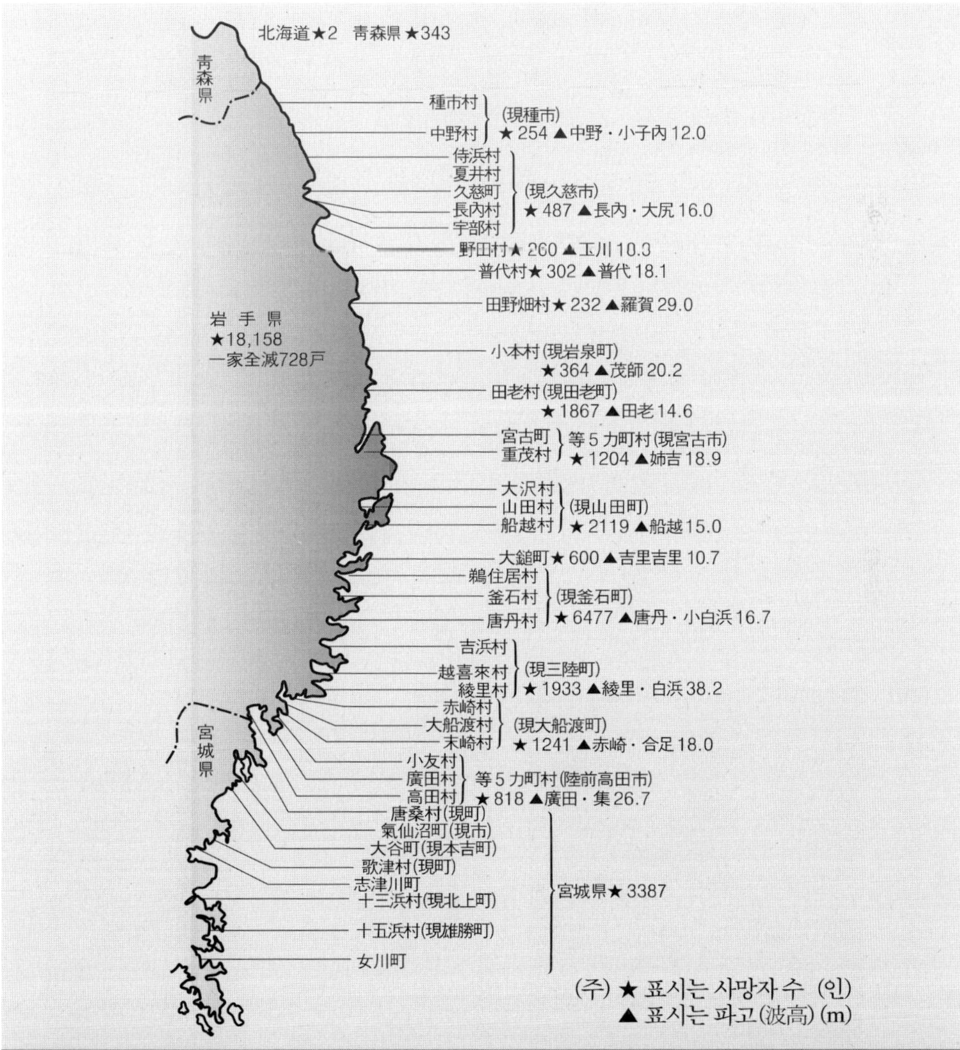

[그림 2.15] 메이지 산리쿠쓰나미의 사망자 수와 파고

정도의 희생자 수이다. 여기서 [그림 2.15]를 보자. 신일철(新日鐵)제철소가 있던 카마이시(釜石)의 바로 남쪽에 토우니무라(唐丹村)라는 마을이 있다. 여기는 마을사람 전원 6,477명이 사망하였다. 그 남쪽의 류리무라(綾里村)에서는 1,933명이 사망하였다. 류리무라의 백사장에는 치솟은 높이 38m나 되는 쓰나미가 덮쳤다. 38m라고 하면 13층 건물의 높이이다. 2004년에 발생한 수마트라바다의 진파(津波, 쓰나미)보다도 높은 진파가 온 것이다.

류리무라의 백사장은 마을의 양측을 에워싼 산이 쾅 바다로 떨어진 것 같은, 폭이 좁은 해변이다. 여기는 현재 캠프장이 되어 있다. 여기 서서 산 쪽을 올려다보면 하얀 페인트로 덮인 바위가 보인다. 이 흰 페인트는「여기까지 쓰나미가 왔었다」고 하는 표시이다. 바위 옆에 있는 나무에는 쓰나미로 쓸려간 사람의 소매가 걸려 있었다고 한다.

산리쿠해안에는 여기저기에 쓰나미에 관해 기록한 비석이 있다. [그림 2.16]은 그것을 찍은 것 중 하나이다. 비명(碑銘)을 읽어 보면,「쓰나미 기념비, 높이 거주하는 것이 자손에 화목, 생각의 참화인 쓰나미, 여기보다 낮게 집을 짓지 마라」라고 되어 있다. 쓰나미는 메이지 29년(1896년)에도, 그리고 쇼와(昭和) 8년(1933년)에도 내습(來襲)하여 두 쓰나미 모두 마을을 전멸시켰다고 기록되어 있다.

이러한 쓰나미의 교훈을 전하는 비석은 다른 장소에도 있다. [그림 2.17]은 그런 것의 하나인데 여기서 주목해야 할 것이 있다. 사진의 배경에 집의 지붕이 찍혀 있을 것이다. 독자는 이걸 보고 무엇을 생각할까. 비석에는「여기까지 파도가 밀려 들어왔다」고 새겨져 있다. 또, 비석에는「저곳보다 낮게 집을 지었구나」라고 새겨져 있는 것이다. 그럼에도 불구하고「저곳보다 낮게 집을 짓고 있는」것이다.

[그림 2.16] 산리쿠쓰나미의 교훈을 전하는 비석(1)

[그림 2.17] 산리쿠쓰나미의 교훈을 전하는 비석(2)

이건 무슨 말일까. 여기에 살고 있는 사람들은 쓰나미가 있었음을 모르는 것일까. 그렇지 않다. 몰라서 집을 짓고 있는 것이 아니라 알고서 집을 짓고 있는 것이다. 쓰나미가 와서 집도 사람도 모두 쓸려간 후 산리쿠의 전체 마을은 쓰나미가 온 높이보다 위쪽에 한 번 이주했다. 그러나 높은 토지는 살기에 뭔가 불편함이 많다. 그래서 점점 서서히 집의 위치가 아래로 내려갔던 것이다. 그리고 결국에는「저곳보다 아래에 집을 지었구나」라고 비석에 쓰여 있는 위치보다도 아래에 집을 짓게 되었던 것이다.

그만큼 희생자를 내고 쓰나미의 공포를 그렇게 맛보고도 왜 또 위험한 장소에 사는 것일까. 그 이유를 알려면 이 토지의 특성과 생활양식에 관하여 이해할 필요가 있다. 산리쿠지방의 토지는 산이 그대로 쾅 바다에 떨어져 있기 때문에 평지라는 것이 거의 없다. 그리고 여기 사는 사람들 대부분은 바다에서 생계를 유지하고 있다. 그런데 바다에 나가려면 조석으로 40m 가까이나 오르락내리락하고 있었기 때문에 아주 그런 것은 아니지만 생활할 필요가 없다. 그런 이유에서 사람이 아니라 집 쪽이 아래에 있었던 것이다.

산리쿠쓰나미 이후에는 연안 전역에서 거주지역을 쓰나미 내습 고도보다 위에 이동한 것 같은데 현재 쓰나미가 왔던 높이보다 위에 남아있는 부락은 2곳뿐인 것 같다. 다른 사람들은 모두 아래에 가 있었던 것이다. 이 사람들은 쓰나미가 왔던 곳이나 쓰나미의 공포를 알고 있다. 거듭 알고 있으면서 아래로 간 것이다. 왜일까.「내가 살고 있는 동안에는 쓰나미가 오지 않는다. 괜찮다」고 믿기 때문이다. 그러나 단지 믿고 있을 뿐이다.「있을 수 있는 일은 일어난다」라는 시각을 갖는 일은 실패로 배우는 데는 필수이다. 그런데 이 사례에서는 실제로 있었던 일조차 보려고 하지 않고,「아무 일도 없을 거야」라고 단지 믿고 있을 뿐이다. 이러면 앉아서 실패를 기다리는 것 외에 아무것도 아닌 것이다.

단, 이 토지에 살고 있는 사람들은 그저 쓰나미를 기다리고만 있었던 것은 결코 아니다. [그림 2.18]은 타로마치(田老町)의 방조제(防潮堤)와 방조문(방조비, 防潮扉)으로 바다쪽에서 거주지를 촬영한 것이다. 제방 뒤쪽에는 사람이 살고 있다. 중앙에 열려 있는 방조문은 제방 뒤와 이쪽을 왕래하기 위해 만든 것이다. 문의 개폐는 마을의 소방단원들이 관리하고 있다.

[그림 2.18] 타로마치의 방조제와 방조문

그런데 이 방조문은 전동개폐식이 아니다. 사람이 열고 닫는다. 왜 전동으로 하지 않을까. 그건 정전 시에 쓰나미가 오면 어떻게 하나 생각해서라고 보면 된다. 만일의 경우에 의지하게 되는 것은 인력인 것이다. 소방단 사람들은 문을 닫고 제방을 뛰어 올라가 뒤쪽으로 피하는 훈련을 정기적으로 하고 있다. 필자가 이곳을 방문했을 때, 그것을 실제로 해보았다. 방조문도 닫아 보았는데 정말 무거웠다. 그러나 정비가 잘 되어 있어서 무거움에도 불구하고 이야, 하고 소리를 지르며 힘을 주니 쓱 움직여 정확히 닫히게 되었다.

첨기

사진 우측 끝을 보기 바란다. 이발소 마크가 있을 것이다. 이 이발소 주인은 「편리한 쪽이 좋다」고 하면서 방조제의 바다 쪽에 가게를 열고 있다. 소방단원은 「위험하니까 방조제 뒤쪽으로 이사하라」고 하는데 주인은 「싫다」고 움직이지 않는다. 그래도 단골손님이 와서 가게는 잘 되고 있다. 이발하러 오는 손님도 「내가 이발하고 있는 동안에는 쓰나미가 오지 않는다」고 믿고 있기 때문이다.

이와 같은 방조제를 만든 것 외에 여기 사는 사람들은 연 1회 「훈련쓰나미」를 실시하고 있다. 「훈련쓰나미」란 뒷산에 뛰어 올라가는 연습이다. 훈련할 때 듣는 말은,

- 물건을 소지해서는 안 된다
- 사람을 구조해서는 안 된다
- 비록 자식이라도 손을 내밀어 도와주려고도 해서는 안 된다
- 전속력으로 뛰어라

이다. 산리쿠쓰나미에서는 이것을 실행하지 않은 사람은 모두 사망했다. 자식이라도 도와주지 마라는 것은, 뭔가 야박하지 않나 생각할 것이다. 그러나 이 정도 엄하게 실행하지 않으면 자기도 죽어버리고 남도 죽게 해버린다는 것이다. 이런 전언(傳言)은 과거에 쓰나미가 온 장소에는 어디에서도 전해지고 있다.

그러나 그 전언을 충실히 실행하지 않아 사람도 집도 모두 쓸려가 버린 것이 1993년에 일어난 오쿠시리토(奧尻島)에서의 쓰나미재해이다. 이 쓰나미에서는 선언대로 실행한 사람만이 구조되고, 그 외의 사람은 모두 쓸려가 사망해 버렸다. 전언을 얕잡아 보면 즉시 보복을 당하는 것이다. 전언은 실패지식으로 이것을 지켜 우직하게 실행하고 있을 때만 구조된다. 욕・득・리를 앞에 두고 경험이나 지식, 교훈, 경고를 무시하면 실패는 몇 번이라도 반복되는 것이다.

여기서 마지막으로 세 장의 사진을 싣는다. 먼저 [그림 2.19]의 (a), (b)를 보기 바란다. 이것은 쓰나미가 닥치기 전과 닥친 후의 타로무라(田老村)를 찍은 것이다. 쓰나미가 닥치기 전은 인가(人家)가 늘어서 있었으나 약 15m 높이의 쓰나미가 들이닥친 후는 전부가 쓸려가 아무것도 없는 해변이 되고 말았다. 쓰나미의 무서움을 단적으로 보여주는 매우 귀중한 사진이다. 한편 같은 그림의 (c)는 현재 마을의 모습을 찍은 것이다.

(a)

(b)

(c)

[그림 2.19] 쇼와 8년(1933년)의 대쓰나미 (a) 쓰나미재해 1년 전의 타로무라(田老村), (b) 쓰나미재해 당일의 타로무라, (c) 현재의 타로마치(田老町)

(a), (b) : 사진촬영자 = (故)津田重一郎, 사진제공자 = 津田重雄, (c) : 사진제공 = 岩手縣宮古市

2.3 실패의 원인과 결과

실패의 원인과 결과 사이에는 반드시 어떤 인과관계가 있다. 그것은 확실하다. 그러나 실패를 「원인과 결과」라는 견지에서만 보면 조직의 특성이나 인간의 사고방식이라고 하는, 각개의 실패사례 너머에 존재하는 상위개념을 이끌어내지 못하게 되어 버린다. 실패를 살리려면 그 상위개념에 올라타 일반칙(一般則)에까지 도달하는 것이 필요하다. 따라서 실패의 직접원인과 직접결과만을 탐구하고 있는 중에는 정말로 실패를 살리는 일이 불가능한 것이다. 이 절에서는 이런 관점에서 실패의 원인과 결과의 관계에 관하여 생각해 보기로 하자.

(1) 실패의 현재화(顯在化) 확률

하인리히의 법칙이라는 유명한 법칙이 있다. [그림 2.20]을 보기 바란다. 이것은 그 하인리히의 법칙을 그림으로 나타낸 것이다. 하인리히의 법칙이란, 1건의 중대(重大)재해의 뒤에는 29건의 찰과상 정도의 경미(輕微)재해가 있고 그 경미재해의 뒤에는 또 300건의, 부상이라고는 하지 않는 오싹한 체험이 있다는 것이다. 1940년경 미국 보험회사에서 일하고 있던 H. W. 하인리히가 실제 노동현장에서 일어나고 있는 사건을 통계적으로 분석하여 발견해 낸 경험칙이다.

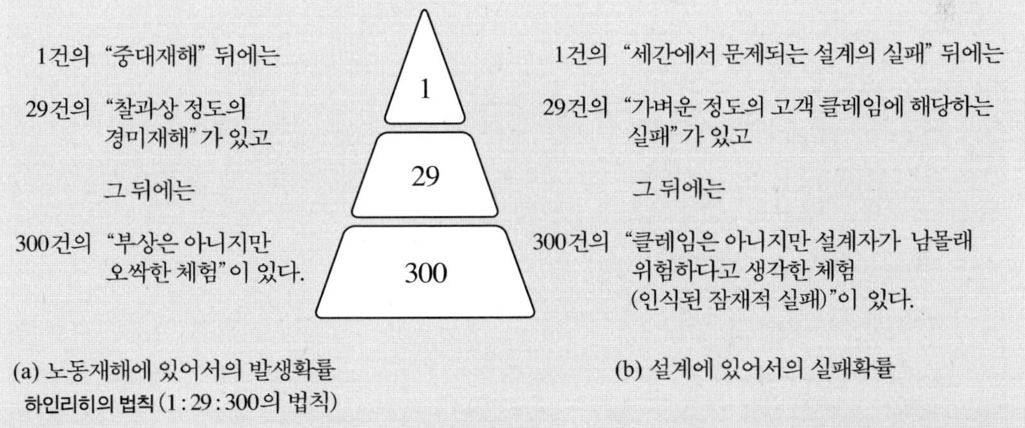

[그림 2.20] 설계에 있어서 실패의 현재화 확률 – 하인리히의 법칙에서 유추 –

이 법칙은 노동재해의 발생확률을 기초로 발견한 것인데 실패의 현재화에 관하여도 들어맞는 것이다. 즉, 하인리히의 법칙은 2.1절에서 설명한 「천에 삼」과 똑같은 것을 말하고 있는 것이다. 「천에 삼은 잘 되고 있다」고 하는 것은 "성공"에 관한 용어인데 필자가 그 용어로 말하고 싶었던 것은, 실패의 현재화 확률(발생확률)도 「천에 삼」과 같이 1/300이라고 하는 것이다.

예를 들어 설계에 있어서의 실패의 현재화 확률로 생각해 보자. 1건의 "세간(世間)에서 문제되는 설계의 실패" 뒤에는 29건의 "가벼운 정도의 고객 클레임에 해당하는 실패"가 있다. 그리고 그 "경도(輕度)의 실패" 뒤에는 300건의 "클레임은 아니지만 설계자가 남몰래 위험하다고 생각한 체험"이 있는 것이다.

이와 같은 견지에서 실패라고 하는 것을 보면, 실패는 간단한 우연으로부터 일어나는 것은 아니라는 것을 알 것이다. 이렇게 말하는 것은, **실패는 미연에 방지할 수 있다**고 하는 것이다. 그것은 정확하게 하인리히가 말한 것이기도 하다. 하인리히의 법칙은 1개의 중대한 실패가 일어나기 전에는 반드시 300건의 오싹했다거나 철렁했다고 하는 체험(「오싹 · 철렁」이라고도 함)이 있다고 지적한 법칙이다. 이것은 결국 **인식된 잠재적 실패**가 300건 있다고 하는 것이다. 하인리히가 말하고자 한 것은 그 잠재적 실패를 의미 있는 것으로 확실하게 느껴 적절한 대책을 마련하면 중대한 실패를 일으키지 않고 넘어간다는 것이다.

단, 여기서 그쳐서는 안 된다. 하인리히가 말하고 싶었던 것은 그 위에 잠재적 실패는 찾아내려고 하지 않으면 찾지 못한다고 하는 것이다. 보통의 사람은 오싹하거나 철렁한 체험을 그뿐이라고 생각하여 그대로 지나쳐 버린다. 「보고 싶지 않은 것은 보이지 않는다」이다. 그렇게 하지 말고, 자기나 남이 체험한 것을 언젠가 일어날 실패의 「징조」로 보는 것이 중요하다고 하는 것이다.

이것을 보다 작은 다른 표현으로 하면, 실패에는 구성요소가 있다고 하는 것이다. 그리고 그 구성요소를 놓친다는 것이다. 실패의 구성요소는 자주 「징조」의 형태로 나타난다. 인간이 행동함에 있어서 살펴야 할 기본적인 요소는 8~10가지가 있다고 생각하는데 이것은 실패에도 들어맞는다. 실패에서 정말 착안해야 할 요소를 압축해 가면 결국 8~10개가 된다. 하인리히의 법칙이 가르치는 것은 그 8~10개 요소를 지나치지 말라는 것이다. 그리고 그렇기 때문에 「안다」고 하는 것, 즉 「진정한 과학적 이해」가 필요한 것이다.

참기

하인리히가 말하고자 한 것을 수학적으로 논리화해 보자. 그 하나로, 「실패의 스위스치즈 모델」이라는 것이 있다. 여러분은 얇게 자른 스위스치즈에 구멍이 나 있는 것을 알고 있을 것이다. 여기서, [그림 2.21]에 그려진 것처럼 치즈를 얇게 8장 직렬로 배열해 본다. 「8장」으로 하는 것은, 실패의 구성요소가 8개이기 때문이다. 이 모델에서 잠재적 실패는 1장의 치즈구멍을 지나가는 것으로 생각한다. 이런 잠재적 실패가 어느 정도의 빈도로 일어날지를 수학적으로 말하면, 치즈구멍을 통과할지 아닐지 결국은 1/2의 확률이다. 그런데 때로는 구멍을 8장이나 지나가는 실패도 있다. 이것이 하인리히가 지적하는, 300건에 1회는 일어난다는 중대한 실패이다. 수학적으로 말하면, 1/2 × 1/2 × 1/2 × 1/2 × 1/2 × 1/2 × 1/2 × 1/2 = 1/256, 결국 대략 1/300의 확률이다.

이와 같이 하인리히의 법칙은 매우 명쾌한 것이다. 그런데 놀랍게도 세간의 사람들은 틀리게 이해하고 취급한다. 하인리히의 법칙을 소위 「하인리히의 "역"법칙」으로 취급하는 것이다. 뭐라는 것일까. 오싹하거나 철렁한 체험이 300건 있어도 1건 밖에 심한 일이 생기지 않는다고 이해하는 것이다. 그러면 어떻게 될까. 「사고라…… 어차피 잘 나지 않아. 적당히 해두면 괜찮아」라고 생각하게 되는 것이다.

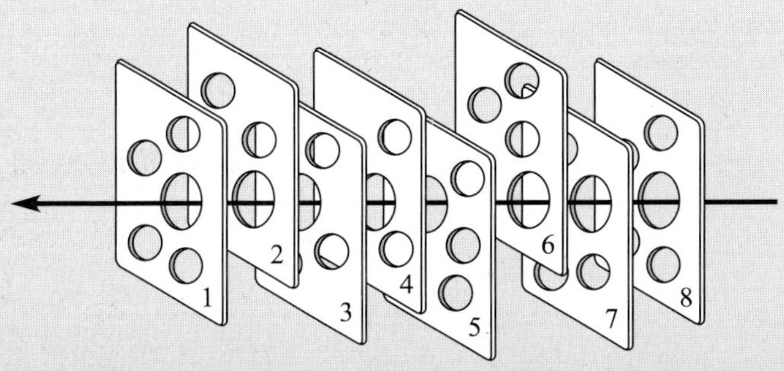

[그림 2.21] 실패의 스위스치즈 모델

예를 들어 회사의 상사가 「하인리히의 "역"법칙」으로 생각하고 있으면 곤란해진다. 「지금은 바쁘고, 이번 회기는 매상이 조금 떨어졌으니까 유지관리는 다음 회기로 연기하자. 해야 할 일은 다른 것도 산더미야」라는 식으로 말하면서 징조로서의 잠재적 실패나 클레임을 모두 지나쳐 버리고 결국에는 사고가 나는 것이다.

그런데 지금의 일본은 그것만으로도 부족하다. 「하인리히의 "역역"법칙」의 사고방식으로 행동하기 시작하고 있다. 이것은 일본사회의 윤리관이 변해가고 있다고도 할 수 있다. 예를 들어 어느 1건의 중대재해가 일어났다고 하자. 이럴 때 신문이나 텔레비전에서는, 재해가 일어나기 전에 잠재적 실패가 수다하게 있었다고 대대적으로 보도한다. 그리고 오싹한 체험이 과거에 많이 있었는데 왜 그 시점에서 확실하게 대응하지 않았는지, 고의로 지나친 게 아닌지 하면서 관계자를 비난한다. 세상 사람들은 그것을 진실로 받아들인다. 그 결과 마지막에는 사회 전체가 기를 쓰고 책임 추궁에 나서게 되는 것이다.

2001년에 일어난 유키지루시(雪印)의 우육(牛肉)위장사건에 대한 반응이 그랬다. 미쓰비시자동차의 리콜문제도 똑같다. 어느 사건도 분명히 회사측의 행위와 대응에는 문제가 있었다. 그러나 사회가 유키지루시나 미쓰비시자동차라는 회사의 존재를 부정한 것에도 중대한 문제가 있는 것이다.

그럼 그 사회측의 문제란 무엇일까. 그것은 책임추궁이 사고나 재해의 재발방지를 저해한다는 문제이다. 과실 책임을 져야 할 사람이 있는 경우에는 그 책임을 확실히 지게 하는 것은 물론 필요하다. 하지만 책임추궁을 자기목적화(自己目的化)해서는 안 된다는 것이다. 일본에는 책임추궁이 자기목적화하는 풍토가 있다. 일본인은 이것을 확실하게 자각해 두어야 한다. 일본사회는 책임자를 처벌하는 것으로, 또는 책임자가 사죄하는 것으로 일단락하는 사회이다. 「책임자를 내보내」라고 말하는 사람이 꽤 있는데 이 말에는 일본사회의 풍토가 잘 나타나고 있는 것이다.

그러나 「반성하자」, 「책임을 진다」로는 언제까지라도 실패는 없어지지 않는다. 필요한 것은 반성이 아니라 성찰(省察)이다. 일어난 일을 진지하게 받아들여 그 본질에 관해 생각하고 적절한 대응을 한다. 지금 일본에 요구되고 있는 것은 실패를 성찰하는 문화를 교육하자는 것이다.

첨기

책임추궁에 기를 쓰는 일본사회의 풍토가, 거꾸로 책임지는 것을 극도로 두려워하는 풍조, 정말 책임져야 할 사람이 책임지지 않는 폐단을 만든다. 그러면 어떻게 될까. 실패한 당사자는 모두 책임지기를 두려워하여 아무것도 하지 않게 된다. 실패정보에는 「숨고 싶다」는 특성이 있다. 이 숨는 계기를 부여해 주고 있는 것이 책임추궁인 것이다. 같은 사고가 몇 번이나 몇 번이나 반복되는 것은 그 때문이다. 「책임, 책임」이라고 엄하게 추궁하는 사이에 재발방지를 위해 교훈을 끌어내고, 그것을 살려가기 위한 작업이 이루어지지 않는 것이다.

(2) 실패원인의 분류

여기서 화제를 약간 바꾸어 필자가 「실패학」 운운하는 이상한 것을 왜 시작하게 되었는지에 대해 얘기해 보자. 본장의 모두(冒頭)에도 기술한 바와 같이 필자는 「실패학」을 시작하려고 시작한 것이 아니다. 시작하게 되어버린 것이다.

꽤 오래전 얘기이다. 필자가 동경대학에 근무하고 있을 때, 학생들에게 지금까지 만든 적이 없는 새로운 실험장치의 설계 강의를 하고 있었다. 「이렇게 하면 좋다」, 「저렇게 하라」, 「이렇게 하지 않으면 잘 안 될 거야」라고 열심히 가르치고 있었다. 하지만 학생들은 아무것도 묻지 않는다. 강의에 오지 않는다. 자고 있다. 게으름을 피운다. 지각을 한다. 잊어버린다. 무엇을 해도, 어떻게 말해도 전혀 안 되는 것이다.

그 때, 왜인지는 잊었는데 쉬는 시간에 나 자신의 「실패」 얘기를 한 것이다. 「이런 일을 했더니 이렇게 됐다」, 「저런 일을 했더니 불이 났다」, 「그런 일을 하면 날아가 죽을 것 같더라」라고 말했다. 나 자신의 체험담이다. 필자로서는 자기의 실패담이기 때문에 당연히 부끄러운 얘기이다. 그런데 무슨 이유인지 이것에 대한 학생들의 반응이 정말 좋다. 모두가 진짜 재미있게 듣는 것이다. 그쯤에서 이번에는 연구실 졸업생의 실패를 모두 실명(實名)을 거론하며 얘기하였다. 이것이 또 효과적이었다. 그걸 들은 후부터는 연구실의 모두가 그 실패 경험을 중요하게 여겨 설계를 하고, 일을 하게 된 것이다. 졸업하여 회사에 들어가서도 확실하게 안전을 생각하여 계획을 입안하게 되었다. 결국 확실하게 실패를 토대로 하여 일하게 되었던 것이다.

이것을 보면서 느낀 것이 있다. 필자가 최초로 하고 있었던 설계 강의는 「잘나가는 것」을 가르치고자 하였다. 그러나 아무도 그런 것을 바라지 않았던 것이다. 학생들은 「잘나가게 되는 효능서(效能書)」가 아니라 「잘못되는 코스」를 알고 싶었던 것이다. 누구라도 자기 나름대로 걸어갈 루트를 결정할 때는 「잘못되는 코스」를 알아서 자기가 루트를 만들어 걸어가고 싶어 한다. 학생들은 「잘못되는 코스」 얘기를 듣고, 자기들에게 요구되는 것을 처음으로 깨달았던 것이다. 그리고 필자 자신도 정말로 가르쳐야 할 것은 무언가에 대하여 깨달았던 것이다.

그리하여 학생들에게 「실패란 어떤 것이며, 어떻게 발생하고 어떻게 대처할까」를 가르치고 싶다고 생각하여 우선은 적당한 교과서를 찾기로 했다. 그런데 그런 교과서는 어디에도 없었다. 방법이 없어서 연구실 졸업생들의 공부모임인 「실제설계연구회」에서 각자가 자기 실패를 스스로 신고하여 책을 만들기로 하였다. 그래서 약 40명의 회원이 4년에 걸쳐 제작한 것이 『계속하는 실제의 설계－실패로 배우다』(일간공업신문사, 1996)이다.

스스로 신고하여 나온 실패의 수는 전부 약 250건이었다. 그 250건을 정리해 보니 무려 108건이나 되었다. 108이라고 하면 "제야의 종소리 숫자", 즉 "인간의 번민의 수"이다. 우연의 결과인지 108이었던 것이다.

그러고 난 다음에 그 원인을 생각해 보았다. 그런데 그렇게 많은데 뭐라는 말인지 모르겠다. 그래서 실패의 원인을 분류하여 정리해 보기로 하였다.

이럴 때 필요한 것은 상위개념으로 올라탄다는 작업이다. 상위개념으로 올라타면 일반칙에 도달할 수 있다. [그림 2.22]를 보자. 실패의 원인을 분류하면 10개의 상위개념이 추출될 수 있다. 즉,

① 미지(未知)	② 무지(無知)
③ 부주의	④ 순서를 지키지 않음
⑤ 오판	⑥ 조사·검토의 부족
⑦ 제약조건의 변화	⑧ 기획 불량
⑨ 가치관 불량	⑩ 조직운영 불량

이다.

「미지」란 그때까지 아무도 몰랐던 것이 출현한 경우이다. 이것은 누구 때문도 아니다. 한편 「무지(無知)」, 「부주의」, 「순서를 지키지 않음」, 「오판」, 「조사·검토의 부족」이란 담당한 개인에게 책임이 있는 원인이다. 「제약조건의 변화」란 실제로 일했던 단계에서는 몰랐던 것이고, 「기획 불량」, 「가치관 불량」, 「조직운영 불량」은 조직에 관계된 원인이다.

이 10개의 상위개념을 통해 실패를 보면, 모든 실패가 명쾌하게 정리된다. 그 구체적인 방법에 관해서는 2.6절에서 설명하고 있다. 독자 여러분도 실패사례를 정리할 때는 꼭 이 상위개념으로 묶어 생각해 보기 바란다.

첨기

『계속하는 실제의 설계 – 실패로 배우다』(일간공업신문사, 1996)가 출판되고 나서 보험이나 의료, 원자력 등 실로 여러 업종의 사람들이 이 방법에 따라 각자의 실패를 정리하게 되었다. 이 10개의 상위개념으로 실패를 정리해 보면, 여러 요소가 복잡하게 얽혀있어서 어디부터 손을 대야 좋을지 모를 실패도 확실하게 다룰 수 있게 됨을 알 수 있다.

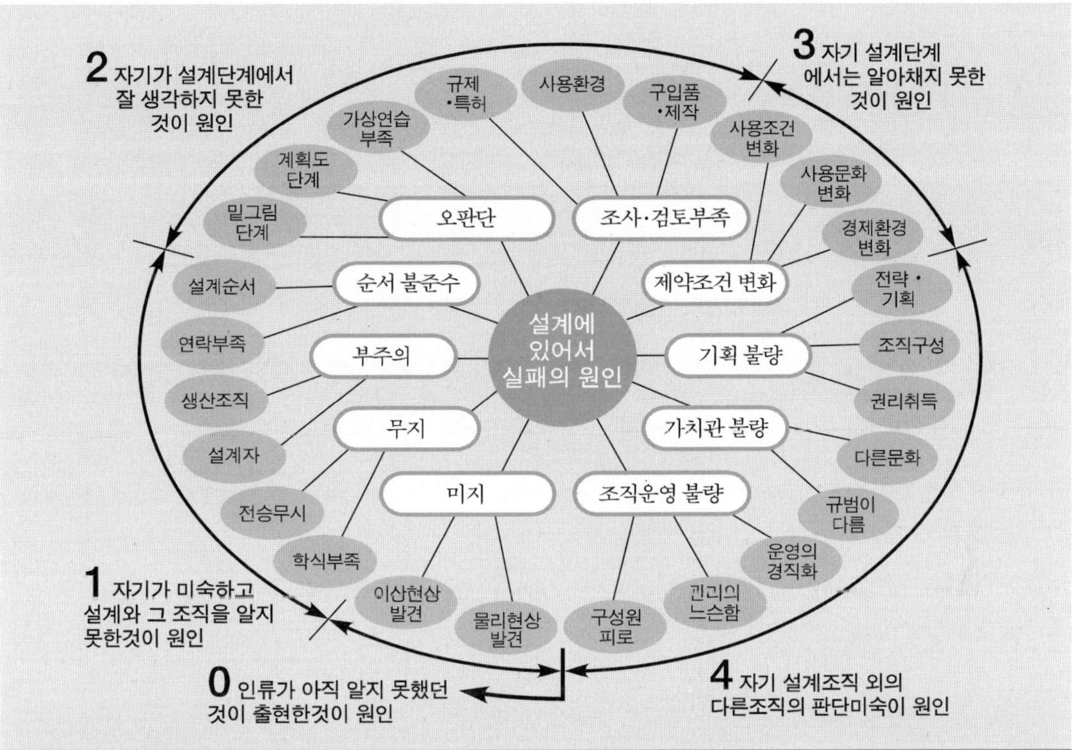

[그림 2.22] 실패원인의 분류 – 상위개념에 오르면 일반칙에 도달한다 –

(3) 실패의 원인과 결과의 관계

[그림 2.23]은 실패의 원인과 결과의 관계를 그림으로 나타낸 것이다. 가로축이 나타내고 있는 것은 「원인계(系)」이다. 왼쪽은 개인이 원인인 경우, 오른쪽은 조직이 원인인 경우이다. 한편 세로축이 나타내고 있는 것은 「결과계(系), 사건계(事件系)」이다. 위쪽은 경미한 것, 아래쪽은 중대한 것이다. 그림 속의 ○표시는 앞에 소개한 『계속하는 실제의 설계－실패로 배우다』에서 다룬 실패사례이다. ○로 표시한 실패사례를 [그림 2.22]의 그래프 상에 각각 플롯하면 정확하게 대각선상에 놓인다.

그럼 이 "대각선상에 놓인다"는 것은 무엇을 의미하고 있는 걸까. 세로축에 착안하여 들여다보자. 그러면 다음과 같은 경향이 있는 것이 보일 것이다. 즉,

> 개인이 원인으로 일어난 실패는 경미한 사고이다.
> 조직운영이 원인으로 일어난 실패는 중대한 사고이다.

라는 경향이다.

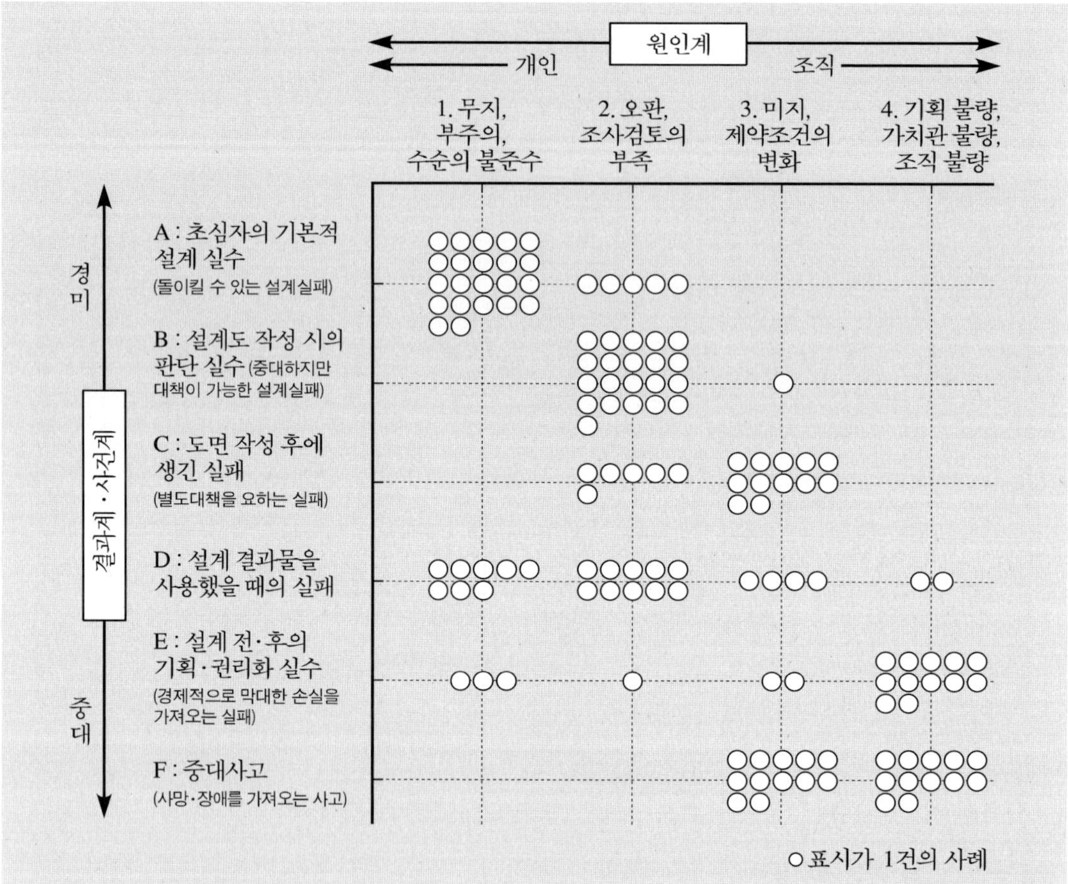

[그림 2.23] 실패의 원인과 결과의 관계

이렇게 말하는 것은, 세상에서 잘 행해지고 있는 것같이 중대사고가 일어났을 때 개인의 탓으로만 하여 마무리하면 나중에 큰 문제를 남기지 않게 된다는 것이다. **중대사고의 뒤쪽에는 반드시 조직운영 불량이 있다.** 그럼에도 불구하고 원인의 바꿔치기를 하여 개인에게 책임을 부과시키는 잘못된 대처를 하면, 같은 사고를 또다시 반복하게 되는 것이다.

(4) 실패원인의 계층성(階層性)

인간이나 조직이라는 것은 실패를 일으키면 많은 경우 「누군가가 나쁘다」, 「무언가 잘못됐다」고 하는 것으로 마무리를 하기 쉽다. 그렇게 하면 어떤 일이 일어날까. 여기서 [그림 2.24]를 보기 바란다. 실패원인에는 계층성이 있어서 다층구조로 되어 있다. 제일 밑에 「개개인에게 책임이 있는 실패」가 있고, 그 위에 「조직운영 불량」, 「기업경영 불량」, 「행정 · 정치의 태만」의 순서로 쌓이고 제일 위에는 「사회시스템의 부적합」이 있다. 층의 아래쪽으로 갈수록 개인성이 강해지고, 위로 갈수록 사회성이 강해진다. 실패는, 이런 원인이 다층적으로 쌓여나가는 것이다. 하나의 단독원인으로 일어나는 것은 거의 없다고 생각하는 것이 좋다.

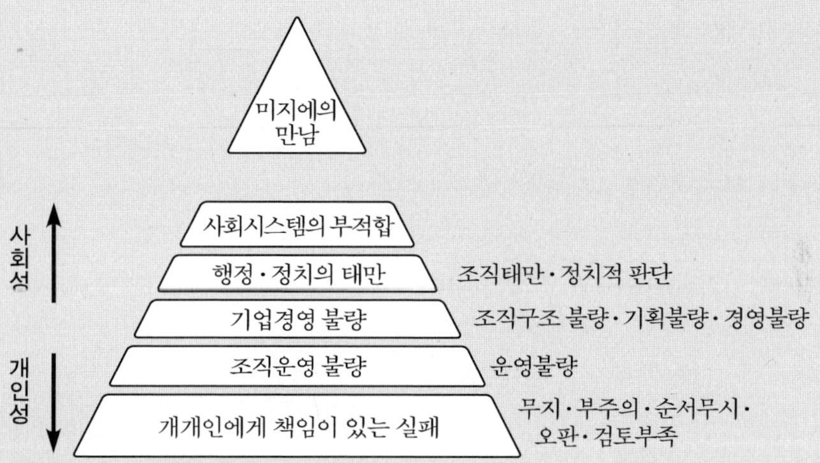

[그림 2.24] 실패원인의 계층성 : 실패원인은 다층으로 겹치고 있음

그런데 실패의 원인에는 이런 계층성이 있고, 실패는 다층적으로 일어나는데 이와 관계없이 단순히 개인의 탓으로 처리하는 일이 많다. 왜일까. 실패원인의 계층성에는 "뒤의 법칙"이 있기 때문이다. 「윗사람은 아랫사람의 탓으로 하여 마무리 한다」라는 대법칙이다. 국회의원이 잡히면 비서의 탓, 의사가 잡히면 간호사의 탓, 사장이 잡히면 공장장과 영업과장이 「제가 했습니다」라고 되어 있다. 이런 "뒤의 법칙"으로 마무리하고 있으면 진짜 원인에는 다가가지 못한다. 실패원인의 상층부분은 금기이기 때문이다. 그리고 진짜 원인은 손도 대지 못한 채 남는다. 결국 같은 실패가 몇 번씩이나 되풀이되게 되는 것이다.

2.4 실패의 필연성

많은 사람은 「실패는 하지 않겠다」고 생각하여 열심히 노력하고 있다. 그러나 그럼에도 불구하고 꼭 실패를 한다. 왜 그럴까. 첫 번째 요인은 「시간」이다. 시간이 흐름에 따라 인간의 주의력은 감퇴해 가고, 전달되어야 할 일이 전달되지 않는 일이 일어난다. 이러한 동종의 실패가 몇 번이나 반복되어 일어난다. 이와 같이 실패를 시간적인 관점에서 보게 되면, 중대한 실패는 20년에서 30년 주기로 일어나고 있음을 알게 되었다. 이 절에서는 그런 실패의 필연성에 관하여 얘기해 보자.

(1) 국소최적이 전체최악을 초래한다

제1장의 모두에서 얘기한 것이 [그림 2.25]에 나타낸 바와 같이, 모든 산업은 태동기에는 급속히 성장 발전하여 곧 성숙기를 맞이하고 쇠퇴기에 들어서는 변화의 길을 걷는다. 태동기에는 그 산업을 구성하고 있는 요소의 수가 적고, 규모도 작기 때문에 한 사람이 전체를 이해·파악할 수가 있다. 그런데 성숙기에 다다르면 구성요소가 늘어나고 규모도 커지기 때문에 한 사람만으로는 이해·파악을 할 수가 없게 된다.

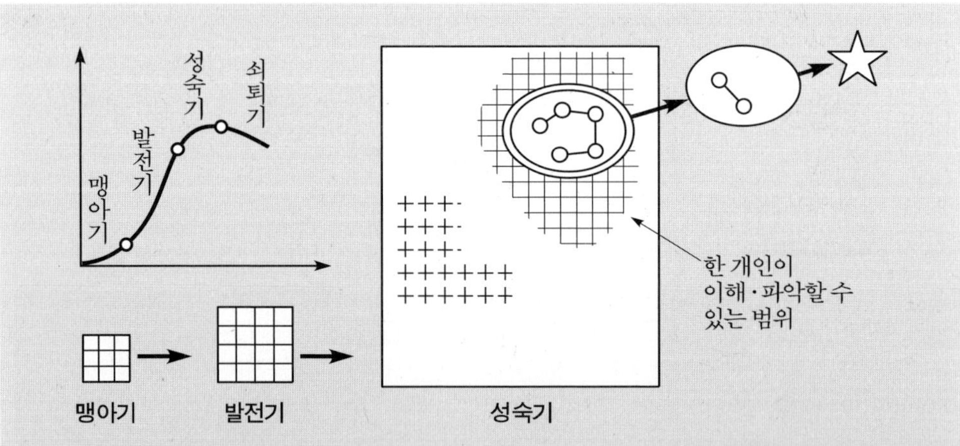

[그림 2.25] 국소최적이 전체최악을 초래한다.

중대한 사고는 그 성숙기에 일어난다. 한 사람이 이해·파악하는 범위는 한정되어 있어서 전체의 일부밖에 보지 못함에도 불구하고 최적의 이해나 최대의 효율을 구하는 것처럼 된다. 그러나 이 부분밖에 보지 못하고 행한 판단이 전체에 대하여 커다란 영향을 미친다. 경우에 따라서는 중대한 결과를 초래하게 되는 것이다. 구성요소의 연관(기술의 맥락)을 고려하지 않아서 필요한 요소를 생략하고 그것을 단락 지을 때 사고가 일어나는 것이다. 즉, **국소최적이 전체최악을 초래하는** 것이다.

기술규모의 확대는, 사고의 필연성을 높인다. 이 전형적인 예가, 1999년 9월 30일 이바라키(茨城)현 토카이무라(東海村)에서 일어난 JCO 임계사고이다. 방사성 물질의 처리프로세스에서는, 방사성 물질은 소량씩밖에 처리하지 못한다는 철칙이 있다. 어느 량 이상을 모으면 방사성물질은 「임계」라는 상태에 도달하여 핵분열 연쇄반응을 일으키기 때문이다. 그런데 사고 당시 처리현장에서는 비용을 줄이고 납기를 단축하기 위해 최대능률의 작업이 요구되고 있었다. 최대능률이라 함은 한 번에 처리하는 량을 많게 하고자 하는 것이다. 정규 매뉴얼에는 「둥근 용기로 처리하면 임계가 일어나기 쉽다. 가늘고 긴 용기로 처리할 것」이라는 형상제약(形狀制約)이 있기 때문에 최초 프로세스에서는 파이프나 탱크는 가늘고 긴 것을 사용하고 있었다. 그러나 가늘고 긴 용기의 세정은 매우 힘들어 능률이 좋지 않다. 그래서 현장에서는 이면(裏面)매뉴얼에 따라 플랜트의 플랜지도 풀고, 양동이와 국자로 프로세스를 연결한 것이다. 양동이로 처리를 시작한 시점에서 형상제약에서는 이미 벗어나 버렸다. 사고가 일어난 것은, 게다가 「침전조(沈澱槽)」라는 둥근 용기에 방사성 물질을 투입하기 시작했을 때이다. 그리고 규정의 7배나 되는 량을 한 번에 취급함으로써 임계량을 초과해 버린 것이다. 「체렌코프(Cherenkov) 광(光)」이라는 청백색 광이 나고, 연쇄반응이 일어나 방사선에 쬐인 두 사람이 사망하고 말았다.

첨기

필자는 이 JCO 사고가 일어나기 약 2개월 전인 8월 6일에 아오모리(青森)현 6개 촌에 있는 일본원연(原燃)에서 강연을 하고 있었다. 강연을 하면서 재처리(再處理)공장의 견학도 할 수 있었다. 그 때 직관한 것이 있다. 「이건 대단히 위험하지 않나」라는 것이다. 원자력 관련 업무를 하고 있는 사람들은 모두 열심히 일하고 있다. 그러나 결정적인 것은, 열심히 하지만 **지금 자기가 하고 있는 일이 다른 요소와 어떻게 연관되어 있는 지에 관한 지식이 거의 없이 일을 하고 있다**. 모두 자기 영역의 일밖에 알지 못하고 있는 것이다. 거기서 「원자력 때문에 사고가 일어날 것」이라고 말했다. 「국소최적에서 일을 하고 있는 중에 곧 전체최악이 된다. 어떤 사고든 나지 않겠나」라고 생각했기 때문이다. 그런데 아무도 이걸 믿지 않았다. 우물쭈물하는 사이에 정말로 사고가 일어난 것이다.

실은 [그림 2.25]는 처음부터 원자력을 상정하여 그린 것이 아니라 일본의 반도체산업을 여명기에서 현재까지 육성시켜 온 책임자인 사람과의 토론 결과를 그린 것이다. 그런데 필자의 눈에서 보면 그 반도체산업도 지금이야말로 위험한 상태로 보인다. 최근 20년만큼은 반도체산업에서 대형 사고는 일어나지 않고 있다. 그러나 반도체산업의 기본형은 단어는 나쁘지만 말하자면, 「독가스산업」이다. 취급을 잘못하면 순간적으로 중대재해로 이어진다. 지금 사고가 일어나지 않는 것은, 이 산업이 진정한 위험, 전체를 이해・파악할 수 있는 사람들이 운영하고 있기 때문이다. 그런 사람들이 떠나고, 국소최적만을 추구하는 사람들이 형식뿐인 운영을 하게 되었을 때 대형 사고가 일어난다. 필자는 그렇게 생각하고 있다.

여기에는 배워야 할 중요한 것이 있다. 그것은, 타 분야의 지식은 전용 가능하다고 하는 것이다. 왜냐하면 상위개념으로 올라가 보면 어느 분야도 같기 때문이다. 자기들 분야의 것만을 연구하고 있는 것이 아니라 다른 분야의 일도 정확히 배워 자기 분야와 어떻게 연결되어 가는지를 이해해야 한다는 것이다.

(2) 실패는 예측할 수 있다

이상의 사례에서 배우는 또 하나는, 앞에서 말한 바와 같이 실패는 예측할 수 있다는 것이다. 사고가 언제 어디서 어떻게 일어날지는 알 수 없다. 그러나 어떤 맥락에서 사고가 일어나는지는 알 수 있는 것이다.

필자는 2001년, 미국 산디아국립연구소로 실패학 토론을 위해 출장을 떠났다. 이곳은 미국에 있어서 원자력연구의 메카이다. 여기서 로스아라모스국립연구소의 failure management의 리더로 일하는 T. P. 매클로린씨와 토론을 하였다. 매클로린씨는, 「예측할 수 있다」는 것에 대해 이렇게 말했다.

「당신은 자기 나라에서 예측을 했다고 하는데 나는 미국에서 일본의 임계사고를 예측했다. 일본의 원자력 취급은 모두 형식적으로 되어 있어 정확하게 했다고 생각하지 않는다. 취급이 형식적으로 되었을 때 사고가 일어난다. 이것을 경고한 편지를 일본에 보냈다. 편지를 발송한 5일 후에 임계사고가 일어났다.」

역시 사고는 예측할 수 있는 것이다. 사고 후에 매클로린씨는 미국정부의 조사위원이 되어 일본에 조사하러 왔다. 그런데 일본 기술자는 아무도 진실한 것을 말하지 않았다고 한다. 왜 진실한 것을 말하지 않을까. 일본에서는 「진실은 이것이었다」고 말하면 최후에 그 사람이 「사전에 느끼고 있었다」라고 취급된다. 미국과는 달리 일본에는 사법구인도 면책조치도 없다. 사실을 말하는 것은 자신을 위험에 빠뜨리는 것이다. 따라서 일본 기술자는 사고 주변의 상황에 관하여 「어렴풋이 느끼고 있었던 위험」을 입 밖에 낼 수가 없는 것이다.

그러나 시야를 넓혀 보면, 그런 법체계 자체가 사실을 덮거나 감추고 사고를 재발시켜 개인 뿐 아니라 일본 전체를 위험에 빠뜨리고 있다는 것이다.

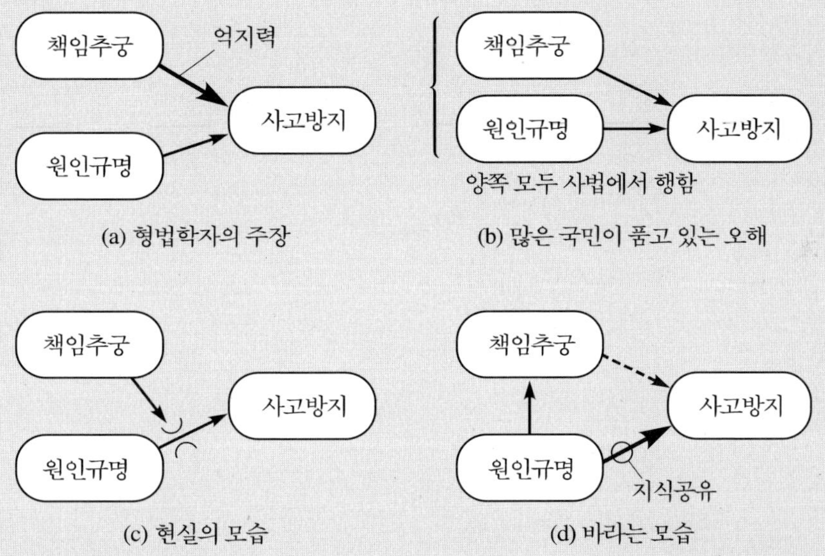

[그림 2.26] 책임추궁과 원인규명의 관계

첨기

[그림 2.26]을 보기 바란다. 일본에서는 뭔가 실패가 생기면 책임추궁을 위한 원인규명이 시작된다. 「재발방지를 위함」이라고 말하지만 그건 우스갯소리이다. 재발방지를 위한 진정한 원인규명을 시키지 않고, 모든 실패를 법률로 마무리해 버리는 것이다. 소위 「업무상 과실치사」, 「업무상 과실상해」이다. 법률을 운용하는 사람 중 실패에 직접 연관된 개인에게 책임을 부과시키는 것뿐, 조직이나 사회의 시스템 자체가 잘못된 것은 없을까 하고 생각하는 사람은 일체 없다. 따라서 일을 잘 생각하여 알고 있었던 사람이 언제나 책임을 뒤집어쓰게 되고, 둔감하고 아무것도 모르는 사람이 무죄방면이 된다. 일본에서는 둔한 놈일수록 책임을 지지 않는 것이다. 법체계의 모순에 의해 이런 잘못을 해결하지 못하는 한 언제까지라도 실패로부터 배우는 일은 불가능한 것이다. 실패는 둘로 나누어 취급해야 한다. "허용되지 않는 실패"는 책임추궁을 엄하게 한다. 그러나 "허용되는 실패"에 대해서는 면책까지도 포함하여 진정한 원인규명을 행해야 한다.

여기서 [그림 2.27]을 보기 바란다. 이것은 매클로린씨가 제공해 준 데이터이다. 이 데이터를 보면, 임계사고는 20년마다 일어나고 있음을 알 수 있다. 1960년대에는 미국과 소련에서 교대로 임계사고가 일어났다. 그리고 1970년대 말에도 일어났다. 일본에서는 1999년까지 일어나지 않았다. 현재 커다란 임계사고를 일으키고 있지 않는 것은 프랑스뿐이다.

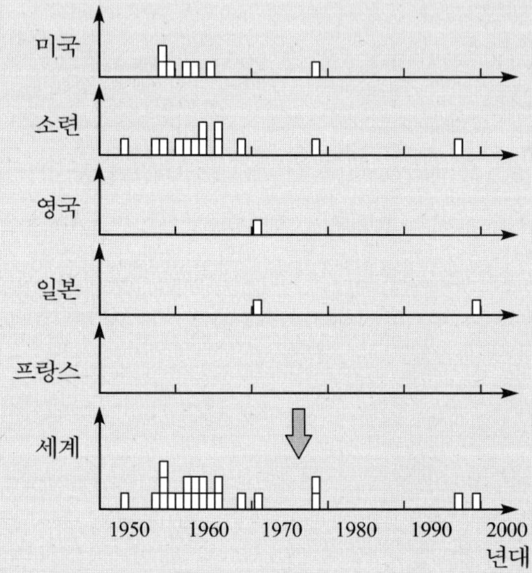

[그림 2.27] 주기성을 갖고 발생하는 임계사고(세계규모로 보는 임계사고)

"A Review of Criticality Accidents", Los Alamos National Laboratory, USA 2000(T. P. Mclaughlin, Ph. D.에 의함)을 토대로 하타무라 작성

첨기

일어난 사실을 있는 그대로 말하여 다음 세대에 전하는 것으로써 처음으로 사고는 방지할 수 있다. 일본의 원자력은 운영이 형식적으로 되고 있다. 사고가 반복되는 것은 그 때문이다. 이와 같은 반복사고를 방지하는 데는 「동태보존(動態保存)」이 가장 좋은 방법이다. 사고가 일으킨 기기(機器)를 사고가 일어났을 때의 상태 그대로 보존하여 전시하는 것이다. 기술자는 말할 것도 없고 일반인도 그것이 어떻게 보이는지, 마음이 쓰리든지 그렇지 않든지 그걸 통해 배워야 한다. 그런데 JCO에서 사고가 일어난 플랜트는 2006년에 처분되어 버리고 말았다. 한편 칸사이(關西)전력의 미하마(美浜)원자력발전소에서는 과거에 사고를 일으킨 열교환기 실물을 전시하여, 같은 사고를 반복하지 않으려는 노력을 기울이고 있다. 그러나 이와 같은 노력이 가해지고 있음에도 불구하고 그 미하

마원전에서는 2005년에 열수가 통과하는 배관의 엷어짐에 의한 파열사고가 일어나 사망자가 발생하였다. 이것은 체크리스트에의 리스트-업 누락이 원인이었다. 사고재발방지를 위한 노력과, 예상치 못한 사고발생이라는 2개의 상황이 동시에 진행되어 일어나고 있는 것이다. 이것을 독자 여러분은 어떻게 생각하는가.

(3) 시간 경과에 따른 실패 확률(가능성)의 증대

그렇다 해도 왜 중대 사고는 계속 일어나는 걸까. [그림 2.28]을 보기 바란다. 이것은 시간이 경과하면 사람의 생각이나 느끼는 방향이 변화한다는 것을 나타낸 그림이다. 사고가 발생한 직후 기술자의 마음에는 신중함과 주의 깊음이 가득 차 있다. 그런데 시간이 지나면 그것이 점점 시들어 엷어져 간다. 한편으로는 이와 반대로 무관심과 오만이 점점 증대하여 강해져 간다. 그리고 그 무관심・오만에 비례하여 다시 사고가 일어날 가능성도 강해진다. 즉, 실패확률이 높아지는 것이다. 한번 일어난 사고가 다시 일어나는 주기는 30년이다. 실패확률로 하면 1/300이다.

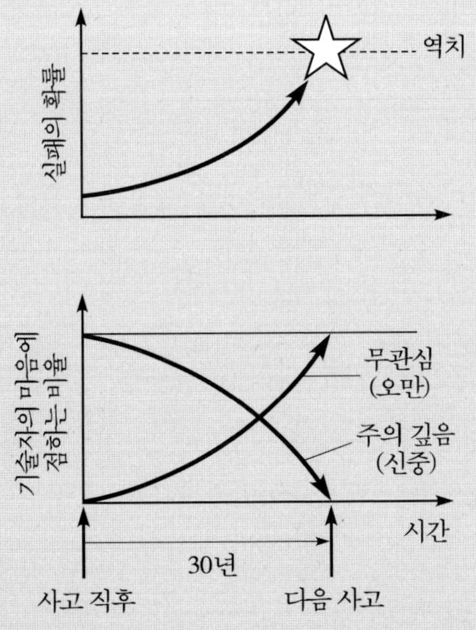

[그림 2.28] 시간 경과에 따른 실패확률(가능성)의 증대

(4) 30년마다 반복되는 교량 붕괴

다음으로 중대사고가 30년 주기로 일어나는 것을 실례(實例)를 통해 알아보자.

독자 여러분은 「바보와 원숭이는 높은 곳으로 오르고 싶어 한다」라는 말을 알고 있을 것이다. 기술자의 세계에서도 이와 비슷한 말이 있다. 즉,

바보와 기술자는 큰 것을 만들고 싶어 한다

바보와 기술자는 빠른 것을 만들고 싶어 한다

바보와 기술자는 높은 것을 만들고 싶어 한다

이다. 이 3개의 말을 들으면 필자를 포함한 기술자들은 내심 「그렇다, 그렇다」고 긍정할 것이다. 왜냐 하면 이 내용들은 기술자들 누구라도 속으로 갖고 있는 마음이기 때문이다.

그리고 기술자는 구조나 방식이 1개로 정해지면 극히 좋아한다. 사회도 역시 큰 것, 빠른 것, 높은 것을 보면 훌륭하다, 멋있다고도 한다. 그런데 우쭐하여 만들고 있으면 사고가 일어나는 것이다.

여기서 [그림 2.29]를 보기 바란다. 이 그림은 페트로스키 저(著) 『교량은 왜 떨어

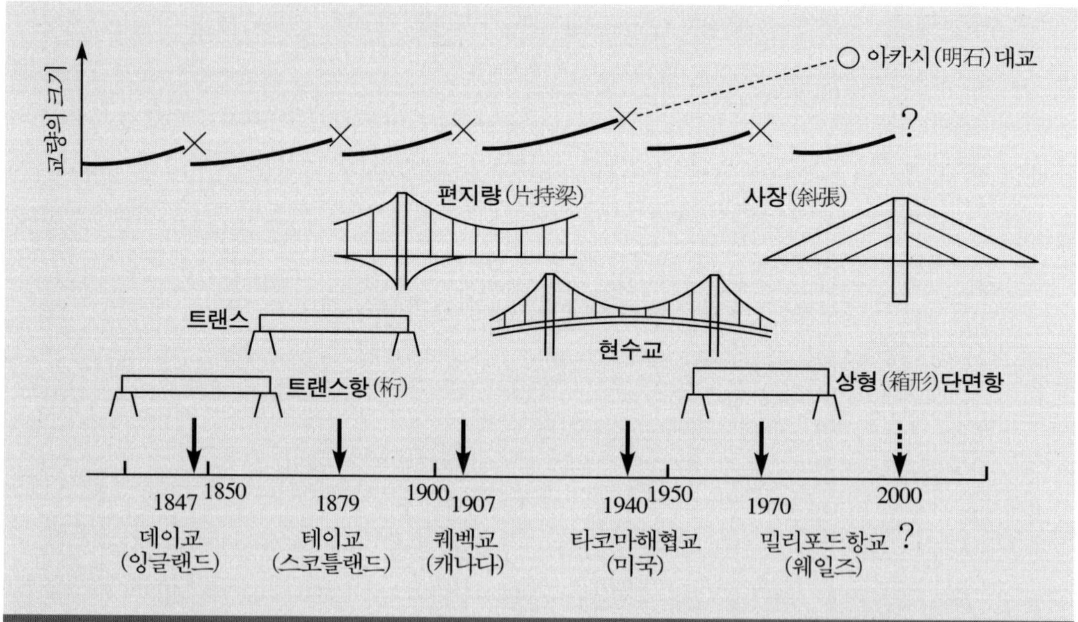

[그림 2.29] 30년마다 반복되는 교량의 붕괴

페트로스키 저(著) 『교량은 왜 떨어졌을까』(아사히신문사, 2001)를 토대로 하타무라가 작성

졌을까』(아사히신문사, 2001)라는 책을 토대로 필자가 작성한 것이다. 교량 붕괴사고가 30년마다 반복해서 발생하는 것을 나타내고 있다.

1847년에 데이교, 1879년에 테이교, 1907년에 퀘벡교, 1940년에 타코마교, 그리고 1970년에 밀리포드교가 무너져 떨어진 것이다. 그리고 『교량은 왜 떨어졌을까』에는 놀랄만한 것이 쓰여 있다. 「사장교(斜張橋)는 2000년쯤에 기울어짐도 없이 붕괴될 가능성이 높다」는 것이다. 페트로스키는 과거의 사고를 장래 사고의 씨앗으로 인식하여 실패를 예측하고 있는 것이다.

2002년 필자는 한국 신문사의 의뢰로 서울에서 강연회를 열었다. 그때, 이 「교량 붕괴」이야기를 했더니 웬걸, 「선생님 말씀 대로입니다. 한국에서는 이미 떨어져 버렸습니다 」라는 얘기를 들었다. 1992년, 한국의 한강에서는 세계 최대의 사장교를 만들고 있었다. 그런데 완성되기 직전에 떨어져 버린 것이다. 사고는 오후 5시에 일을 마치고 작업자가 모두 돌아가서 아무도 없게 된 오후 6시에 일어났다. 그 때문에 다행히도 희생자는 발생하지 않았다.

사고원인은 와이어의 관리부실이었다. 교량에서 사용하도록 강한 인장력을 발휘하는 와이어는, 표면에 상처가 생기지 않도록 중요하게 다루어야 한다. 그러나 사고가 발생한 현장에서는 통상의 와이어와 같이 끌어당기기도 하고 돌리기도 하면서 대수롭지 않게 취급하고 있었다. 공정상으로는 와이어를 신중하게 취급하도록 확실하게 지시를 내보냈다. 그럼에도 불구하고 와이어 취급이 충분치 않았을 때 무슨 일이 일어날지에 관하여 작업자도, 관리자도 확실히 알지 못하고 형식적인 관리를 하고 있었기 때문에 사고가 발생했다고 필자는 생각하고 있다. 앞에 소개한 페트로스키도 『교량은 왜 떨어졌을까』 안에서 사고의 중요성을 지적하고 있다.

이와 같이 실패에는 반드시 씨앗이 있다. 이것을 거꾸로 말하면, 실패의 씨앗이 어디에 있을까를 찾게 되면 실패를 예측하여 방지하게 된다는 것이다. 독자의 회사에 형식적으로 관리되고 있는 부분이 없는지 생각해 보기 바란다.

첨기

2003년에 일어난 일본 인공위성 「미도리Ⅱ호」의 사고원인도 바로 와이어의 끌림에 있었다고 필자는 생각하고 있다. 공정관리의 작업지시서에는 「와이어를 끌지 말 것」이라고 확실히 쓰여 있었다. 그러나 공정의 어딘가에서 끌었던 것이다. 우주의 진공상태에서는 태양의 코로나방전에 의해 순간적이고도 급격하게 와이어에 과대전류가 흐르는 것이다. 이럴 때 와이어의 표면에 상처가 있으면 문제가 생긴다. 와이어의 피복 바깥쪽이 고온이 되어 발열하고 쇼트(short-circuit)를 일으켜 플라즈마가 발생하는 것이다. 그러면 플라즈마가 발생한 부분부터 와이어는 점차 파괴되어 간다. 그 결과 와이어 전부가 파괴 절단되어 버린 것이다. 한편 같은 해에 일어난 심해정(深海艇)의 케이블 파단(破斷)사고는 다른 원인인데 뭔가의 이유로 케이블 내 편조(編組; 직물상(織物狀) 보호조직)의 일부 파괴가 전파된 것으로 필자는 생각하고 있다.

2.5 실패지식의 전달

실패란 어떤 것인지를 알게 되면 그것을 전달하고 싶어 하게 된다. 많은 사람은 실패정보를 전달하면 실패를 방지할 수 있을 것이라고 생각하고 있는데 그것은 거의 효력을 갖지 않는다. 단지 실패정보를 한 단계 상위로 올린 「실패지식」이 되었을 때 비로소 실패는 전달 가능하게 된다. 결국 여기서도 「상위개념으로 올린다」고 하는 행동이 중요하다는 뜻이다. 인간은 구체적인 사례를 아무리 들어도 진정으로 받아들이지도, 살리지도 못한다. 한번 상위개념으로 올라 「지식」이 되었을 때 처음으로 개별 구체사례를 받아들여 살릴 수 있게 되는 것이다. 실패정보를 전달하려면 개개인이 스스로의 체험・실감을 통해 상위개념으로 올리는 노력을 기울여야 한다는 것이다.

(1) 각각의 조직 중에서 고립되어 있는 실패정보

어느 회사나 실패지식을 모두가 공유할 수 있도록 「사고사례집」, 「실패사례집」, 「부적합사례집」 등 여러 가지 실패의 데이터베이스나 책자를 만들어 교육활동을 행하고 있다. 그러나 많은 경우 실패는 각 부처마다에 정리해 모아 놓았을 뿐 타 부처로 전달되어 공유되는 일은 없다.

여기서 [그림 2.30]을 보기 바란다. 이 그림은 조직구조와 실패정보 전달과의 관계를 나타낸 것이다. 동그라미 안에는 실패정보의 예로서 전형적인 기계 구성요소인 핀이 어디에 어떻게 설치되어 어떻게 부서지고 있는지를 그린 것이다. 그리고 위의 그림은 회사의 조직을 나타내고 있다. 제일 아래가 평사원, 그 위가 과장, 부장, 제일 위에 사장이 있는 역수목(逆樹木)구조이다. 조직의 말단은 서로 단절되어 있기 때문에 지식은 횡방향으로는 직접 전달되지 않는다. 회사라는 조직은 극히 단순화해서 보면 사장의 생각을 빠르고 정확하게 전하고 그것을 실행하게 하기 위하여 그림과 같은 역수목구조를

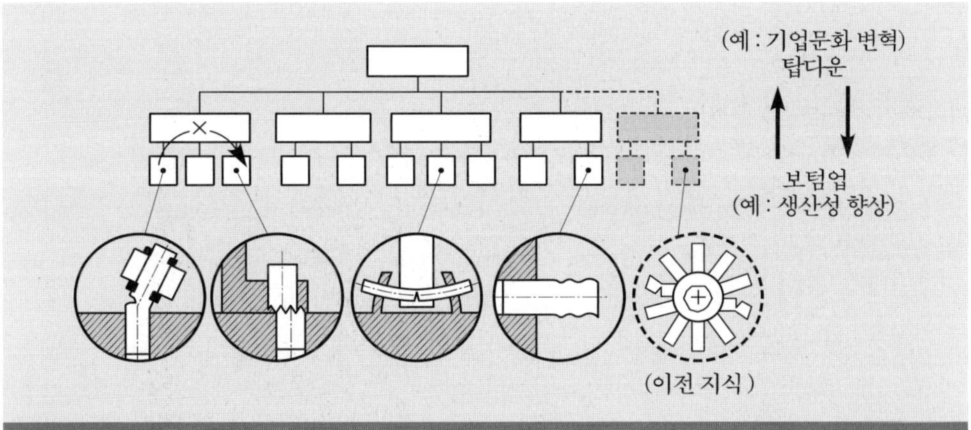

[그림 2.30] 각각의 회사 내에서 고립되어 있는 실패정보

하고 있다. 이 말은 회사라는 조직은 일을「이렇게 하라」는 지령은 탑다운(top-down)으로 전하기 쉬우나, 거꾸로 현장에서 일어나고 있는 실패의 정보 등은 보텀업(bottom-up)으로 전해야 한다는 말이다.

여기서 조직의 말단부분에서 실패가 일어났다고 가정하자. 이때 꾸짖음이 두려워 실패를 했어도 상사에게 말하지 않고 침묵하고 있는 평사원이 있다고 하자. 그러면 어떻게 될까. 실패정보는 어디에도 전달되지 않고 고립되는 것이다. 그럼 왜 고립되는 걸까. **실패정보는 위로 올라가지 않는다**는 특성이 있기 때문이다. 회사조직은 역수목구조로 되어 있기 때문에 정보가 한번 위로 올라간 다음 내려오지 않으면 타 부처로는 전달되지 않는다. 그러나 실패를 일으킨 사람은 누구라도 실패를 말하기 싫어한다. 침묵하고 있으면 쭉 그대로 실패정보는 상사에게 전해지지 않는다. 직속 상사가 모르면 타 부처의 사람은 알 수가 없다. 따라서 결국 실패정보는 횡으로는 전해지지 않게 되어 언제까지라도 정보는 공유되지 않는 것이다. 그리고 마지막에는 중대한 실패가 일어난다.

그럼 실패정보를 회사 전체에 전하기 위해서는 어떻게 하는 것이 좋을까. 실패를 공유하고 실패를 제대로 살리는 데는 그러기 위한 기업문화나 조직이 필요하다. 현재 일본에서는 생산성 향상이나 소집단 활동 등과 같은 보텀업식의 행동방식이 잘 진행되고 있다고 생각된다. 그러나「실패정보는 위로 올라가지 않는다」는 특성이 있음을 알면, 실패한 사람이 반드시 자발적으로 그리고 때로는 강제적으로 정보를 위로 올리는 조직운영을 해야 한다는 걸 알 것이다. 이런 조직운영을 위해서는 실패정보의 특성부터 생각하여 탑다운이 되어야 한다. 이것은 결국, 실패정보를 공유하기 위해서는 강력한 리더십을 바탕으로 하여 탑다운으로 기업문화를 변혁해야 한다는 것이다. 보텀업으로는 기업문화가 결코 변하지 않는다는 것이다.

첨기

실패가 있으면, 「누가 나쁘다」, 「무엇이 잘못됐다」, 「누구 책임이다」라고 하여 각 부처만으로 마무리 지으려는 조직이 있다. 이런 조직에서는 하나씩의 실패정보를 위로 올리려는 동작이 불가능하다. 그렇기 때문에 반드시 실패를 일으킨다. 게다가 회사의 여기저기에서 같은 실패가 반복되는 것이다. 이런 회사가 어떻게 해서 능률이 나쁜 조직인지는 곧 알게 될 것이다. 능률이 나쁠 뿐 아니라 본래 내지 않아도 될 손실을 내고, 얻어야 할 이익을 줄이게도 된다. 사실 회사의 이익을 2배로 하는 것은 자기들 중에 있는 실패를 없애는 것만으로 가능하다. 이와 같이 생각한다면 실패의 취급이 이익에 직접 관련되는 중요한 문제라는 것이라고 눈치 채지 않을까.

(2) 실패정보의 지식화 필요성

그런데 조직문제에 대처했다고 해도 실패정보를 다만 수집하는 것으로는 공유할 수 없다. 단지 소멸하지 않게 할 뿐이다. 왜일까. "저 실패는 이런 식으로 일어났다"고 하여 「개개의 정보」로 하고 있는 것만으로는 알고 있는 것은 당신일 뿐, 누구에게도 전해지지 않기 때문이다. 실패정보는 다음의 동작을 취하지 않는 한 결코 전해지지 않는 것이다. 즉,

- 누구라도 이해할 수 있는 간단한 말로 기술한다
- 한번 보는 것으로 곧 알 수 있는 간단한 그림으로 묘사한다
- 모두가 「알고 싶다」고 생각하도록 하는 구조로 하여 표출한다

라고 하는 동작이다. 결국 「실패의 본질을 배운다는 것은 어떤 것일까」를 정확히 생각하여 실패를 기술하는 일이 필요한 것이다. 이것이 실패정보의 지식화이다.

이런 예화로 예를 들어 보자. 실패정보는 채소가게에 진열되어 있는 인삼이나 무와 같다. 인삼이나 무를 그대로 먹으려 해도 먹어지지 않는다. 인삼이나 무는 요리해야 비로소 먹을 수 있는 것이다. 실패도 똑같다. 실패정보를 전해질 수 있는 상태까지, 이해할 수 있는 상태까지, 살릴 수 있는 상태까지 가공함으로써 비로소 실패를 공유할 수 있는 것이다. 이것이 「지식화」이다. 지식화를 하지 않고 다만 사례집을 만들거나

실패할 때마다 개별적으로 전하는 것으로 실패는 전해지지 않으며 공유할 수도 없고 살릴 수도 없는 것이다.

이상의 것을 그림으로 나타낸 것이 [그림 2.31]이다. 「개별정보」는 정보 단체(單體)로는 다만 소멸되어 갈 뿐이다. 한편 지식화를 실시한 실패정보는, 전해지는 역치(閾値)를 넘을 수가 있다. 그러면 실패정보는 실패지식으로 바뀐다. 그리고 지식의 수평전개가 시작되는 것이다. 이 수평전개를 「전해진다」고 하는 것이다. 즉, **실패는 지식으로 바꾸면 전해진다**는 것이다.

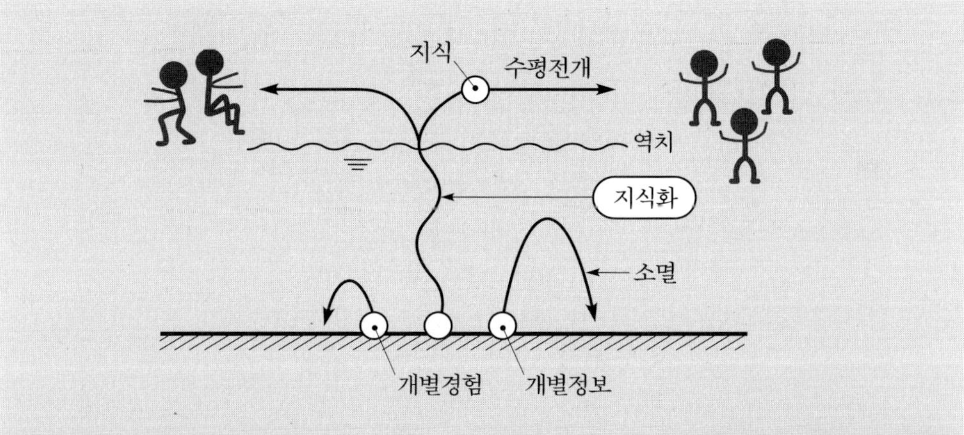

[그림 2.31] 정보의 지식화 필요성

첨기

「상자형 그네」라는 놀이기구가 있다. 아, 정확하게는 "있었다"라고 해야 할지도 모르겠다. 지금은 모든 공원에서 철거되어 버렸기 때문이다. 그 놀이기구로 놀던 어린이가 움직이고 있는 그네에 머리를 부딪치기도 하고 그네 바닥과 지면 사이에 끼이기도 하는 등 여러 가지가 원인이 되어 목숨을 잃었다. 사망사고가 일어날 때마다 신문이나 텔레비전에서는 보도를 해 왔다. 그러나 그럼에도 불구하고 똑같은 사고가 몇 번이나 반복되어 일어났다. 왜일까. 뉴스를 들어도 살리지 않기 때문이다. 뉴스를 들은 사람은, "이 동네의 이 공원에서 이런 일이 일어났다"고 하는 사실을 알 수가 있다. 그러나 뉴스로부터 얻은 정보는 금방 머릿속에서 빠져나가 버리는 것이다. 뉴스는 커다란 사회적 영향력을 갖는 한편으로 「개별정보」로서 소멸되어 간다는 성질도 갖고 있다.

(3) 결과에 이르는 맥락전달의 필요성

그런데 실패정보가 전해지지 않는 이유가 하나 더 있다. 일어난 실패의 결과만을 전하게 되어 있는 것이다. 실패사례집 등에 기술되어 있는 것은, 일어난 결과인 경우가 실로 많다. 이런 기술이 되는 것은 사례집을 만드는 사람이 「결과를 보여주면 본 사람은 필요한 것을 모두 흡수할 수 있다」고 생각하기 때문이다. 이것은 크게 잘못되었다.

실패에 관해 모두가 알고 싶다고 생각하는 것은 결과만이 아니다. 결과에 이르는 맥락도 알고 싶어 한다. [그림 2.32]를 보자. 결과에 이르는 맥락전달의 필요성을 그림으로 나타낸 것이다. 실패에는 반드시 실패에 이르기까지의 다양한 맥락이 존재한다. 그 맥락을 전하지 않고 실패는 결코 전해지지 않는 것이다. 「저런 일에 빠져 있었다」거나, 「이런 일을 시도했었다」거나, 「연관되는 저런 실패를 했다」는 등 실패에는 여러 가지 요소가 엉켜있다. 실패란 이런 요소의 엉킴의 결과로 일어나는 것이다. 실패에 관하여 배우고 싶다, 실패를 살리고 싶다고 생각하는 사람이 바라는 것은 이 엉켜서 휘감겨 있는 부분이다. 결과만이 아닌 것이다.

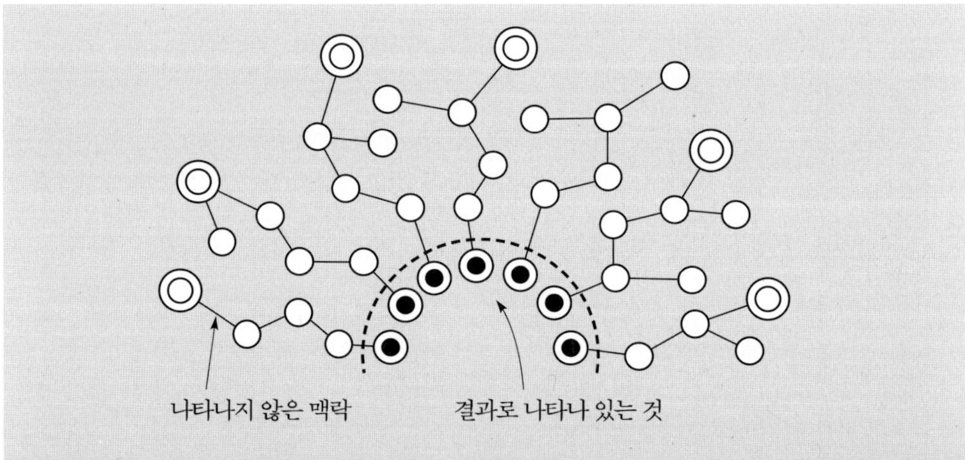

[그림 2.32] 결과에 이르는 맥락전달의 필요성

그런데 보통의 실패사례집에 쓰여 있는 것은, 결과로 나타나 있는 것뿐이다. 결과에 이르는 맥락이 정확히 표현되어 있지 않다. 실패사례집이 잘 사용되고 있지 않는 것은, 그 맥락이 기술되어 있지 않기 때문이다. 결과만이 아니라 거기에 이르는 맥락까지 확실하게 기술되어 있으면, 실패로 배우고자 하는 사람이 「아, 이걸 보니 우리도 이런 식으로 생각하고 있지 않았나. 꼭 이랬었지」라고 공감하여 흡수할 수 있는 것이다.

결과만으로는 전달되지 않는다. 맥락과 함께 전달할 때 비로소 결과는 전달되는 것이다.

첨기

세상의 많은 사람들은「전하는」동작을 하면「전해진다」고 한다. 실로 안이한 사고방식을 갖고 있다.「기술의 전승이 중요하다」면서 완성된 것을 그대로 전하고자 하는 사람들이 그 전형이다. 그건 큰 잘못이다.「전해진다」는 것은 상대의 속에 결과적으로 생겨난 것이, 이쪽의「전하고 싶다」고 생각하는 것과 동일하게 되어 있는 상태를 말한다. 그리고 전해졌는지 그렇지 않은지는, 그 결과로 생겨난 것으로만 판단된다. 따라서「전한다」고 하는 동작을 아무리 계속해도, 상대의 속에 결과로 생겨난 것이「전하고 싶다」고 생각하는 것과 동일하지 않으면 아무것도 전한 것이 아니다. 이것을 거꾸로 생각하면,「전하기」위해 필요한 것은, 어떻게 하면 상대의 속에 결과적으로 생기는 것이 나와 동일하게 될까를 그 사람의 입장에서 생각하는 것이다. 그 때 가장 중요한 것은,

• 어떤 형태로 하면 상대가 원하게 될까
• 상대의 머릿속의 생각에 맞게 전하는 방식은 무엇일까

를 철저하게 생각해내는 것이다. 그렇게 하면 저절로 필요한 것이 보이게 된다.

(4) 실패의 전달에 필요한 기술(記述)

그러면 실패에 이르는 맥락을 표현할 때 어떻게 하는 것이 좋을까. 여기서는 실패의 전달에 필요한 기술(記述)방법을 설명한다.

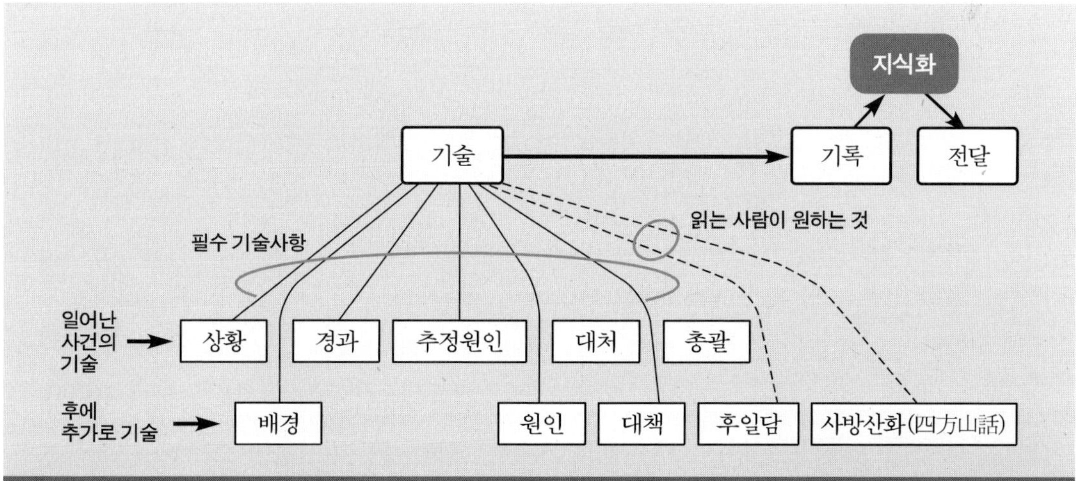

[그림 2.33] 실패의 전달에 필요한 기술(記述)

[그림 2.33]을 보기 바란다. 실패를 기술하는 데는 먼저 일어난 사건을 간략하게 기술할 필요가 있다. 처음에 기록하는 항목은 다음의 3가지이다. 즉,

① **사건** : 어떤 사건이 일어났는가
② **경과** : 시간에 따라 어떻게 진행되어 갔는가
③ **추정원인** : 그 당시 추정된 원인은 무엇인가

이다. 그리고 이 3가지 기록이 끝나면,

④ **대처** : 어떤 대응을 했는가

를 기록한다. 여기까지는 실패 자체에 직접 관계된 사항이다.

이상의 4가지를 기술한 후에 이번에는 「일어난 사건」에 관계되는 다음의 4가지 항목을 추가로 기술한다. 즉,

⑤ **원인** : 후에 조사해서 알게 된, 실패가 발현하기까지의 각종 레벨의 원인 맥락
⑥ **대책** : 최종적으로 어떤 대책을 강구했는가
⑦ **배경** : 후에 조사하여 어떤 것이 배경이었는가
⑧ **후일담** : 그 후 그 실패에 관련되어 무슨 일이 있었는가

이다.

이렇게 ①~⑧의 각 항목을 기술하면 그것을 읽는 사람의 머릿속에, 일어난 실패를 순환시켜 여러 가지가 떠오르는 식이 된다. 그리고 최후의 항목으로,

⑨ **사방산화** : 그 실패이야기를 들은 사람이 의문으로 생각했다든다, 관련되어 생각나는 것에 대한 해답

을 기술하는 것이다. 실은 이 「기타」를 써내는 것이 지식화에는 매우 중요한 것이다. 읽은 사람의 머릿속에서 떠오른 것을 떠오른 그대로의 상태로 하면 안 된다. 그러기 위해서는 실패를 기술하는 사람이 그것을 읽는 사람의 입장에서 자기 머릿속에 떠올려진 것을 머릿속으로부터 한번 끄집어내면 언제라도 사용할 수 있게 되어야 하는 것이다. 그러기 위해서는 어떤 사소한 것이라도 자기가 느낀 것, 생각한 것, 인상에 남은 것을 문자로 써내는 것이 중요하다. 이것이 「사방산화」이다. 「사방산화」를 써내면 한참 후가 되어도 자기 자신이 사용하는 것은 물론 다른 사람도 사용할 수 있게 되는 것이다. 즉, 기록할 뿐만 아니라 전달과 계승도 가능하게 된다는 것이다.

이상의 9개 항목을 기술하면 실패정보가 지식화된다. 자기에게 일어난 실패를 어떻게든 살려야겠다고 생각하여 접근해오는 사람은「지식」이라는 형태로 요리된 기술을 읽으면, 충분히 머릿속으로 흡수할 수 있게 되는 것이다.

그런데 기술할 때 반드시 날짜(년월일)를 기록해야 한다. 가능하면 그것을 기록한 장소도 써두는 것이 좋다.「닭은 세 발 걸으면 잊는다」고 하는데 사람이라 할지라도 닭과 오십보백보이다. 사람의 경우는「내일의 나는 새빨간 남이라」고 생각해두는 게 좋다. 언제 어떤 때에 무슨 생각으로 그것을 썼는지 등은 곧 깨끗이 잊어버리는 것이다. 그러나 작성한 날짜나 장소를 정확하게 기록해두면 후에 다시 읽어도「아, 이건 그때 작성했던 것이라」고 생각이 나게 된다.

사소한 것이지만 이런 방식의 일처리로 본래 기록했을 때의 의미가 살아날 수 있는 것이다. 타인에게 전달될 수 있게 할 뿐 아니라 미래의 자신에게 전달될 수 있게 한다는 것도 중요한 것이다.

첨기

(에필로그) 지금부터 40년쯤 전의 일이다. 필자는 게이힌도호쿠(京浜東北)선을 야마테(山手)선으로 알고 잘못 타버린 일이 있다. 장소는 국철의 다바타(田端)역, 야마테선에 올라 이케부쿠로(池袋)를 향해 출발하려던 참이었다. 아마 무슨 생각을 하고 있었는지, 뭔가 용무가 급했던 것일까. 플랫폼으로 들어 온 전차에 훌쩍 올라타 버린 것이다. 자, 놀란 것은 그때부터이다. 여기서 동경 이외의 곳에 살고 있는 분들을 위해 [그림 2.34]에 동경도내의 노선지도를 단순화하여 그려 본다. 야마테선과 게이힌도호쿠선은 이런 방식으로 다바타에서 시나가와(品川)까지의 구간을 나란히 주행하고 있다. 이 구간은 승차하는 홈도 같다. 그런데 야마타선에서는 다바타의 다음은「코마고에(駒込)」라는 역이다. 필자도 다음 역은 당연히 코마고에역이라 생각하고 타고 있다. 그런데 말이다. 막 다음 역에 도착해 보니 어쩐지 분위기가 다른 것이다. 그래서 우선 생각한 것은「어? 코마고에역 건물이 바뀌었나?」였다. 필자는 도쿄에서 태어나 도쿄에서 자랐다. 내가 잘못된 전차를 타고 왔나고는 전혀 생각

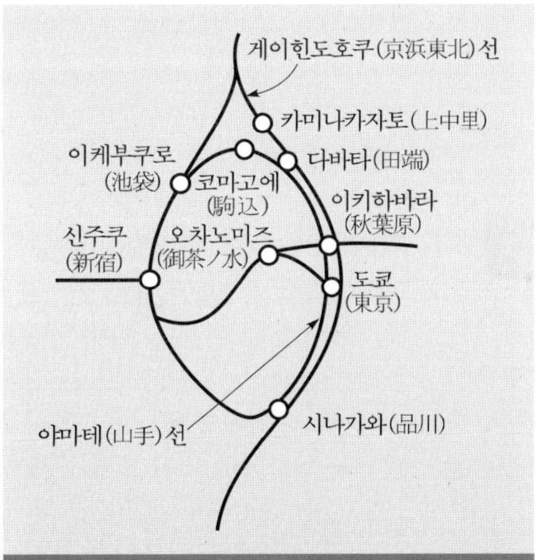

[그림 2.34] 도쿄의 야마테선과 게이힌도호쿠선의 노선도

지 않는다. 따라서 모든 걸 그렇게 생각한다. 그런데 어째 모습이 이상하다. 무심코 역의 표시를 보니 웬걸, 「카미나카자토」라고 쓰여 있는 게 아닌가. 「아! 잘못됐다」고 생각하여 하여간 즉시 내렸다. 왜 전차를 잘못 탔는지 도무지 알 수가 없지만 어쨌거나 잘못 탄 건 사실이므로 홈을 향하여 들어온 전차로 갈아타고 「다바타」까지 되돌아가기로 하였다. 「이번에는 틀리지 않았겠지」라고만 하고, 다른 홈으로 건너가 들어온 전차에 또 훌쩍 올라탔다. 필자는 도쿄에서 태어나 도쿄에서 자랐다. 하나하나 행선지 표시를 보고 타는 멍청한 짓은 하지 않는다. 「어차피 아까는 부주의로 다른 전차에 탔던 것이다」 정도로 밖에 생각하지 않는다.

여기까지 쓰면 독자 여러분은 알아챘으리라 생각한다. 그렇다. 또 그렇게 된 것이다. 또 똑같은 전차에 올라타서 「카미나카자토」까지 가버린 것이다. 정작 장본인인 필자로서는 마치 여우에게 홀린 것 같이 되었다. 왜일까. 자기가 틀린 전차를 타고 있는 것은, 이 지경에 와서도 처음부터 생각하지 않았기 때문이다. 그렇다고는 해도 과연 두 번씩이나 같은 잘못을 저지른다는 것은 이상하다. 여기서 왜일까 생각해 내었다. 그래서 이 실패의 요지경을 지금부터 기술해 보도록 하자. 여기까지는 에필로그이다.

이제는 야마테선은 녹색, 게이힌도호쿠선은 청색으로 전차가 색으로 구분되어 있지만 40년 전에는 그런 것은 없었다. 어느 전차나 비슷한 색깔과 모양을 하고 있었던 것이다. 따라서 필자가 잘못 탄 것도 무리도 아니라고 우선은 자기변명을 해 둔다. 다만, 틀렸던 원인은 그것만이 아니다. 그래서 이 실패의 요지경을 [그림 2.33]에 나타낸 9개 항목에 따라 기술해 보기로 하는 것이다.

먼저 실패에 직접 관련된 사건의 기술을 해보자. 「상황」과 「경과」에 관해서는 에필로그에서 기술한 대로이다. 다음으로 「추정원인」인데 이것은 "어차피 단순한 부주의"라고 생각한 것이라고 추정된다. 따라서 「대처」로는 「다바타역으로 돌아가 바로 탔다」이다. 그러나 「추정원인」 자체가 잘못되었기 때문에 이걸로는 적절한 「대처」가 될 수 없다. 또 똑같은 실패를 해버린 것은 「경과」에서 본 대로이다.

다음으로 일어난 사건에 관한 기술을 해 보자. 후에 조사해 보니 도대체 무슨 「원인(의 맥락)」이 생각되었을까. 반복하고 말았는데 필자는 도쿄 태생으로 도쿄에서 자랐다. 도쿄라면 어디라도 눈감고도 다닐 수 있을 정도라고 생각하고 있다. 따라서 경치도 보지 않고, 표시도 보지 않는다. 타는 전차의 색이나 형태 등은 안중에도 없다. 어디를 가려해도 총총걸음으로 목적지에 전속력이다. 실제로 어디에도 틀리지 않고 간다. 그럼 왜 그런 일이 일어났을까. 그것은 머릿속에 모델이 입력되어 있기 때문이다. 목적지까지의 코스, 역의 구조, 소요시간 등이 전부 머릿속에 들어 있어 필요할 때 바로 사용할 수 있게 되어 있는 것이다. 필자는 그렇게 머릿속에 있는 모델에 따라 행동하고 있다. 따라서 들어온 전차의 모양 등을 보지 않고 훌쩍 올라타 버린 것이다. (이것은 지금도 그렇다.) 그런데 이때만큼은 실패해 버렸다. 왜일까. 그것은 사실이 머릿속 모델과 달라져 있었기 때문이다. 무슨 말인가. 여기서 [그림 2.35]를 보기 바란다. 이것은 당시 필자의 머릿속에 입력되어 있었던 다바타역의 홈 모델이다. 노선의 전체도를 대략 그리면 야마테선은 좌측을 빙빙 돌고, 게이힌도호쿠선은 우측을 똑바로 달리고 있다. 그리고 다바타–시나가와 사이에는 양쪽 선이 함께 달리며 홈도 공유하고 있는 것이다. 필자는 그것을 「배경」으로 알고 있었다. 그런데 필자의 머릿속에는 북을 향하여 "홈의 좌측은 야마테선, 우측은 게이힌도호쿠선"이라는 모델이 구성되어 있었던 것이다. 따라서 전차가 들어오면 "좌측으로 탄다"고 처음부터 믿어 의심치 않았다. 그러나 여기서 현실을 보자. 필자가 전차를 잘못 탄 것도 이치에 맞는다. 아무튼 뒤에 있을 때 "타는 곳은 홈의 좌측 전차라"고 생각에 있는 것이다. 그러나 아, 안타깝지만 홈의 좌측 전차는 게이힌도호쿠선이었던 것이다.

이렇게 원인을 탐색해 보면, 「대책」은 명백한 것이다. 「생각한 대로 움직이지 말고 매번 확실히 표시판을 보고 탄다」이다. 그것 외에는 없다.

그런데 이렇게 해도 생각나는 것은, 왜 현실이 반대일까 하는 것이다. 그것을 알려면 게이힌도호쿠선이 부설되었을 때의 사정을 생각할 필요가 있다. 여기서는 필자의 생각을 「사방산화」라고 하자. 게이힌도호쿠선은 야마테선보다 후에 건설된 것이다. 그래도 다바타－시나가와 사이는 나란히 주행할 필요가 있었다. 그런데 게이힌도호쿠선의 상하선에서 야마테선을 사이드선으로 포함시킨다는 방책이었다. 이렇게 하면 양쪽선 모두 홈에서의 진행방향을 모을 수 있어서, 선로를 엇갈리게 부설함으로써 생기는 포인트교환인지 뭔지로 인한 뒤죽박죽을 피할 수 있기 때문이다. 철도청으로서는 이것이 합리적인 방법인 것이다.

그런데 또 승객의 입장에서 보면, 시나가와에서 다바타까지의 사이는 1개의 홈에 같은 방향의 전차가 오기 때문에 들어온 전차에 타고나면 어느 선이어도 불편함이 없고, 특히 전차가 자주 오기 때문에 매우 편리한 것이다. 그런데 목적지가 이 병행구간에서 벗어난 순간, 전체 시스템과 실제 부설방식이 직관과 맞지 않게 된다. 왜냐하면 승객의 머릿속에는 [그림 2.35]에 표시한 "야마테선은 좌측을 빙빙 돌고, 게이힌도호쿠선은 우측을 똑바로 주행한다"는 그림이 떠오르기 때문이다. 이 그림이 떠오르는 한, 승객에게는 야마테선과 게이힌도호쿠선은 선로가 서로 엇갈리게 되어있지 않은 것이다. 그런데 현실은 그렇지 않다. 그것보다도 이런 것을 만들면 승객은 불편하기 짝이 없다. 병행구간의 같은 역으로 가려면 어느 선을 선택할지를 결정하고 나서 홈에 올라가야 하기 때문이다. 그리하여 필자와 같은 승객의 이런 임의의 잘 안다는 생각이 잘못 타게 하는 원인이 되는 것이다.

꽤 집요하게 썼으므로 슬슬 질리기 시작하는 독자도 있을 것이다. 마지막으로 「후일담」을 쓰고 마무리해 보자. 이상과 같은 그럴듯한 분석을 하여 대책까지 강구해내면서 필자는 최근 들어 거듭 똑같은 실패를 해버렸다. 이번 장소도 다바타이다. 인간의 사고방식은 언제까지라도 바뀌지 않는다는 것을 통렬히 느끼는 바이다.

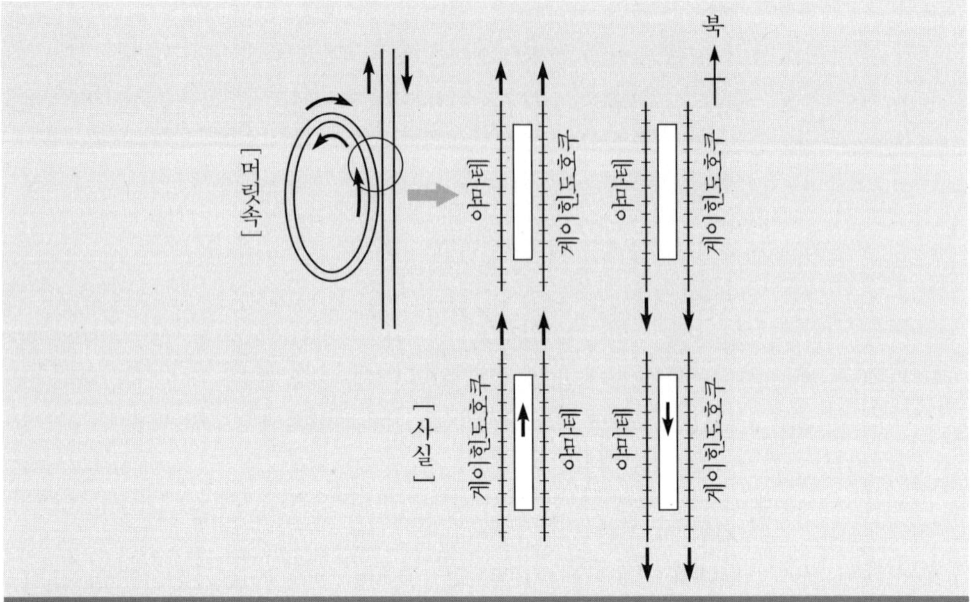

[그림 2.35] 도쿄의 JR 다바타역의 홈에 관한 필자의 머릿속 모델 현실

2.6 실패를 살리는 공부

어떤 실패가 어떻게 일어났는가. 그것은 많은 사례를 모아 전한다고 전해지는 것이 아니다. 실패로 배우고자 하는 사람이 원하는 상태를 만들어 내는 것이 우선 필요한 것이다. 이 절에서는 필자가 구축하여 꾸려온 과학기술진흥기구(JST)「실패지식 데이터베이스」 등의 실례(實例)를 토대로 실패를 훌륭하게 전하기 위한 구체적인 방법을 소개하고자 한다.

(1) 실패의 데이터베이스가 사용되지 않는 이유

어떤 회사에서도 어떤 조직에서도 모두 실패를 하지 않도록, 그리고 실패를 반복하지 않도록 하기 위해 강구하고 있다. 그래서 실패지식이나 실패정보를 모아 열심히 전달하려고 하고 있다. 특히 최근에는 실패나 사고, 무력화 등의 데이터베이스 작성이 여러 곳에서 진행되고 있다. 그러나 작성한 것은 좋으나 누구도 사용하지 않는 것이다. 왜일까.

여기서 [그림 2.36]을 보기 바란다. 데이터베이스를 사용하는 사람이 바라는 것은

「원할 때, 원하는 내용이, 원하는 형태로 주어지는」 데이터베이스이다. 그런데 현실의 데이터베이스는 그런 것이 전혀 아니다. 「원하지 않을 때, 결정된 내용이, 잘 알지 못하는 형태로 주어지는」 것이다. 사람의 머리에 친숙하게 흡수되기 쉬운 형태로 제시되지 않으므로 사용되지 못하는 것이다.

(2) 실패지식 데이터베이스의 수집

그런데 데이터베이스가 사용되지 않는 것은 수집되어 있는 데이터량의 방대함도 관계되어 있다. 데이터량은 계층의 깊이, 분야의 수, 수집사례 수의 곱으로 늘어난다. 그 하나하나를 차례차례 수집해 가면 금세 수천 개, 수 만개가 되어 복잡한 사물이 되어 버린다. 데이터는 그저 있을 뿐, 원할 때에 원하는 데이터가 도출되지 않는 것이다.

그러면 정말로 사용되는 데이터베이스란 어떤 것일까. 그것은 적은 수의 실례(實例)로 전체의 모습을 파악할 수 있는 것이다. 따라서 사용되는 데이터베이스의 조건은 데이터의 절대량이 아니다. 건수로는 많아도 300건 정도가 아닐까 필자는 생각한다.

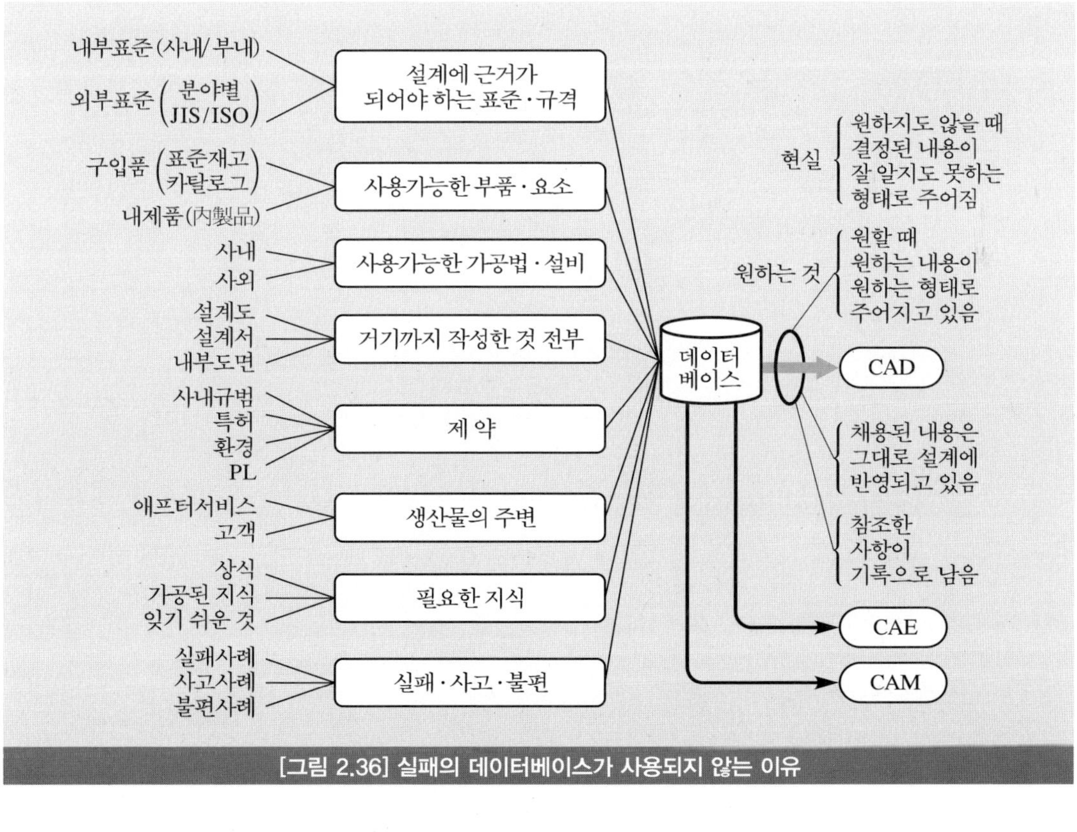

[그림 2.36] 실패의 데이터베이스가 사용되지 않는 이유

인간이 기억할 수 있는 것, 사용하는 것, 친근함을 갖고 다루는 것에는 한계가 있다. 그 량은 300건이 한도가 아닐까라고 생각하기 때문이다. 마구잡이로 수집하면 사용될 것이라고 생각하는 것은 어림없는 일이다.

첨기

만담가인 상유우 엔셍의 머릿속에 들어 있는 만담의 자료 수는 300개라고 한다.

그럼 여기서 [그림 2.37]을 보기 바란다. 이것은 필자가 생각하는 실패지식 데이터베이스의 기본적인 발상을 상위공간에 표현한 것이다. 통상의 데이터베이스라면 공간은 데이터에 의해 조밀하게 묻혀버릴 것이다. 그러나 필자의 발상은 다르다. 「드물어도 괜찮지 않나」라는 생각이다. 오히려 데이터를 그림과 같이 드문드문 배치하는 쪽이 사용하는 데이터베이스가 된다고 생각하기 때문이다.

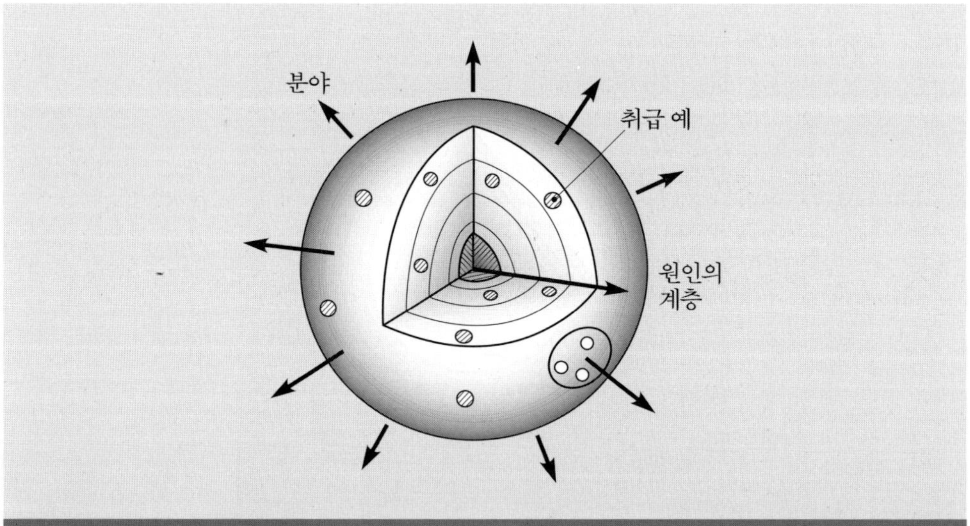

[그림 2.37] 실패 데이터베이스의 수집

2.3절(4)에서 설명한 바와 같이 실패의 원인에는 계층성이 있다. 또한 실패가 일어나는 분야도 다양하다. 이것들을 위상공간(位相空間)의 축(軸)으로 하면 이 「드문드문」 데이터베이스로는,

- 같은 계층의 원인이 모든 분야로 기술될 필요는 없다
- 1개 분야로 모든 원인의 계층을 망라할 필요는 없다

는 것이 된다. 그렇게 하면 실패의 실례(實例)가 전부 모이지 않고 전형적인 것으로만 압축되어 모인다.

첨기

적은 샘플로 전체를 구성한다는 발상은 실험계획법의 사고방식과도 통한다.

(3) 실패지식 데이터베이스의 사례정보 데이터 항목일람

그럼, 정말로 필요한 데이터를 수집하고 난 다음에 그것을 어떻게 기술하면 좋을까. [그림 2.38]을 보자. 이것은 필자가 책임자로서 과학기술진흥기구(JST)에서 구축한 「실패지식 데이터베이스」(http://shippai.jst.go.jp/)의 사례정보 데이터 항목일람이다. 이 항목에 따라 기술해 나가면 실패의 전체상(像)이 나타나게 된다.

	번호	항목명	비고
표제	1	사례번호	
	2	데이터 작성일	
	3	저자 ID	
	4	사례명칭	
	5	대표도(代表図)	사례를 대표하는 그림
개요	6	사례발생일자	
	7	사례발생지	사례가 발생한 도도부현(都道府懸), 시정촌(市町村)명칭 등
	8	사례발생장소	사례가 발생한 장소의 일반명칭
	9	사례개요	상황, 원인, 경과, 대처 등 주요 정보를 간결하게 정리 원인과 결과를 명확하게
상세	10	상황	어떤 사고, 실패가 발생했는가, 그 상황을 기술
	11	경과	어떻게 실패가 진행되었는가, 포인트가 되는 부분을 가능한 한 상세하게 기술
	12	원인	실패를 일으킨 시점에서 떠오른 추정원인을 기술 후에 진정한 원인이 명확하게 된 경우는 추가로 기술
	13	대처	실패했을 때 행한 응급조치를 기술 실패발생 이전에 행한 조치도 있으면 기술
	14	대책	실패의 재발방지를 위해 행한, 또는 행해야 할 항구적인 조치에 관해 기술
	15	지식화	실패분석의 결과, 이후 반복되지 않게 하기 위한 지식, 교훈에 관하여 기술
	16	배경	실패발생의 간접적인 요인이 된 각종 배경에 관해 기술
	17	후일담	가능한 범위에서 관계자의 이후 유사 실패 등, 실패를 되돌아보게 하는 후일담
	18	잡담(四方山話)	가능한 범위에서 사례에 관한 각종 잡다한 이야기를 기술
보충	19	당사자 히어링	있으면 당사자 인터뷰 기록
	20	데이터베이스 등록 동기	저자가 왜 이 실패를 데이터베이스에 게재하게 되었는지 중요하게 생각한 것을 기술
	21	주 시나리오	시나리오란 사례가 실제로 발생하는 데 이른 때의 일련의 사건, 심리요인, 주변 상황을 가리킴. 주 시나리오가 존재하면 대부분의 경우 같은 결과가 됨
	22	부 시나리오	부 시나리오가 존재해도 같은 결과가 되지 않는 것이 있음
	23	보충 문구	시나리오 기술에 포함되지 않은, 사례 기술에 중요한 것
내력	24	사례편집이력	
	25	정보원(情報源)	이 사례에 관한 정보의 원천, 참고문헌이나 하이퍼링크 등
사회에의 영향	26	사망자 수	
	27	부상자 수	
	28	물적 피해	건조물, 기기 등에의 직접피해를 기술
	29	피해 금액	직접피해 총액, 그 의미, 산출근거 등을 기술
	30	총 경제손실	간접적인 영향을 포함한 피해 총액, 그 의미 등을 기술
	31	사회에의 영향	사례 후도 포함하여 사회에 미친 영향 등을 기술
기타	32	멀티미디어 파일	
	33	비고	이상의 항목에 들어 있지 않은, 사례에 관한 정보

[그림 2.38] 실패지식 데이터베이스의 사례정보 데이터 항목일람

그 중에서 필자가 특히 중요하다고 생각하는 것은「당사자 히어링」과「주 시나리오」이다. 「당사자 히어링」이란 읽고 쓰는 것처럼, 실패를 일으킨 당사자와 대화를 하여 청취조사를 하는 것이다. 실패가 일어났을 때의 상황을 말할 수 있는 사람은 실패의 당사자뿐이다. 따라서 당사자와 직접 만나 얘기하지 않으면 현장에서 어떤 일이 일어났는지 알 수 없다. 제5장에서 설명하는「현지(現地)・현물(現物)・현인(現人)」, 즉「3현」은 데이터베이스 작성에도 중요한 것이다.

한편「주 시나리오」란 실패의 줄거리이다. 실패라는 것을 **원인－행동－결과**의 3개 인자로 표현하여 이해하도록 하는 것이다. 특히「행동」이라는 인자가 중요하다. 사고 조사나 보도에서는 이 인자가 빠지고「원인」과「결과」만이 다루어지는 경우가 많다. 원인과 결과의 인과관계를 기술하면 객관적인 기술이 될 것이라고 생각하기 때문이다. 그러나 그것만으로는 나중에 살리는 일이 불가능하다. 그 위에「행동」이라는 인자에 착안하여 인간의 판단과 행위를 취급하는 것이 필요하다는 것이다. 원인－행동－결과를 기술함으로써 개개의 실패를 일반화하여 살릴 수 있는 것이다.

그런데 주목하고 싶은 항목은「사회에의 영향」이다. 이 항목이 반드시 쓰여 있지 않으면, 데이터베이스로는 사용될 수 없다. 특히 정부기관이나 기업이란 공공적・사회적인 존재이다. 사회와의 연계를 명확히 의식하지 않고 존재할 수는 없다. 최근 잇따른 불상사는「사회에의 영향」을 전혀 고려하지 않은 것에도 원인이 있음을 잘 인식해 두어야 한다. 실패를 일으키면「감추고 싶다」는 기분이 강하게 드는데 용기를 갖고 실패를 직시하여 정확하게 기술하도록 유의해야 할 항목이다.

(4) 실패의 전체구조와 개별구조의 표현

실패지식 데이터베이스에 있어서 개별사례의 기본구조에 관한 사고방식을 설명해 보자. 실패지식 데이터베이스는 1개의 실패가 원인－행동－결과의 3개 기본 구성요소로 이루어진다고 표현하고 있다. 그리고 그 사례가 모든 실패 안에서 어떤 위치에 있는지를 분명하게 하고 있다. 실패의 표현에서 중요한 것은 **실패의 전체구조와 개별구조의 표현**이기 때문이다. 예를 들어, 지금 자기가 일으킨 실패가 어떤 구조를 가져서 수많은 실패사례 전체 중에서 어디에 위치하며 다른 사례와 어떻게 연결되어 있는지를 알고 싶다고 하자. 이럴 때 필자가 제안하고 있는 표현방법이「실패나무」와「실패의 숲」이다.

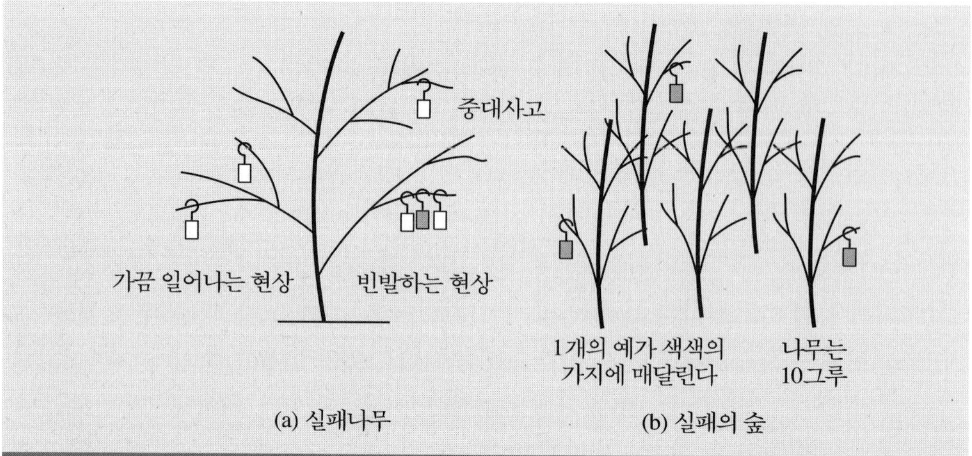

[그림 2.39] 실패의 전체구조와 개별구조의 표현

여기서 [그림 2.39]를 보기 바란다. 이것은 실패나무를 일반적으로 표현한 그림이다. **실패나무**는 좀 전에 설명한 「실패 시나리오」를 다른 견지에서 표현한 것이다. 즉, 「실패 시나리오」에 포함되어 있는 원인－행동－결과라고 하는 개별구조를, 이와 같은 나무구조로 구분하여 표현하는 방법이 「실패나무」이다.

「깜박하여 스위치 끄는 것을 잊어서 화재가 났다」는 사례와 「한눈팔다 핸들을 잘못 꺾어 담을 들이받았다」는 2개의 사례를 들으면 누구나 「깜박」과 「한눈판」것이 원인이고, 「스위치 끄는 것을 잊어」, 「핸들을 잘못 꺾어」가 행동이며, 「화재」와 「담에의 충돌」이 결과라고 생각했을 것이다. 이 원인－행동－결과의 구성을 한 그루의 나무에 덧그려서 뿌리－줄기－가지로 본뜬 것이 「실패나무」이다. 그리고 이 나무가 모여 이룬 전체상이 「실패의 숲」이라고 생각하는 것이다.

그럼 여기서 생각해내 보자. 2.3절에서는 「실패원인의 분류」로 10개의 상위개념이 추출된다고 설명했다. 페이지가 많이 지나왔지만 여기서 한 번 더 그 10개의 상위개념을 써본다. 즉,

① 미지(未知)
② 무지(無知)
③ 부주의
④ 순서를 지키지 않음
⑤ 오판
⑥ 조사・검토의 부족
⑦ 제약조건의 변화
⑧ 기획 불량
⑨ 가치관 불량
⑩ 조직운영 불량

이다.

「실패나무」라는 표현방법에서는 이 10개 실패원인의 상위개념을「뿌리」로 설정한다. 그리고 그「원인」이라는 뿌리에서「행동」이라는 줄기를 뻗고, 또한「행동」이라는 줄기로부터「결과」의 가지를 뻗어 최후에 "일어난 사건"을 늘어지게 하는 것이다. 빈발하는「행동」일수록 두꺼운 줄기가 되어「결과」의 가지를 몇 개씩이나 뻗어내어 "일어난 사건"도 많이 늘어뜨릴 것이다. 한편 가끔씩밖에 일어나지 않는「행동」은 가느다란 줄기가 되고,「결과」의 가지도 그만큼 뻗지 않아 "일어난 사건"도 거의 매달리지 않게 될 것이다.

그렇게 하여 1그루씩의 나무를 만들어 가면「미지의 나무」,「무지의 나무」,「부주의의 나무」,「순서를 지키지 않은 나무」,「오판의 나무」,「조사・검토 부족의 나무」,「제약조건 변화의 나무」,「기획 불량의 나무」,「가치관 불량의 나무」,「조직운영 불량의 나무」라고 하는, 10그루의「실패나무」가 된다. 이것은 결국 [그림 2.39]의 (b)에 나타낸 것과 같은 실패의 숲이 된다는 것이다.「실패의 숲」이란 실패 전체구조를 나타내는 것이다. 여기서는 모든 실패사례가 실패원인의 상위개념에 기초를 두고 망라・배치된다.

이와 같이 개개의 실패사례를 원인－행동－결과라는 개별구조로 표현하고, 그「원인」을 기초로「실패나무」로 나누어 가면 개개의 사례는 반드시 10그루 나무의 어딘가로 분류된다. 그러면「실패의 숲」이라는 실패의 전체구조 안에 위치하여 명료하게 파악될 수 있게 되는 것이다. 실패지식 데이터베이스는 이와 같이「실패나무」와「실패의 숲」을 기본구조로 하여 구축되고 있는 것이다.

견지를 바꾸면 이「실패나무」,「실패의 숲」이라는 사고방식은 모든 실패를 한 장의 종이에 기록한, 실패지도를 형성하는 중요한 사고방식이기도 한다.「실패지도」에 의하면 하나하나의 실패가 실패 전체 중 어디에 위치하고, 어떤 성격을 갖고 있는지를 일목요연하게 알 수 있다.

(5) 실패 시나리오의 입체표현

다음으로 [그림 2.40]을 보도록 한다. 이것은 실패지식 데이터베이스에서 만다라(曼荼羅)라 불리고 있는 것으로 설계에 있어서의 실패를 기술한 예이다.「실패 시나리오」의 원인－행동－결과를 비스듬히 나열하여 입체적으로 표현한 그림이다.

그런데 여기서 실패원인의 분류를 묘사한 [그림 2.22]를 생각해 보자. 지금 보이고 있는「원인」의 만다라에 있는 각 요소는 [그림 2.22]와 대응하고 있는 것이다. 즉, 미지, 무지, 부주의 등 10개의 요소는 모두 상위개념인 것이다.

그「원인」의 상위개념을 단계에 따라 진행해 보자. 그러면 뭐가 될까.「행동」의 상위개념,「결과」의 상위개념이 각각 떠오르게 되는 것이다. 결국 실패에 이르기까지의 시나리오를 상위개념의 레벨에서 나타낼 수 있게 되는 것이다. 다음 (6)항에서 설명하는 대각선도는 현실의 즉각적인 구상방법인데 이들 만나라에 의한 입체표현은 상위개념에 오른 추상적인 표현방법이다.

또한 [그림 2.40]에는「결과」에 관해서는「일어나게 되는 피해」,「2차 피해」 등, 추상도가 가장 높은 1레벨로 기술되고 있다. 그러나 이것을 더 1단 또는 2단, 레벨을 떨어뜨려 구체적으로 기술한 제2레벨, 제3레벨로 분류하면 더욱 알기 쉬워진다.

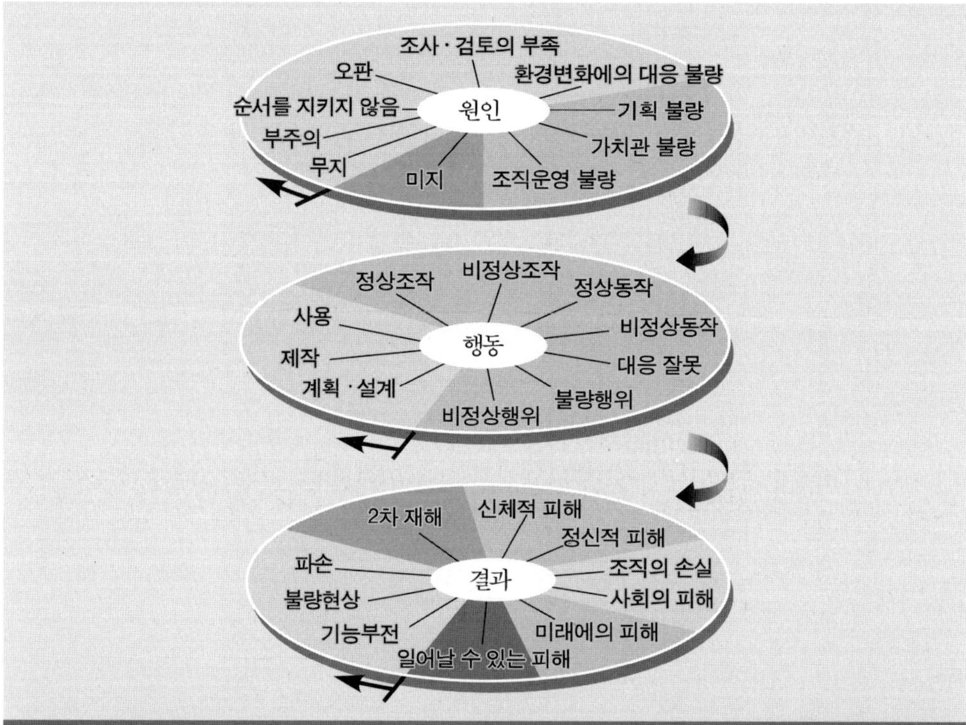

[그림 2.40] 실패 시나리오의 입체표현

(6) 대각선도와 대표도(代表図)에 의한 실패현상의 표현

데이터베이스의 실례로 앞의「실패지식 데이터베이스」안에 있는 대표도에 관해 보도록 하자. 대표도란 1개의 실패를 1장의 그림으로 표현하여, 보이는 것만으로 알 수 있게 한 그림이다. [그림 2.41]의 위에 나타낸 그림은「트럭이 움직이기 시작하여

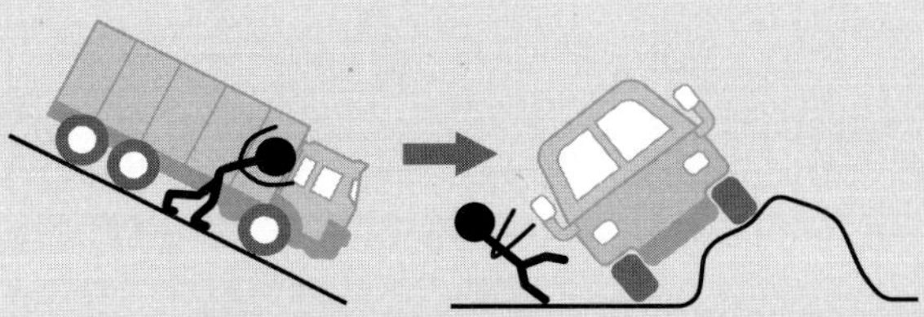

대표도의 일례(一例)

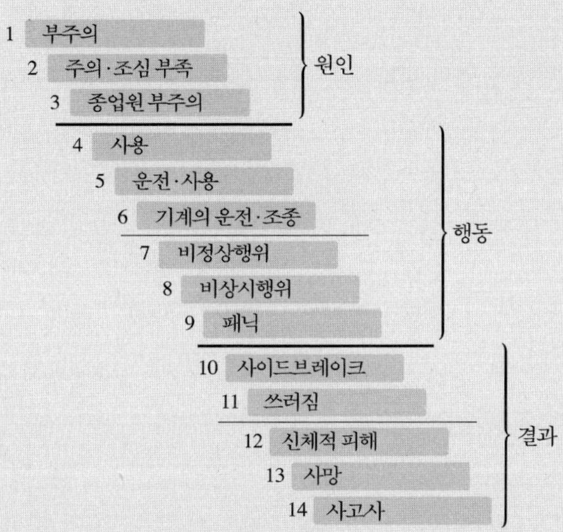

대각선도의 일례

[그림 2.41] 대표도 및 대각선도의 일례 –트럭이 움직이고, 멈추게 하려고 한 종업원이, 쓰러진 트럭의 밑에 깔리게 되어 사망한 예–

멈추게 하려고 뒤쫓아 간 종업원이 옆으로 쓰러진 트럭 밑에 깔려 사망」한 사고의 대표도이다. 이 대표도를 보면 일어난 사건의 정황이 직접 머릿속에 떠오르게 된다.

다음에 대각선도라는 것으로 일어난 사건에 관하여 문자를 써서 기술한다. 이것은 전체를 한 번에 보는 것만으로 일어난 사건이 머릿속에 들어오도록 하는 그림이다.

전 항에서「주 시나리오」라는 것에 관해 설명했는데 실패를 기술하는 경우에는 원인－행동－결과의 순으로 생각하는 것이 기본이다. 지금 사고 예의「원인」으로 예를 들어 "부주의"에 속하는 "주의 · 조심부족"에 의한 "종업원 부주의"가 있었다고 하자. 비탈길에 주차를 하는데 사이드브레이크 당기는 것을 잊었든가, 타이어에 쐐기 채우는 것을 잊었든가 이다. 그리고 바로 트럭이 비탈길을 내려가기 시작했다. 그러면 그것을 발견한 사람의 「행동」으로서는, 먼저 "사용"에 속하는 "운전 · 사용"으로서의 "기계의 운전 · 조작"을 하게 된다. 결국 순간적으로 트럭에 올라타지 못하므로 문을 열어 사이드브레이크를 잡아당기려고 하는 것이다. 그런데 매우 갑작스런 사건이므로 "비정상행위"에 속하는 "비상시행위"로서의 "패닉"을 일으켰다고 생각된다. 이와 같이 「행동」에는 두 종류의 행동이 있는 것이다.

그리고 「결과」로서 "사이드브레이크가 걸리지 않음"에 의해 트럭은 계속 움직여서 옆 둑 위에 「쓰러져」 멈추게 하려고 따라간 종업원에 대하여 "신체적 피해"를 주어 "사망"에 이르게 한 것이다. 이와 같이 「결과」에도 두 종류의 결과가 있는 것이다.

이런 원인－행동－결과의 흐름을 [그림 2.41]과 같이 비스듬히 나타내 보았다. 그렇게 하면 「시간의 진행」과 「단계의 진행」에 의해 실패의 진행이 부상하게 된다. 이런 실패사건의 표현을 「대각선도」라고 한다. 실패의 원인－행동－결과를 대각선도로 표현하면 「앞뒤설명」이 없어도 문장과 같이 「의미」가 읽혀지게 되는 것이다.

첨기

대표도와 대각선도는 서로 등가(等價)로, 필자가 행한 표출실험에 의하면 어느 쪽이든 한쪽의 그림을 보면 반드시 또 한쪽의 그림도 정확하게 묘사되고 있음이 확인된다.

대표도와 대각선도의 이점은, 이 그림들을 묘사해 가면 실패의 일반칙이 도출된다는 것이다. 지금의 트럭사고로 말하면 「기본동작을 지키지 않으면 사고가 일어난다」고 하는 일반칙이 도출된다. 이것을 규칙으로 준수하게 하면 「주차할 때는 반드시 사이드브레이크를 채울 것」, 「타이어에는 쐐기를 받칠 것」이라는 개별적, 구체적인 표현이 될 것이다. 그러나 궁극적인 안전대책은 종업원 한 사람 한 사람에게 「기본동작을 태만히 하면 무슨 일이 일어난다」는 생각을 갖게 하는 것이다. 「사이드브레이크를 당겨놓지 않으면 이 트럭이 움직일지도 모른다」고 사전에 생각할 수 있는 사람으로 교육하는 것이다.

규칙을 가르치고 매뉴얼을 주입시켜 표준 동작을 준수하도록 하는 방책도 확실히 유효하다. 그러나 규칙이나 매뉴얼이 없어도 자기 머릿속으로부터 상황에 대응하여 동작이 솟아나도록 하는, 그런 사람으로 교육하는 것이 정말 중요한 것이다. 「생각나는」 것이 아니라 「자기가 생각해낸다」고 하는 동작이 가능한 사람이 되는 것이다. 위험이나 실패에 대해 이것 이상으로 강한 방책은 없다.

(7) 실패에 관한 필자의 대응

본 장은 이것으로 끝내지만 「실패」와 관련되어 필자가 실제로 대응할 수 있었던 활동을 소개함으로써 마무리하고자 한다.

우선 앞에 소개한 「실패지식 데이터베이스」에 관해 왜 이런 데이터베이스가 구축된 것인지를 조금 보충해 본다. 필자가 동경대학을 정년퇴직하기 조금 전에, 당시 문부대신 겸 과학기술청 장관이었던 나카소네 히로후미(中曾根弘文)씨에게 실패학 얘기를 할 기회가 있었다. 그런데 나카소네씨는 「지금 일본에서 가장 중요한 일은 이 실패지식을 확실하게 공유화하여 모두가 사용할 수 있게 하는 것」이라고 말했다. 그리고 「1년간 10억 엔의 예산을 배정할 것이니 선생께서 꼭 국가 프로젝트로 시작해주지 않겠는가」라고 부탁하여 그 결과 「실패지식 활용연구회」가 창립된 것이다.

연구회에서는 먼저 실패지식 데이터베이스를 구축하는 실행위원회를 만들었다. [그림 2.42]를 보기 바란다. 기계분야, 재료분야, 화학물질과 플랜트분야, 토목·건축분야 등 다양한 분야로부터 실제 실패사례를 수집하게 되었다. 또 이들 분야 외에 원자력, 반도체, 대량수송기관, 식품, 의료를 대상으로 할 필요가 있다고 생각되었다. 이들 분야는 필자가 「매우 위험하다」고 느끼고 있는 분야이기 때문이다. 「위험하다」고 느끼는 것은 과거의 경험이 전승되고 있지 않기 때문이기도 한데 이 분야에서 일하는 한 사람 한 사람이 자기와 남의 관계를 정확히 염두에 둔 판단과 행동을 하고 있지

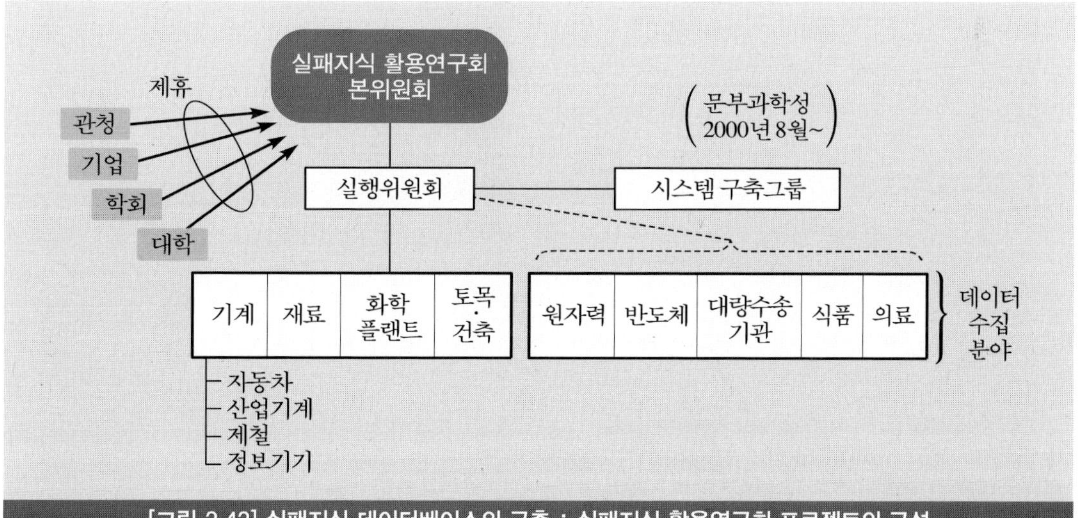

[그림 2.42] 실패지식 데이터베이스의 구축 : 실패지식 활용연구회 프로젝트의 구성

※ 실패지식 데이터베이스 일반공개 : http://shippai.jst.go.jp/

않다고 생각되기 때문이다. 사고가 일어난다면 이런 곳이라고 밖에는 생각되지 않는 것이다. (그러나 유감스럽게도 2006년 10월 현재 이 분야에 관한 구체적인 대응은 하지 못하고 있다.)

이런 구상 하에 5년간의 활동을 한 후 2003년 봄에 실패지식 데이터베이스가 완성되었다. 실패지식 데이터베이스는 일반 공개되고 있어서 누구라도 열람이 가능하다. 과학기술진흥기구의 HP(http://shippai.jst.go.jp/)에 있으므로 접속해서 실제로 보기 바란다. (2006년에 영어판도 개설되었음)

그런데 이런 데이터베이스 작업과 병행하여 필자가 생각하고 있었던 것은 「실패박물관」이다. 이 구상은 대략 [그림 2.43]에 나타낸 것과 같다. 이 구상을 전 우주비행사로 현재 일본과학미래관의 관장을 맡고 있는 모리 마모루씨와 대화했을 때 「박물관이 아니라 체험관이 되어야 해요. 하타무라씨가 말하는 박물관에는 사람이 오지 않아요. 실제 체험이 가능하도록 체험관이라는 이름으로 하는 것이 어떨까요」라고 하였다. 전적으로 동감이다. 실패는 머리로 생각하는 것도 중요하지만 몸으로 체험하는 것, 체감하는 것도 중요한 것이다. 물질이 없어지면 기억은 없어진다. 데이터베이스로 정리를 해봐도, 책으로 써봐도, 사진으로 남겨도, 물질이 없어지면 모두 없어진다. 따라서 물질을 보존하고, 실제 체험이 가능한 박물관이 필요한 것이다. 물질에는 "(물질이) 자아내는 분위기"라는 것이 있다. 말이나 문자로 할 수 없는 것, 인간은 "직감"으로 느

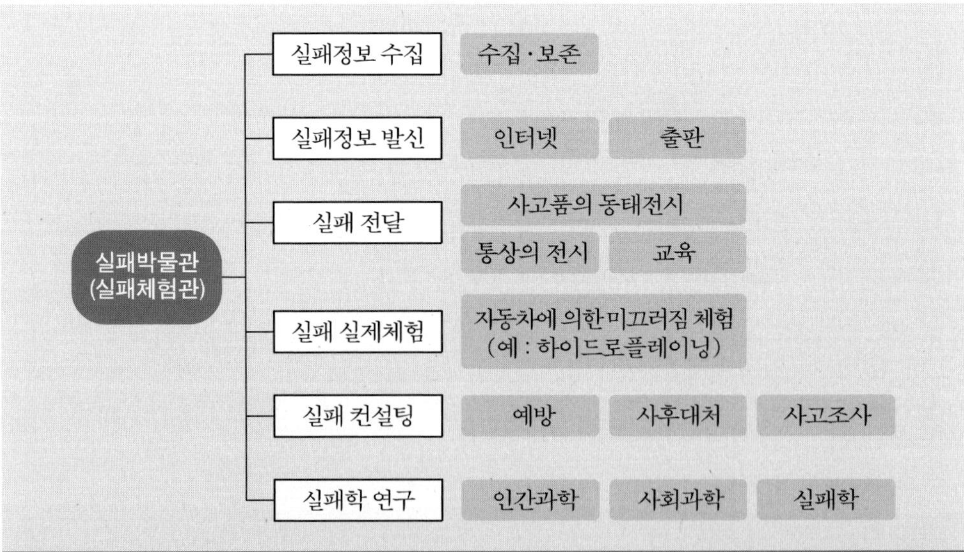

[그림 2.43] "실패박물관" 구상(2000년 4월)

끼는 것이 있다. 그래서 체험 · 실감이라고 하는 것이 나오는 것이다.

다만, 그 물질을 정적인 상태로 하면 안 된다. 동적인 상태를 유지하여 소리, 열, 진동에 의해 인간에게 직접적으로 어필하게 하여야 한다. 책을 읽으면 향내가 나는가. 정보를 알면 진동을 느끼는가. 실패를 일으킨 물질은 동태 보존했을 때야말로 새로운 역할을 해서 본래의 용도와는 다른, 가치있게 살려지는 모습이 되는 것이다.

그런 물질로부터 깊게 느꼈을 때 사람은 「이 실패는 두 번 다시 하지 않을 것」이라고 생각한다. 그리하여 혹시 똑같은 상황이 신변에 닥쳤을 때 그 위험을 회피할 수 있게 되는 것이다. 「어쩐지 이상하다」라고 신체가 직감적으로 반응하기 때문이다. 필자는 이런 직감을 키우는 박물관을 만들고 싶은 것이다. 실패박물관은 아직 구상단계이지만 필자는 반드시 실현시키겠다고 마음먹고 있다.

그런데 이렇게 활발한 활동을 하고 있으니 세상에서 정말로 진지하게 실패를 취급하고자 하는 사람이 필자가 있는 곳으로 많이 찾아오게 되었다. 이대로는 대응할 수가 없게 되어 이걸로는 안 되겠다고 생각한 끝에 「특정비영리활동법인(NPO) 실패학회」를 만들었다. 실패학회의 활동분야는 [그림 2.44]에 나타낸 바와 같이 기술, 정보, 서비스, 건강, 사회 등 다방면에 걸쳐 있다. 세상에서는 이들 각 분야가 독립되어 있으므로 서로 논의할 수 있는 장소가 있으면 좋겠다는 요청이 강했다. 그래서 학회의 활동분야는 서로 횡단적인 구조로 하여 대응하고 있다. 실패학회는 2006년 현재 약 1,100명의 회원이 참가하여 활동하고 있다. 독자 여러분도 관심이 있다면 꼭 참여하기 바란다.

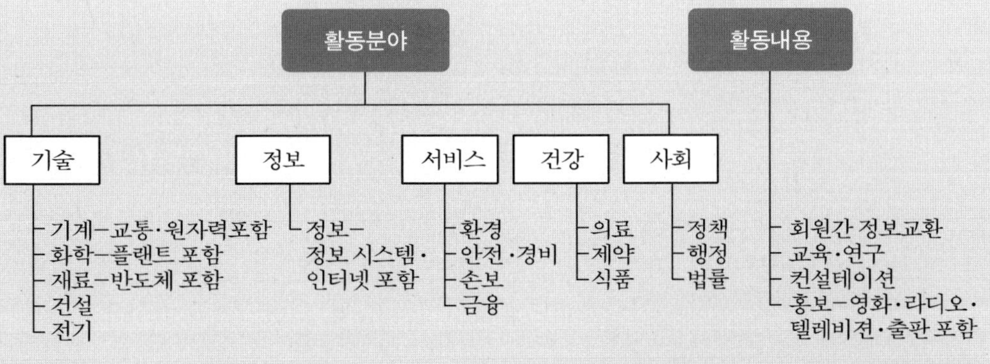

※ 홈페이지 : http://www.shippai.org/

[그림 2.44] NPO(특정비영리활동법인) 실패학회의 활동

또 실패학회에서는『실패연감』이라고 하여 실패사례를 모은 책을 만들고 있다. 회원이 되면 실패학회의 홈페이지(http://www.shippai.org/)에서 읽어볼 수 있다.『실패연감』작성을 위해서 필자는「니혼게이자이(일본경제)신문」과「마이니치(매일)신문」의 기사 1년분을 모두 읽고 실패에 관한 기사는 발췌, 스크랩하고 있다. 1주일분 기사를 읽기 위해서는 1시간이 걸리므로 연중 52시간을 신문 읽는 데 사용하고 있는 것이다. 데이터베이스화 한 것을 보면서 약 10개의 실패를 채택하여 주된 실패가 무엇이었는지를 후에 봐도 알 수 있도록 하려고 10년 계획으로 작업을 실행하고 있다.

실패학회에서는 기술경영 프로그램의 개발도 시도하고 있다. 이것은 실패경험의 전달과 활용에 매우 효과적인 프로그램이 되고 있다. [그림 2.45]는 2003년에 행했던 실험을 그림으로 나타낸 것이다. 회원 1명씩이 학회에서 듣고, 대화나 의논했던 것을 자기 회사나 그룹으로 돌아가서 스스로 교육담당이 되어 전하는 것이다. 이 활동을 실제로 시행해 보면 실패에 관한 지식이 넓어질 뿐만 아니라 교육담당인 회원은 "다른 사람에게 전한다"는 작정으로 학회에서의 이야기를 듣고, 논의하게 되므로 본인 자신의 지식 흡수도가 높이 올라가는 것이다. 이와 같은 실험을 통해 실패를 전해가는 하나의 방법으로 대단히 유효하다는 것을 알게 되었다.

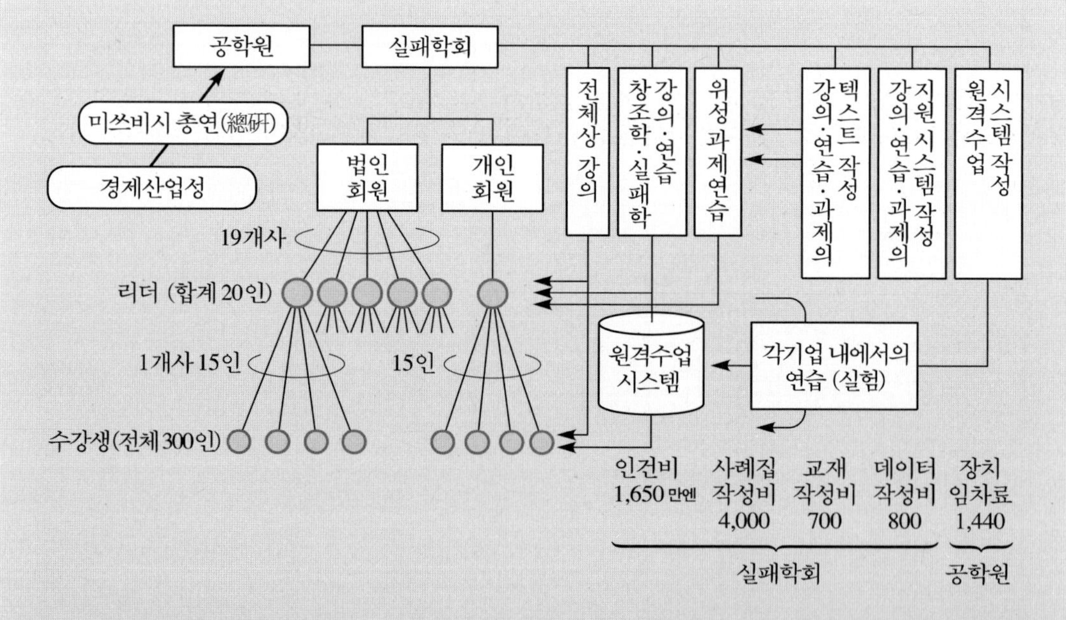

[그림 2.45] 기술경영 프로그램의 개발

본 장의 모두(冒頭)에서도 썼다시피 필자는 실패학을 시작하려고 시작한 것이 아니다. 세계 어디에도 없는 것을 제로에서부터 만들어 내는 것, 즉 창조(크리에이션)를 하면 어떻게 하든 실패라는 것이 수반된다. 무언가를 창조하겠다고 한다면 실패와 마주하지 않을 수 없다. 그것을 깨달았기 때문에 실패학이 시작된 것이다.

따라서 필자에 의해 실패학은 세상 사람이 이해하도록 한 "실패를 막기 위한 것"이라기보다는 다음 장에서 설명할 **창조학**과 불가분의 일부가 되는 것이다. 그 의미로서는 창조학이 주(主), 실패학이 종(縱)이다. 본서에서는 독자에게 친숙함을 고려하여 실패학을 먼저 설명하기로 한 것이다. 그러나 필자 마음속으로는 사실 창조학이 먼저이고 실패학이 나중이다.

갈 데까지 가보고, 철저하게 고려하여 자기로서는 가장 좋다고 생각하는 것을 실행해도, 그래도 아직 실패라는 것은 일어난다. 그러나 그것을 참는 것이 아니라 초월하여 "실패란 필요한 것인가"라고 생각할 때 비로소 차차 진행해 갈 수 있다. 그리고 진행해 가면서 한 번 더 실패를 되돌아보아 같은 우를 반복하지 않는 길을 만드는 것이다. 이것이, 창조에의 길도 되는 것이다.

첨기

「세상에는 "허용되는 실패"와 "허용되지 않는 실패"가 있다」고 필자가 말하면, 「사람이 죽어 가고 있는데 그런 말을 하는 것은 분별이 없다」고 말하며 심하게 화를 내는 사람이 있다. 필자는, 그런 말을 하는 사람이 매우 마음에 들지 않는다. 그런 사람에게는, "당신은 실패하는 것을 두려워하여 실패를 피하려고만 생각하는 것 아닙니까?"라고 묻고 싶다. 실패를 그런 눈으로밖에 보지 못하는 사람은 언제까지나 실패를 없앨 수 없다. 그리고 아무것도 새로운 것은 만들어내지 못하는 것이다.

CHAPTER

03

창조학 개론

CHAPTER

03

창조학 개론

앞의 제2장에서는 실패학 얘기를 했는데 이 장에서는 「창조학 개론」이라는 제목으로 창조학 얘기를 하려고 한다. 「창조학」이란 지금까지 전례(前例)가 없었던 것, 누구도 본 적이 없는 것을 제로에서부터 만들어 새롭게 창출해 가기 위한 학문이다. 여기서 다루는 창조학은 다음과 같이 5개 항목으로 나누고 있다.

1) 기술의 획득
2) 설계순서와 설계자의 머릿속
3) 창조설계 원리
4) 설계능력 고양
5) 창조적 설계 지원

이 장에서는 이 5가지 요소를 차례대로 설명해 간다. 이들 각 요소는, 필자가 동경대학에서 학생이나 여러 사람들을 대상으로 가르치고 있었을 때 시행착오도 하고 연구도 하고 토론도 하던 중에 표출되었던 내용이다.

세상에는 필자를 가리켜 「실패학의 대가」라는 사람들이 있다. 그렇게도 볼 수 있지만 정작 본인인 나로서는 조금밖에 감이 오지 않는다. 왜일까. 필자가 정말 하고 싶은 것은 "창조(creation)"이기 때문이다. 제2장의 서두(冒頭)에서나 마지막 부분에서도 조금 언급한 바와 같이 필자는 실패학을 시작하려고 시작한 게 아니다. 「실패학」은 필자가 사람들로부터 의뢰받기도 하고 사람들에게 요청하기도 하는 중에 자연스럽게 만들어진 것이다. 그리고 그와 같이 실패학이 시작된 것은 모두 본 장에서 지금부터 설명하려고 하는 창조학을 위한 것이다. 실패란 무엇인가, 실패를 막으려면 무엇이 필요한가, 실패를 살리려면 어떻게 하는 것이 좋은가. 필자는 이런 것들을 연구하는 한편 언제나 아무것도 없는 곳, 제로로부터 만들어내기 위한 방법론이나 사고방식을 향해 탐구하고 있었던 것이다. 그렇게 하여 찾아낸 그 방법론과 사고방식이 바로 여기에 나타내고 있는 「창조학」이다.

3.1 기술의 획득

첫째로 「기술의 획득」에 관해 얘기해 보자.

제2장의 「실패학개론」에서도 설명했지만 인간은 무언가 새로운 것에 도전하여 행동하면 그 결과는 거의 실패이다. 그러나 인간 행동의 결과가 모두 언제나 실패인가 하면 반드시 그렇지는 않다. 무언가를 목표로 하고, 무언가에 도달하려고 열심히 노력을 하면 확실히 성공하는 일이 많다. 그 때 인간은 매우 커다란 성취감을 얻을 것이다. 그리고 그 위에 더욱 노력하고 도전하며 행동할 것이다.

그럼 성공이란 무엇이라는 말일까. 왜 성공하는 것일까. 여기서 제2장에서 설명한 「하인리히의 법칙」을 생각해 내 보자. 새로운 일에 도전했을 때 마침 성공할 확률은 「천에 삼, 즉 3/1,000」이다. 거꾸로 말하면 완전히 새로운 일에 1,000번 도전했을 때 997번 실패이다. 단 3번 밖에 성공하지 못한다는 것이다. 그런데 성공할 확률은 보통의 생활경험에서는 훨씬 높다. 3번뿐일까. 30번도, 300번도 성공하는 사람이 있는 것이다. 왜 그럴까.

여기서 [그림 3.1]을 보기 바란다. 이 그림은 2장에서 한 번 보았던 그림에 성공으로 가는 코스를 덧붙인 것이다. 사람은 자기가 과거에 야기한 실패로부터 배운 것이나 잘 되었던 경험 등을 토대로 하고, 한편으로는 다른 사람이 잘 되었던 방식, 그렇지 못했던 실패를 확실히 알아 자기의 실패를 멋지게 피함으로써 잘 되는 방향을 찾아간다. 본인은 새로운 일에 도전할 계획이 있어도 실은 그때까지의 경험이나 다른 사람의 생각을 토대로 하여 자기 나름의 사고를 만들어 그에 따라 행동을 했기 때문에 바로 성공하는 것이다.

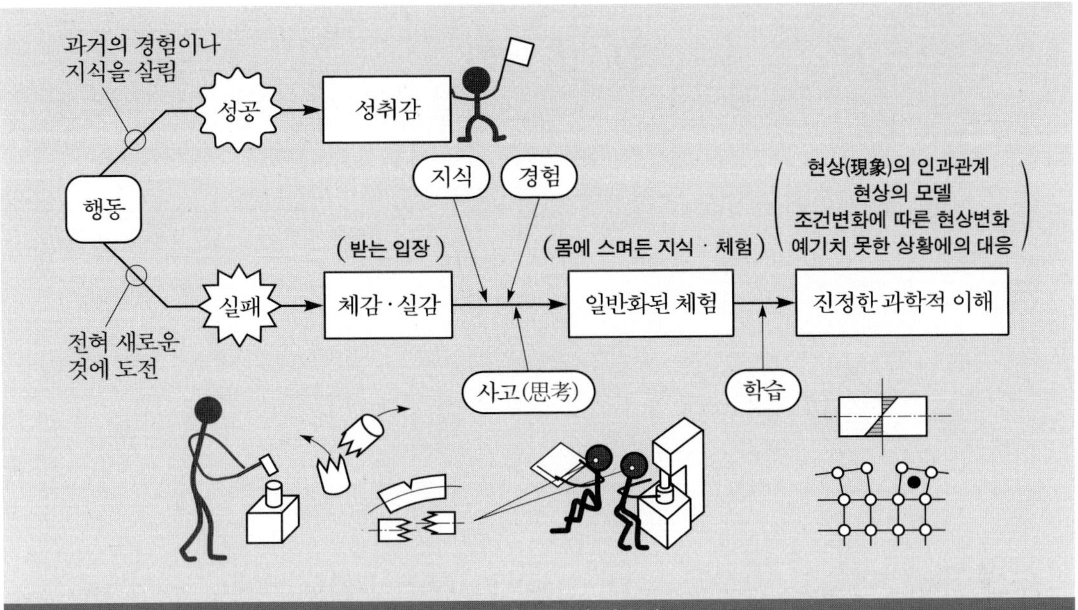

[그림 3.1] 행동의 필요성

한편 이런 직접성공과는 달리 실패를 살려 성공에 이르는 길도 있다. 2장에서는 거기에 필요한 동작을「진정한 과학적 이해」라는 말로 설명하였다. 사람은「진정한 과학적 이해」에 도달했을 때 확실히 성공하는 것이다. 왜 그럴까. 성공하는 기술을 획득했기 때문이다.

그런데 그「진정한 과학적 이해」에 도달하려면 어떻게 하는 것이 좋을까. 거기에는 중요한 조건이 있다. 행동하는 것이다. 과거에 있었던 잘못된 일, 잘된 일을 모두 알아 그 지식을 자기 행동 안에 적절히 적용하여 실제로 움직였을 때 사람은 성공하는 것이다. 아무것도 보지 않고, 아무것도 생각하지 않고, 아무것도 하지 않고 성공하는 경우는 없다. 어쩌다 성공하는 경우가 있다 해도 그런 성공은 단순한 우연으로, 그 임계일 뿐이다.

뭔가 새로운 것을 획득하거나, 그때까지 확실히 알지 못했던 것을 배울 때에는 자기의 행동을 기준으로 하여 생각해서는 안 된다. 예를 들어 고등학교나 대학에서 진행되는「실험」으로 생각해 보자. 도대체 실험이란 무엇일까. 스스로 몸을 움직여 눈앞에서 일어나고 있는 현상을 자기 눈으로 관찰하고 측정하며 그 현상 안에 있는 법칙성을 발견한다. 이것이 실험이다. 선생님이 말해주거나 칠판에 써주거나 하는 것만으로는 진짜 지식은 몸에 익혀지지 않는다. 왜 그럴까. 학교에서 가르치는 것은 모든

[그림 3.2] "산업실습" 광경(1)

코스가 딱 들어맞게 정해져 있어 결국에는 반드시 잘 되도록 꾸며져 있기 때문이다. 잘 안될 것은 시키지 않는 것이다.

그러나 진짜 지식이란 스스로 행동을 하여야 비로소 획득할 수 있는 것이다. 잘못 되는 것도 포함하여 어쨌든 스스로 도전, 행동해서 체득하는 것이다. 기술의 획득이라는 문제도 아주 똑같다. 진짜 기술이란 스스로 행동을 하여 「진정한 과학적 이해」를 얻음으로써 획득할 수 있는 것이다.

그럼 여기서, 필자가 동경대학에서 10년간 했었던 "산업실습"이라는 강의를 실례(實例)로 하여 기술의 획득에는 행동이 필요하다는 것을 이해해 보자.

"산업실습"이라는 강의 중 필자가 담당한 「건설기계를 만지다」는 건설기계를 만들고 있는 히다찌(日立)건설기계와 고마쓰(小松)제작소의 협력 하에 여름방학 2주일 동안 쓰치우라(土浦)시와 고마쓰(小松)시에 숙박하면서 이루어진 강의이다. [그림 3.2]를 보기 바란다. 그림의 사진과 같이 이 실습에서는 학생들 모두 실제의 건설기계를 직접 만지고 움직여보게 하였다.

학생들에게는 실습 시작 시에 「건설기계를 만져보라. 마지막에 장래의 건설기계는 어떤 것이 있어야할지를 한 사람씩 생각하여 프리젠테이션을 하라」고 과제를 부여한다. 먼저 최소한의 안전교육을 시키고 그대로 실제 건설기계에 학생을 태워버린다.

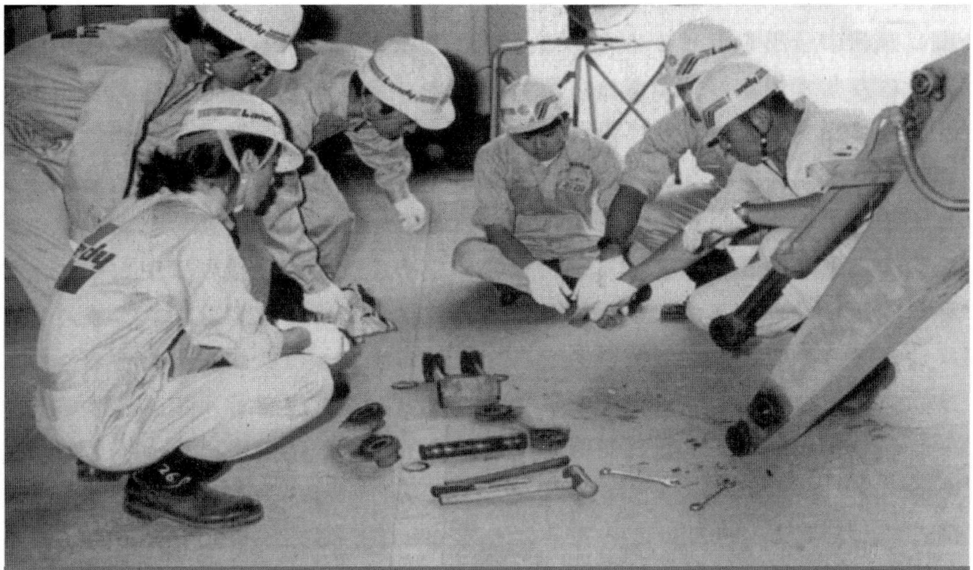

[그림 3.3] "산업실습" 광경(2)

건설기계에 직접 타서 직접 운전하라. 기계를 써서 무엇을 만들지, 어떻게 할지도 전부 직접 생각하여 무엇이든 하라. 이와 같이 직접과제는 모두 각자가 생각하도록 하여 실습을 하였던 것이다.

그렇게 하면 처음에 학생들은 당황한다. 구체적인 과제가 제시되지 않기 때문에 「어떤 것을 하는 것이 좋습니까?」라고 묻게 된다. 그러나 그건 학생 스스로가 생각해야 하는 것이다. 필자는 「장래의 건설기계로 어떤 것이 있어야 할지의 답이 나오면 좋다」고 밖에 말하지 않는다. 그러면 학생들은 어떻게 할까. 무엇을 어떻게 해야 좋을지 모르기 때문에 무작정 건설기계에 올라타게 된다. 필자도 「괜찮으니까 하루 종일 타서 움직여보라」고 말한다. 학생은 첫 경험이므로 긴장하지만 곧 여러 가지의 것들을 알아가게 되는 것이다. 그것도 그럴 것이 사고가 일어나지 않을 정도밖에 교육시키지 않은 것이다. 기계 계통의 학과에 진학했기 때문에 많든 적든 모든 기계장난을 좋아한다. 기계란 어떤 식으로 이루어져 있을까. 기계란 어떤 식으로 작동할까. 무엇을 하면 좋고 무엇을 하면 나쁘다고 말한 것을, 기계를 움직여가는 동안에 알아가게 되는 것이다.

이와 같이 학생이 진심으로 알고 싶어 하는 상태에 이르게 되었기 때문에 이번에는 기계의 분해를 시킨다. [그림 3.3]은 굴삭기의 앞부분을 분해하고 있는 모습이다. 구동부분이나 보다 정밀한 유압 컨트롤밸브를 모두 분해시켜 본다. 그리고 한 사람씩 분해시키면서 이번에는 거꾸로 조립해 보도록 지시한다. 또한 조립이 끝나면 그것을 운전하여 작동하도록 한다. 확실히 분해하고 원래대로 조립되지 않으면 기계는 결코 움직이지 않는 것이다. 움직이지 않으면 어째서 움직이지 않는지를 생각한다. 자기 혼자 생각하여 또 조립해 본다. 잘 작동되면 무엇이 잘못되었는지를 납득할 수 있다. 왜 잘못되었는지를 이해할 수 있다. 이와 같이 누군가에게 배우지 않고 자기 혼자 생각하고 자기 몸을 움직여 조작을 하면 기계의 구조가 몽땅 머릿속으로 자연히 들어와 버리는 것이다.

구조를 알게 되면 이번에는 어떻게 만들어지는 건지를 알고 싶게 된다. 그런 상태로 학생들을 이끌어 간 후에 공장 견학에 따라가게 하는 것이다. 그렇게 하면 이해의 레벨이 완전히 달라져 있기 때문에 눈으로 들어오는 모든 것을 흡수해 버리게 되는 것이다. 어떤 문제의식도 호기심도 없이 공장을 견학하게 하면, 보여도 보지 않고 아무것도 이해할 수 없는 것이다.

그런 후에 마지막으로 장래의 건설기계가 어떤 것이 있어야 할지에 관해 각자의 생각을 발표한다. 모두 발표를 마치면 몇 사람씩 그룹을 만들어 「이런 형태의 건설기계가 요구되고 있다」, 「이런 건설기계가 있으면 재미있겠다」 등의 프리젠테이션을 한다. 이 프리젠테이션에는 히다찌 건기(建機)에서도, 고마쓰 제작소에서도 개발 책임자가 와주고 필자도 지도교관으로 참가하여 1일 동안 토론을 한다.

이상과 같은 실습을 2주간 철저히 행하는 것이 필자의 "산업실습"이라는 강의였다. 실습이 종료될 때까지 학생 한 사람 한 사람은 물건을 보는 관점이 극적으로 변하고 있다. 따라서 받아들이는 정도가 보통의 강의와는 현격한 차이가 있는 것이다.

이 "산업실습"이라는 강의에서 필자가 가장 중요하다고 생각했던 것은, **인간은 행동하면 머릿속에 확실하게 생각이 완성되어 갈 수 있다**는 것이다. 필자가 손을 빌려준 것은 학생이 「하고 싶은 상태」가 되도록 하는 데까지이다. 그 뒤에는 모두 학생들이 스스로 행동하여 자기 머릿속에 자기의 지식을 구축해 간다. 뭔가를 가르치고, 시험으로 겁을 주어 생각을 시키며 결과는 채점하여 평가하는 강의와는 전혀 다른 것이다.

사회에 나가 회사에서 일하게 되면 각자가 자기 머리로 생각하여 결정하기보다 집단으로 의논을 해서 합의로 결정하는 것에 길들여져 버린다. 필자는 그런 방식은 틀렸다고 생각한다. 우선 「개인의 독립」이 있고, 그 다음에 집단이 있는 것이다. 필자의 "산업실습"에서는 「우선 한 사람씩 생각하라. 그 위에 그룹으로 의논하라」고 집요하게 지시를 내렸다. 지금의 일본에서 가장 중요한 것, 요구되고 있는 것은 개인의 독립이기 때문이다.

첨기

개인의 「독립」과 개인의 「고립」은 다름에 주의하기 바란다. 개인이 개인 그대로 있으면 "개인의 고립"이다. 인간은 개인이 모여 집단이 될 때 비로소 본래 의미인 「인간(人間)」이라 불리는 것이다. 그리고 이 경우의 「개인」이란 완전히 독립된 개인이어야 할 것이 필수이다.

3.2 설계순서와 설계자의 머릿속

(1) 기계설계 시 일의 흐름

[그림 3.4]는 기계설계 시 일의 흐름을 적어 놓은 것이다. 지금까지 없었던 기계를 새롭게 개발, 시제품 및 상품을 만들어 갈 때 행하는 설계는 CAD로 도면을 그리는 것만으로 가능하지는 않다. 이 그림과 같이 몇 단계에 걸친 공정을 따라갈 필요가 있는 것이다.

이제부터는 [그림 3.4]를 보면서 읽기로 하자.

우선 최초로 전체도면을 구성한다. 「어떤 물건을 · 어느 정도 · 어떻게 만들까」를 고려하여 만들려고 하는 물건이나, 만들기 위한 활동내용 전체를 결정하는 것이다. 이것이 **전체기획**이다.

그 다음으로 **설계기획**을 행한다. 결국 설계의 내용이나 설계활동의 내용을 결정하는 것이다. 그리고 여기부터 본래의 설계 작업이 시작된다.

우선은 설계자 한 사람씩이 머릿속에 떠오른 생각을 **밑그림**이라는 그림으로 묘사하면서 발전시켜 간다. 밑그림 단계에서는 설계자의 머릿속에서 떠오른 생각은 매우 막연할 뿐 아니라 모순을 포함하고 있다. 또한 실제의 기계가 될 것이라고는 생각도 하지 않는다.

다음 단계인 **계획도**는 확실한 그림을 그리면서 생각을 구체화해 가는 공정이다. 이것을 몇 번이나 되풀이하여 생각을 구체화해 가서 **최종계획도**를 그린다. **최종계획도는 만들고자 하는 물건에 관한 모든 정보를 나타내 보이는 그림이다.** 매우 세밀한 것까지 전부

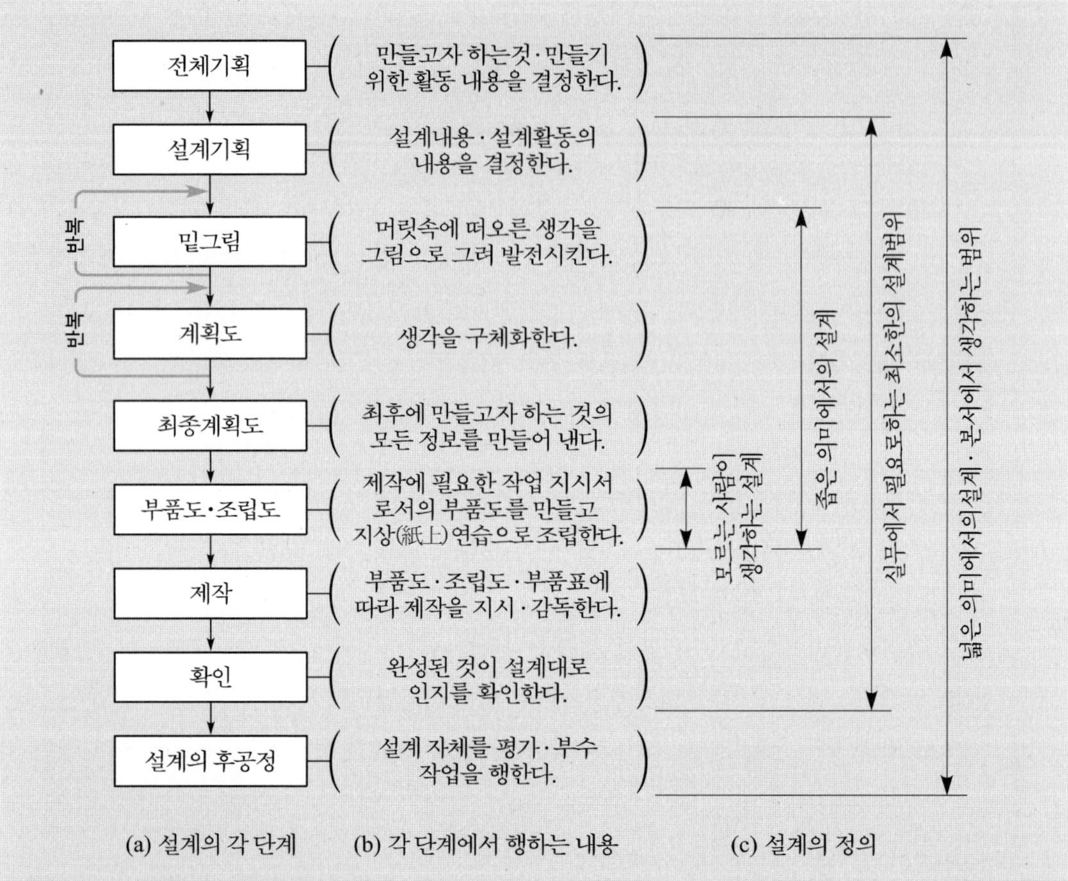

[그림 3.4] 기계설계 시 일의 흐름

써넣기 때문에 보는 일이 아주 복잡하여 한숨이 나올만한 도면이다. 그림, 숫자, 문자 등 여러 가지 표현법을 전부 사용하여 나타내게 된다. 그것만으로 기업의 설계 등에서는 혹시라도 계획도가 외부로 새어나가는 것 같은 일이 있으면 중요한 지식을 갖고 가는 것이 된다. 따라서 계획도는 외부인에게 절대 보여주지 않는다. 계획도란 그만큼 중요한 것이다. 본질적인 설계 작업은 이 단계에서 마무리된다.

첨기

따라서 진정한 설계를 한 적이 없는 대학교수 등 중에는 이 그림의 존재 자체를 알지 못하는 사람도 많다. 그리고 그런 사람이 설계를 가르치기 때문에 아무것도 안 되는 것이다. 왜냐하면 스키를 타 보지도 않은 사람이 스키 타는 법을 가르치는 꼴이기 때문이다.

다음으로 최종계획도로부터 부품도를 만드는 단계로 들어선다. 최종계획도 안에서 하나의 부품을 만들기 위해 필요한 정보를 모두 추출하여 표기하는 것이다. 부품도는 1개의 부품에 대해 1매씩(이를 「1품1도」라 한다)의 도면으로 그린다. 혹시 만족스러운 부품도를 그릴 수 없을 경우에는 최종계획도에 필요 정보가 없기 때문이다. 이럴 때는 최종계획도에 누락되어 있는 정보를 결정・기입한다.

제작에 필요한 작업지시서로서의 부품도를 작성했으면 이제는 지상(紙上)연습으로서의 조립도를 그린다. 이 단계에서는 실제 부품은 아직 만들 수 없다. 그래서 지상에 묘사된 부품 정보로부터 정말로 조립될 수 있을지를 검토하면서 지상에서 조립 작업의 가상연습을 하는 것이다. 조립도에는 계획도 안에서 정한 수치법 등의 내용과 부품도로 옮겨질 때의 실수, 부품도 안의 그림과 표기법의 잘못 등이 자동으로 현재화(顯在化)됨으로써 잘못된 부분을 발견할 수 있게 된다. 실제 제작에 들어가기 전에 설계내용을 확인할 수 있는 중요한 단계이다. 이와 같이, 계획한 상세한 부분을 모두 성해 제작에 필요한 정보를 최종계획도로부터 추출하여 부품도를 만들어 가상적인 조립을 한 「앙금」 또는 「조각」으로서의 그림이 조립도이다. 조립도 그리기를 마친 후에 「제작」, 「확인」, 「설계의 후공정」이 이어지게 된다.

첨기

그런데 이와 같은 공정을 거치지 않고 설계를 하고 있으면서 「우리들은 확실히 설계를 하고 있다」 고 주장하는 메이커가 있다. 그러나 그런 메이커에는 대개 최종계획도는 존재하지 않고, 조립도와 부품도가 제작과 직렬로 연결되어 있다. 또, 조립도에 의한 지상연습 없이 설계하는 것이 기업문화가 되고 있는 업계도 있다. 이런 업계에서는 계획도를 그리지 않은 채로 부품도나 조립도를 바로 그려서 제작해도 된다고 생각하고 있다. 설혹 계획도가 있다고 해도 그것은 특정 직원의 머릿속에만 있다. 그러므로 그 직원이 없으면 다른 사람은 전혀 따라갈 수 없는 것이다. 이런 문제를 예방하기 위해서는 「속(裏)도면」을 작성하는 수밖에 없다. 속도면에 관해서는 3.4절(8)에서 상세하게 설명하기로 한다.

그래서 설계 작업 중에서 가장 중요한 것은 계획도의 작성이다. 계획도에는 만들고자 하는 물건에 관한 모든 정보가 들어있지 않으면 안 된다. 이 경우의 「모든」이란 설계자의 머릿속에서 떠오른 것도 포함한 전부이다. 계획도 안에는 설계자의 생각 전부도 구체적으로 표출하여 넣어야 한다. 설계자의 머릿속에 떠오른 생각은 모두 눈으로 보이는 형태로 표출시켜 놓지 않으면 암묵적인 이해(불문율)가 되기 때문이다.

설계에 있어서 불문율은 요주의 사항이다. 「자기는 알고 있다」고 생각하고 있는 사람들 사이에서는 생각 전부가 묘사되지 않은 설계도라 해도 그림을 보지 않고 모두 단박에 알기 때문에 잘 되어간다. 그러나 무작정의 이해는 상황을 전혀 알지 못하거나, 다른 회사로부터 들어왔거나, 그 설계에 관한 시기가 조금 벗어나 있거나, 다른 장소에 가져가거나 하게 되면 그 의미가 도무지 통하지 않게 된다. 불문율을 남겨둔 채로 제작을 하면 생각하고 있었던 것과는 전혀 다른 것이 만들어져 반드시 트러블을 일으키게 되는 것이다.

첨기

특히 CAD에 의한 설계에서는 속에 있는 생각이 표출되지 않기 때문에 주의가 필요하다. 이 장의 끝부분인 3.5절에서는 「설계지원시스템이 있어야 하는 상태」에 관하여 고찰하고 있는데, 설계자의 머릿속과 CAD시스템을 연결시킬 필요가 있다는 것이다.

그런데 실은 조립도의 단계까지로 물건을 만드는 일의 시뮬레이션은 모두 이루어지고 있다.

- 필요한 정보가 전부 표출되어 있을 것
- 정보와 정보 간에 모순이 없을 것
- 설계자의 생각이 실현 가능할 것

의 검증이 모두 이루어지고 있는 것이다. 그리고 이 3가지가 검증되었을 때에야 겨우 제작에 착수하는 것이다. 물론 부품도나 조립도 외에 부품표나 작업지시서 등이 나와 있는데 그것도 포함하여 어쨌든 제작을 시작하는 것이다.

이 단계에 이르면 설계부서의 사람은 지시와 감독을 행한다. 완성된 물건이 설계대로인지를 확인하고, 형태만이 아니라 필요한 성능을 갖고 있는지를 확인하며 그 밖에 필요한 확인동작을 하게 된다.

그리고 마지막으로 설계의 후공정을 행한다. 설계자체를 평가하고 설계에 수반되는 다양한 작업, 예를 들어 취급설명서를 만드는 일과 특허조치, 대외 발표 등을 행한다.

이상과 같이 설계는 제로에서 시작하여 물건을 만들어 내는, 넓은 영역의 활동을 가리킨다. 그런데 설계를 부품도와 조립도, 결국은 그림을 그리는 것이라고 생가하고 있는 사람이 많다. 특히 실제로 설계를 한 일이 없는 대학교수 중에 그런 얄팍한 생각으로 굳어 있는 사람이 많다. 그래서「조립도를 그려 부품도를 그리는 것이라」는 등 거꾸로 가르치기도 하고,「설계 같은 것은 계산하면 된다. 따라서 설계계산이 제일 중요하다」,「설계란 JIS나 ISO의 규격에 따라 행하는 것이다」 등으로 가르치는 것이다. 그 대부분은 사소한 일이며 제약조건을 어떻게 쉽게 빠져나가는가 하는 것일 뿐이다. 이와 같은 설계를「시늉설계」라고 한다.

한편 실제의 설계를 알고 있는 사람 중에도 좁은 의미에서「설계」라는 말을 사용할 때는 밑그림에서 조립도까지 만을 가리키는 경우가 있다. 그러나 실무에서 필요로 하는 실제의 설계에서는 적어도 설계기획에서부터 확인까지를 최소한 행하여야 한다. 덧붙이자면 전체기획에서부터 후공정까지의 전 공정을 확실히 이해하고 실제로 자기가 행할 수 있으며 또한 사람을 지도할 수 있어야만 진정한 설계자라고 할 수 있는 것이다.

(2) 설계자의 머릿속

다음으로, 설계하는 과정에서 설계자의 머릿속은 어떻게 움직이고 있는지를 설명해 보자. 그 모양을 그림으로 나타내 본 것이 [그림 3.5]이다. 밑그림 단계, 계획도 단계의 각각을 몇 번이나 몇 번이나 빙빙 돌며 검토하면서 진행해 간다. 그리고 최종계획

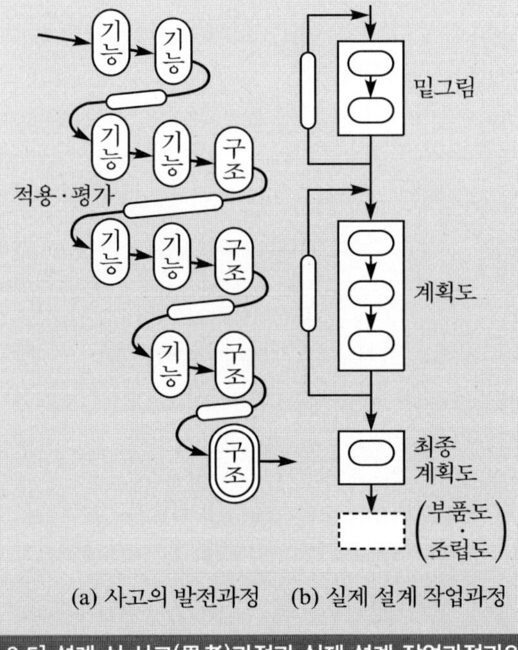

[그림 3.5] 설계 시 사고(思考)과정과 실제 설계 작업과정과의 대응

도를 그려간다.

순서대로 보도록 하자. 먼저 시작하는 밑그림 단계에서 설계자는 무엇을 생각하고 있을까. 크기, 무게, 가공법 등은 그다지 생각하지 않고,

- 어떤 기능(동작)이 요구되는가?
- 그것을 실현하는 기구(원리, 기본구조)는 어떻게 할까?

를 생각하고 있는 것이다. 그림의 (a)에 나타낸 바와 같이 설계자의 머릿속에는 이런 것들을 몇 번이나 몇 번이나 빙빙돌며 검토하면서 **기능 → 기구 → 구조, 기능 → 기구 → 구조, …** 하는 식으로 되풀이하며 생각해가는 것이다.

그리고 계획도의 단계에 가면 이번에는 점차 실제의 물건에 적용시켜보기도 하고, 실현하는 방향으로 점점 생각을 진행해간다. 결국 적용과 평가를 하면서 여기서도 또 똑같이 기능 → 기구 → 구조로 생각해가는 것이다.

이렇게 하여 차차 사고를 발전시켜 가서 최종적으로 계획도가 완성될 때가 되면 기능 부분은 이미 조건을 충분히 만족하고 있다. 그러면 기구와 구조의 적합성(가격, 제작 난이도, 제작 속도) 등을 고려하게 되고 최후에는 구조만을 고려하여 결정하게 된다.

(3) 설계에 있어서 사고의 기본과정

그런데 지금 설명한「기능 → 기구 → 구조」는 설계에 있어서 사고의 기본과정을 이루고 있다. 즉, 설계자의 머릿속에 떠오르는 사고는 모두「기능 → 기구 → 구조」를 기본과정으로 하여 전개·진전하여 가는 것이다. 그리고 이 사고과정에서는 어느 단계에서도 이미 선택·결정이라는 것이 관련되어 있는 것이다.

그럼 설계에 있어서는 기본적으로 무엇과 무엇을 결정하고 있는 것일까. [그림 3.6]을 보기 바란다. 우선은 **요구기능**을 처음에 확실히 정하고 있다. 그리고 그 요구기능을 분석·분해하면 거기에 따르는 **제약조건**이 명확해진다. 요구기능을 정하고 제약조건을 명확히 하면 **기능**을 얻는다. 다음에 그것을 실현하는 수단으로서의 **기구**를 결정한다. 기능을 실현시킬 수 있는 많은 기구 후보 중에서 제약조건을 만족하는 최적의 것을 선택·결정하는 것이다. 이 "선택·결정"을 다른 말로 표현한 것이「사상(寫像)」이다. 결국 기능이라는 "형태가 없는 것"에서 기구라는 "형태가 있는 것"으로 대응하도록 하는 의미이다. 그렇게 기구를 결정하면 이제는 그것을 전개·종합하여 마지막으로 **구조**가 되게 하는 것이다.

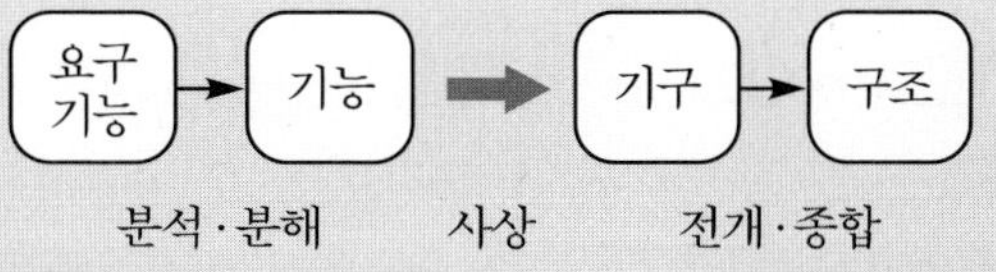

[그림 3.6] 창조적 설계에서의 사고전개

이상의 기본과정은 실제 설계에서는

1) 전체로서의 기능을, 그것을 실현하기 위한 요소기능으로 분석 · 분해한다
2) 1개씩의 요소기능을 1개씩의 기구에 선택 · 결정한다(사상한다)
3) 1개씩의 기구를 전개하여 단위구조로 한다
4) 단위구조로 완성된 것을 종합하여 전체구조로 한다

는 방식으로 진행되어간다. 창조적인 설계는 이런 진행방식을 한다는 사고방식을 창조설계원리라고 한다. 지세히게는 3.3절에서 설명히기로 히지.

(4) 선택 · 결정이란 무엇인가

그런데 선택 · 결정이라는 동작은 설계에 있어서 매우 중요한 동작이다. 이것은 정말로 중요한 것이기 때문에 잠시 옆길로 새는 것이지만 자세히 설명해 두기로 한다.

선택 · 결정은 왜 중요할까. 그것은 「설계에 있어서 사고의 기본과정」에서는 어느 단계에서도 이미 선택 · 결정이라는 동작이 관련되어 있기 때문이다. 「선택 · 결정이 없는 설계는 설계가 아니다」라고 말해도 과언은 아닌 것이다.

여기서 [그림 3.7]을 보기 바란다. 이것은 기능에서 기구로 넘어갈 때의 선택 · 결정 과정을 표현한 그림이다. [그림 3.6]을 보면 기능에서 기구로의 선택 · 결정은 마치 1개 도

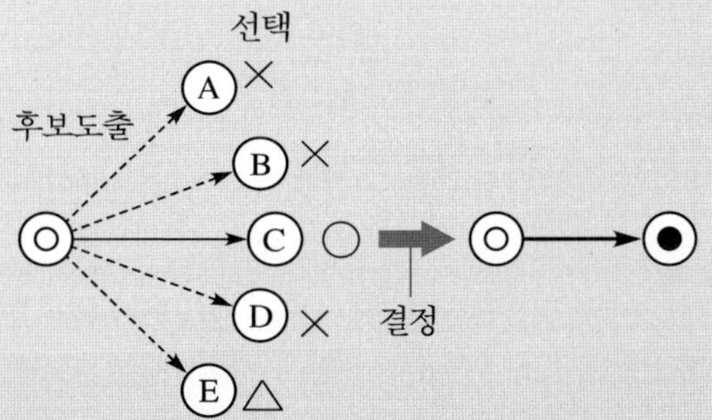

[그림 3.7] 기능요소의 후보도출과 선택 · 결정

로를 헤매지 않고 똑바로 달리는 것과 같이 보일 것이다. 그러나 실제로는 그렇지 않다.

선택・결정은 기능을 기원으로 하여 생각할 수 있는 기구요소(기구의 후보)를 모두 끄집어내는 것에서부터 시작된다. 각 요소는 질적으로도 다르고, 양적으로도 다른 것이지만 어떤 것도 기구로 성립된다는 의미에서는 서로 등가(等價)인 것이다.

그러나 어느 것도 등가라면 선택・결정은 할 수 없다. 그래서 기구요소를 끄집어내면서 이번에는 이것들을 「중요도」나 「가능성」이라는 관점에서 비중을 부여한다. 예를 들면 요소A는 30, 요소B는 20, 요소C는 60, 요소D는 25, 요소E는 50 등으로 하는 것이다. 그런 다음에 각 요소의 중요도, 가능성에 대응하여 「개연성(蓋然性)」을 할당하도록 동작을 진행한다. 여기까지를 먼저 행하고 나서 실제의 선택・결정을 시작하는 것이다.

첨기

여기서 말하는 「중요도」는 사회적인 중요도나 고객에 의한 중요도 등 가능한 한 객관적인 척도로 하는 것이 중요하다. 선택・결정은 때로 비합리적으로 주관적인 것이 된다. 그것은 어떤 의미, 방법이 없는 것이다. 그러나 비중 부여는 반드시 객관적이고도 합리적인 것이 되어야 한다.

더욱 간결하게 말하면 선택・결정이란, 다음에 무엇이 있을까, 다음은 어떻게 할까라는 요소가 몇 개인지 있을 때 각 요소의 중요도나 가능성에 대응하여 할당한 개연성을 판단재료로 하여 1개의 요소만을 선출하여 실행하도록 하는 동작이다.

다만, 실제는 이렇게 말하는 만큼 깔끔하지는 않다. 선택・결정이라는 동작은 합리성만으로는 설명되지 않는 것이다. 예를 들어 보통으로 생각하면 중요도나 가능성이 가장 큰 구성요소를 골라 기구로 정하는 것이 합리적이고 무난할 것이다. 물론 그렇게 생각하고 기구를 정하는 일이 많고, 그렇게 하는 것이 대부분의 경우 좋은 결과를 낳는다. 그러나 그 사람의 생활방식의 주장, 기호, 과거의 경험, 감이라는 것을 기원으로 하여 「나는 60이 아니라 25의 요소를 고른다」고 선택・결정을 굳이 하는 경우도 있기 때문이다. 그만큼 선택・결정이란 보통 방법으로는 안 되는 동작인 것이다.

첨기

매우 흥미로운 사례가 있다. 구로베강(黑部川) 제4발전소(구로베댐) 건설을 맡았던 간사이(關西) 전력 사장 오오타가 키시로(太田垣士郞)의 결단과 실행이다. 99% 안전하다고 알고 있는 일이라면 누구라도 할 수 있다. 충분히 합리적으로 생각하고, 안전을 최대한으로 추구하는 것은 당연하나 예를 들어 20%, 30%의 위험이 남아 있어도 사회가 정말로 필요로 한다면 그 요구에 부응하지 않으면 안 될 때가 있다. 그것이 진짜 사업이고, 경영이다. 오오타가 사장은 그와 같이 생각하여 대단히 어려운 공사라고 예상한 일본 최대의 수력발전소 건설을 과감하게 결단한 것이다.

그런데 재미있는 것은 선택・결정을 한 후이다. 여기서 [그림 3.8]을 보기 바란다. 이것은 선택・결정의 동작을 개연성 변화에 따라 표현한 그림이다. 각 요소의 개연성은 선택・결정의 전 후에서 변화하는 것이다.

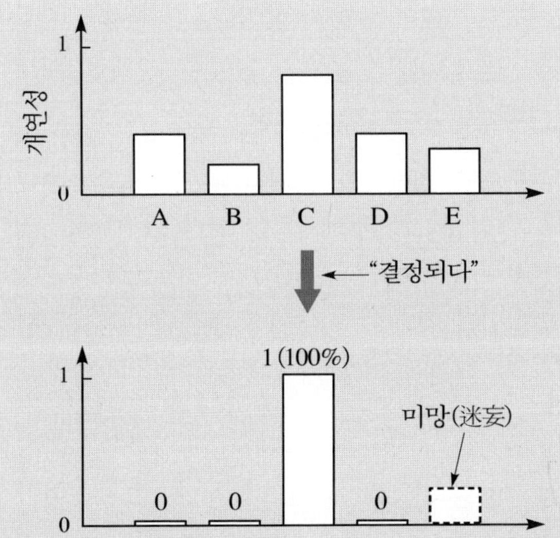

[그림 3.8] 선택・결정 – 개연성 변화에 따른 표현

선택・결정을 하기 전은 상부 그래프와 같이 각 요소에는 각각에 대응하는 개연성이 배분되어 있다. 한편 아래 그래프를 보면 선택・결정을 행한 후에는 1개에 결정된 요소의 개연성은 1(100%)이 되고, 그 밖의 요소는 전부 0(0%)이 되는 것이다. 결국 1개의 요소로 결정되면서 사람의 머릿속은 그 요소가 전부가 되는 것이다.

이것은 거꾸로 말하면, 선택・결정이라는 동작은 얼마간 있는 요소 중에서 1개만을 골라 그 개연성을 1로 하고 나머지 요소의 개연성은 전부 0으로 하는 동작이라는 것이다.

첨기

오오타가 사장에게는 「하지 않는다」라는 선택도 포함하여 여러 가지의 선택이 있었을 것이다. 그러나 일단 결단을 내린 오오타가 사장의 속에는 구로베 제4발전소의 개연성은 100%가 되었던 것이다.

한편 「결단」이라는 말이 있는 것처럼 선택 · 결정이라는 동작을 실행하는 데는 여러 가지 미망과 고민, 감정을 배제하기 전에 진행되어 간다는 심리동작도 필요하게 된다. 여기서 [그림 3.9]를 보기 바란다. 이것은 선택 · 결정이라는 것을 심리적인 상태변화로 표현한 것이다. 그림의 곡선은 선택 · 결정이라는 동작을 실행하는 인간의 "심리 포텐셜"을 나타내고 있다. 상태A에 있는 이 사람은 처음에는 헤매기도, 고민하기도 하면서 쉽사리 앞으로 발을 내딛지 못한다. 선택 · 결정이라는 동작에 연결하기 위해 여러 가지 상념이나 생각, 예를 들면,

- 빠뜨린 생각은 없을까
- 자기의 추론이나 예측에 잘못은 없을까
- 자기가 결정한 것을 실행하면 대혼란을 야기하는 건 아닐까
- 자기의 결정한 것으로 사람을 불행하게 하지 않을까
- 실패한다면 책임을 지게 될까

라는 것들이 머릿속에 마구 솟아오르기 때문이다. 이와 같은 상념이나 생각이 이 사람에게는 넘어야 할 벽, 즉 「심리적 장벽」으로 작용한다.

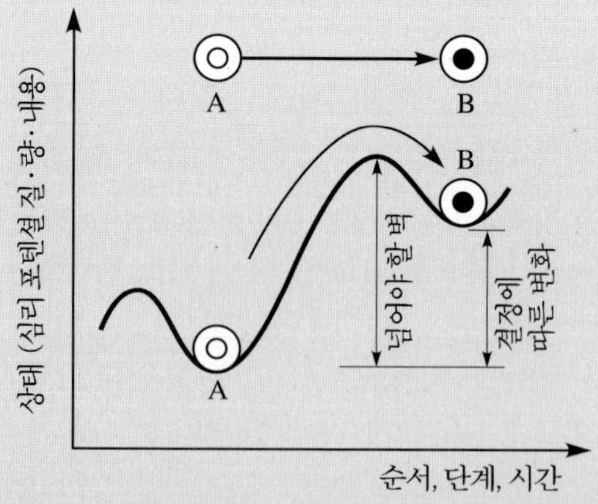

[그림 3.9] 선택 · 결정 – 상태변화에 따른 표현

그러나 그 장벽을 넘지 않고서는 아무것도 시작되지 않는다. 그런데 어떻게든 넘어서 상태B로 이동한다. 그러면 그 사람의 심리 포텐셜은 결정한 것의 결과가 어떻든 처음과는 다른 상태로 변화한다. 거꾸로 말하면 이와 같은 심리 포텐셜의 변화를 일으키는 동작이 선택 · 결정이라는 동작이다.

첨기

이러쿵저러쿵 하지 말고 실행해야 할 때에 불평이나 불만을 말하기도 하고, 하지 않는 이유를 늘어놓는 사람이 꽤 있다. 이런 사람은 심리 포텐셜의 골짜기가 깊은 사람이다. 골짜기의 낭떠러지가 깊은 만큼 심리적 장벽이 누구보다도 높은 것이다. 따라서 좀처럼 실행에 옮기지 못하게 된다. 「다른 사람의 행동을 보고 자기 행동을 고친다」는 속담이 있을 것이다. 자기도 그렇게 되지 않도록, 평소부터 아무 일에나 마음을 열고 호기심을 왕성하게 가져 심리 포텐셜의 골짜기가 깊어지지 않게 하는 마음가짐이 중요하다. 실행력이 있는 사람은 일에 임하는 데 심리적 장벽이 낮다. 설혹 장벽이 높은 경우에도 마음을 굳게 하고 장벽을 넘겠다는 담력이 있다. 어쨌거나 엄청난 인내와 단련을 쌓아야 비로소 얻어지는 것인데 최소한 필요한 것은 「입을 놀리기 선에 몸을 움직이라」는 것이다.

다만, 「결정한다」고 한마디로 말해도 거기에는 몇 가지의 종류가 있다. 여기서 [그림 3.10]을 보기 바란다. 이것은 「결정한다」고 하는 것의 종류를 표현한 그림이다. 즉, 「결정한다」고 하는 것에는,

1) 단순결단
2) 단순선택
3) 구조선택

이라는 것이 있다. 순서대로 설명해 보자.

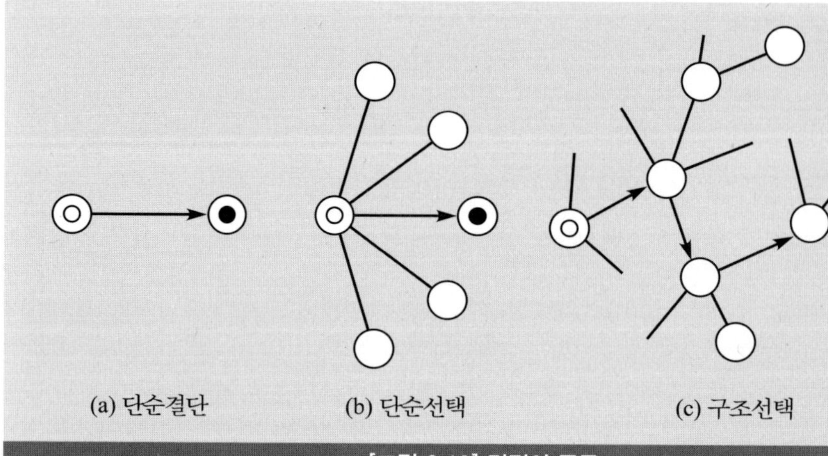

[그림 3.10] 결정의 종류

「단순결단」이란 선택지(選擇肢)가 "할까 하지말까"의 1개밖에 없고 단지 「한다」를 선택하여 실행하는 것이다. 그러나 실제로는 이런 "할까 하지말까"는 드문 경우로, 보통은 몇 개 있는 선택지 중에서 고르게 된다. 그중 가장 단순한 형태가 「단순선택」이다. 단순선택이란 결절점(結節点, 그림의 ◎표)이 1개뿐으로 그 결절점에 모여 있는 복수의 선택지(그림의 ○표) 중에서 1개(그림의 ◉표)를 선택하여 실행하는 것이다.

한편 설계현장에서 행해지는 「결정한다」라는 것은 실제로 가장 복잡하다. 그것이 「구조선택」이다. 구조선택이란 많은 결절점이 있고, 게다가 각각의 결절점에 복수의 선택지가 연결되어 있을 때 1개의 결절점마다 1개의 선택지를 골라 실행하는 것이다.

구조선택을 행해가 보면 전체로서 1개의 「선택한 구조(결정의 코스)」가 정해진다. 설계의 사고과정에서 중요한 것은 이 선택한 구조를 다른 사람도 알 수 있도록 표현하는 것이다. 훌륭한 설계는 선택구조를 누구나 잘 이해할 수 있다. 설계내용을 이해한다고 하는 것은, 구조의 선택과정을 이해한다는 것이기도 하기 때문이다.

그렇다면 선택・결정이라는 동작은 실제로는 어떻게 행해지고 있을까. 여기서 [그림 3.11(a)]를 보기 바란다. 선택・결정이라는 동작은 언제나 자유롭게 행할 수 있는 것은 아니다. 반드시 어떤 제약 하에 행해지는 것이다. 또 선택지 중 어느 것을 선택할까에 있어서도 주사위나 점 같은 것으로 하지 않는다. 반드시 선택지를 스스로 생각하기 쉽게 분류・재구성하여 가상적인 구조를 만들고 어떤 기준에 따라 선택지 하나하나를 평가하면서 선택해 나가는 것이다. 그때에는 그림(b)에 나타낸 바와 같이, 하위개념에서 선택이 끝나지 않은 경우에는 1단계 위의 상위개념으로 올려 다시 하위로 내리고, 거기서도 끝나지 않는 경우에는 또 한 단계 위의 상위개념으로 올려 하위로 내리는 동작을 반복하여 최종적인 목표점을 향하게 한다.

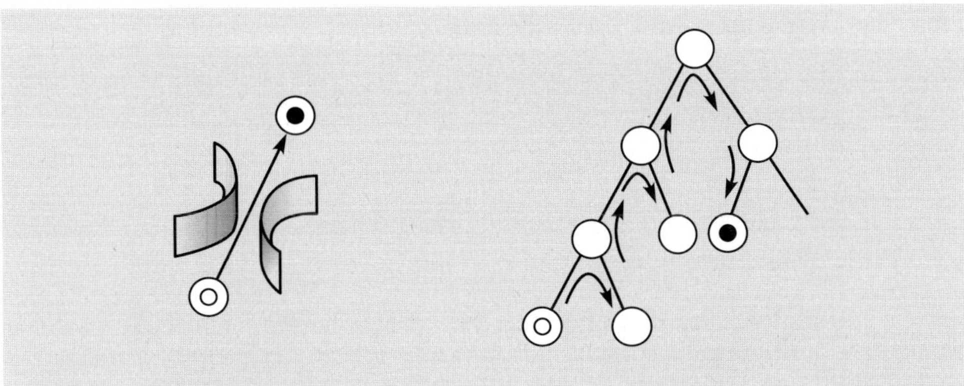

(a) 결정과 제약　　(b) 선택과 구조

[그림 3.11] 결징 · 제약 · 선택

또한 여기서 [그림 3.12]를 보기 바란다. 이것은 구조선택에 따른 결정을 표현한 그림이다. 실제로는 (a)와 같이 복잡한 “갔다가 돌아오기”를 반복하여 「결정의 코스(선택의 구조)」를 정해 간다. 이 코스를 알기 쉽게 그리면 (b)와 같이 된다.

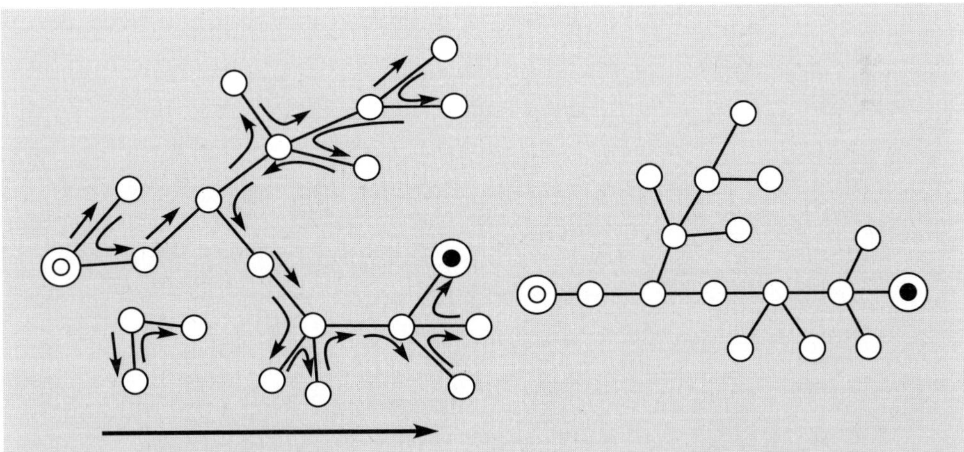

(a) 실제로 찾아가는 코스　　(b) 표현

[그림 3.12] 결정코스의 표현

다만 (b)의 표현에는 주의가 필요하다. 이와 같이 최후의 답만을 갑자기 가져오면 마치 시작점부터 종점까지는 처음부터 일직선으로 되어 있어 아무런 노고도 없이 도달할 수 있는 것처럼 보이게 된다. 혹시 그렇게 생각한다면 그것은 오해이다. 결정 코스를 정하기까지에는 (a)와 같이 다양한 헤맴과 고민, 감정을 배제한 다음 어떻게 할까를 끊임없이 탐색해 갈 필요가 있다. 선택・결정이라는 동작은 매우 복잡하고 때로 말이 안 되며 게다가 시간적으로 변화하는 동적인 것이다.

첨기

좋든 나쁘든 조직을 움직이는 것은 사람이다. 따라서 조직이 움직일까 하는 것은 전적으로 어떤 사람을 어디에 배치할까에 달려 있다. 그렇다면 인사권(人事權)을 가진 사람이나 조직에 따라서는 그 결정이 중요사항이며 진지하게 행해져야 할 것임은 말할 필요도 없다. 따라서 「인사는 공평하고 적정하게 결정되는 것이다」라고 생각하는 사람이 대부분일 것이다. 그러나 정말 그럴까. 아니, 그런 일은 없다. 인사권을 가진 사람은 많은 경우 최후에는 자기의 호불호로 결정하는 것이다. 이렇게 말한다고 해서 오해하지 말기 바란다. 「당치않다!」며 비난할 일은 아닌 것이다. 원래 선택・결정이라는 동작은 그런 것이다. 세상에서 행해지는 「결정」이라는 것의 대다수는 틀림없이 논리 정연하여 이치에 닿는 것처럼 보이지도, 진짜로 그렇지도 않은 것이 대부분이다. 그런데 나쁜 것은, 그런 것이 실상인데도 불구하고 그럴듯한 이유를 갖다 붙여 자기 결정을 공평하고 적정한 것이라고 액면대로 강조하는 것이다. 인사 상의 트러블은 대개의 경우 이런 데에 원인이 있다. 중요한 것은 「나는 호불호로 결정하고 있다」는 것을 자각하여 「그래, 그런 일에는 결국 누구도 냉정할 수 없지」라고 자기를 떨어뜨려 볼 수 있도록 교육하는 것이다. 어쨌든 인사는 기호로 결정하는 것이다.

(5) 설계의 사고과정(思考科程)이 찾아가는 이중나선(二重螺旋)

그럼 얘기가 조금 옆길로 빠졌으니 여기서 궤도수정을 하여 본제(本題)로 돌아가자.

앞의 (3)항에서는 설계에 있어서 사고의 기본과정은 「기능 → 기구 → 구조」라고 설명하였다. 그렇다면 설계는 「기능 → 기구 → 구조」라는 식의 1개 도로로 나아가는 것일까. 실제로는 그처럼 간단하지 않다. 설계의 사고과정은 언제나 갔다가 돌아오기를 하고 있는 것이다. 사람의 머리라는 것은 헤매면서, 이런저런 검토를 거듭하면서, 왔다 갔다 하면서, 나아갔다가 뒤돌아오기도 하면서 생각을 발전시켜 나가는 것이기 때문이다.

그런 의미에서 정말로 설계할 수 있는 사람은 가만히 생각에 잠기기도 하고, 휙 그림을 그리기도 하고, 돌아다니기도 하고, 현장을 쫄레쫄레 둘러보기도 하면서 실제로 이러저러한 일을 한다. 모르는 사람이 보면 실로 기이할 것이다. 설계자는 몽유병자와 같이 어정어정 걸어 다니기도 하고, 이상한 때에 이상한 곳에서 생각에 잠기기도 하고, 중얼거리기도 하고, CAD 화면 앞에서 그저 앉아 있기도 하는 이상한 동물로 보일 것이다. 그러나 이것은 머리가 풀(full)로 돌아갈 때의 동작인 것이다.

첨기

이러한 설계자의 습성을 좋은 구실로 삼아 다만 중얼거리고 있기만 하는 설계자도 있으므로 주의가 필요하다. 사람의 머릿속은 눈에 보이지 않으므로 정말로 움직이고 있는지 움직이지 않고 있는지 알 수 없다. CAD 화면의 앞에 그저 앉아 있으면 마치 일을 하고 있는 것처럼 보인다. 일을 하고 있는 체 하고 싶은 가짜 설계자는 CAD로 그림만 그리고 있는 것이다. 한편으로 그것이 또 가짜 설계자를 마치 자기가 일을 하고 있는 것 같은 기분을 들게 하기 때문에 골칫거리이다. 설계비용은 보통 6~7만 엔/1인・1일이다. 가짜 설계자가 CAD 앞에서 하루 종일 담배를 피우고 있든지 그림을 그리고 있든지 6만 엔은 6만 엔이다.

여기서 조금 전의 「갔다가 돌아오기」로 돌아가 보자. 사람 사고의 「왔다 갔다」를 입체적으로 생각해 보면 재미있다는 걸 알 수 있다.

요구기능에서 시작하여 결정구조에 이르는 설계의 사고과정은 보통 1차원적으로 생각하면 다만 단순하게,

기능 → 기구 → 구조, 기능 → 기구 → 구조, 기능 → 기구 → 구조, …

의 반복이다. 바로 갔다 돌아오기, 돌아왔다 가기인 「갔다가 돌아오기」이다.

이것을 입체적으로 다루면 어떨까. 「시간」과 「구체화」라는 세로축을 도입하는 것이다. 그렇게 하면 「갔다가 돌아오기」는 어떻게 될까. [그림 3.13]을 보기 바란다. 시간과 구체화에 따라 빙빙 도는 동그라미를 그리면서 상승하여 나선형이 되는 것이다. 「갔다가 돌아오기」는 이 나사를 옆에서 봤을 때의 광경으로 어느 시간, 어느 구체화 단계에서 자른 한 단면인 것이다.

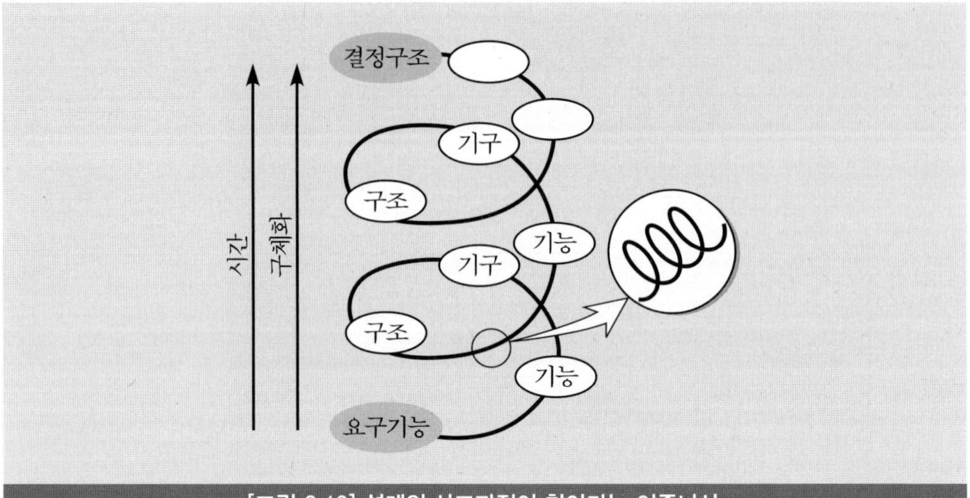

[그림 3.13] 설계의 사고과정이 찾아가는 이중나사

그런데 이 나사의 일부분을 집중하여 봐 보자. 나선의 가운데도 또 「갔다가 돌아오기」를 하면서 빙빙 도는 바퀴를 그리며 나아가는 것이다. 결국 설계의 사고과정은 DNA의 이중나사(한 쌍의 끈이 비틀린 형태)와는 달리 비틀린 선이 또 전체적으로 비틀려 있는 2차 구조를 하고 있는 것이다. 여기서는 그런 의미에서 "이중나선"이라고 부르기로 하자. 기술직 사람들에게는 백열등 전구의 필라멘트와 같은 구조라고 말하는 것이 알기 쉬울지도 모르겠다.

설계를 하고 있는 사람 사고의 기본구조는 이와 같이 어디까지나 「기능 → 기구 → 구조」의 반복으로 되어 있는 것이다. 거꾸로 말하면 「기능 → 기구 → 구조」를 반복하여 철저하게 생각하고 있지 않는 것은 설계라고 말할 수 없다는 것이다.

(6) 창조적 설계에 있어서의 사고전개(思考展開)

앞의 [그림 3.13]에 나타낸 사고과정의 이중나선을 창조적 설계에 적용하여 생각해 보도록 하자. [그림 3.14]를 보기 바란다. 이중나선은 두 개의 영역으로 나누어 생각하게 된다. 즉, 「기능영역」과 「기구・구조영역」이다.

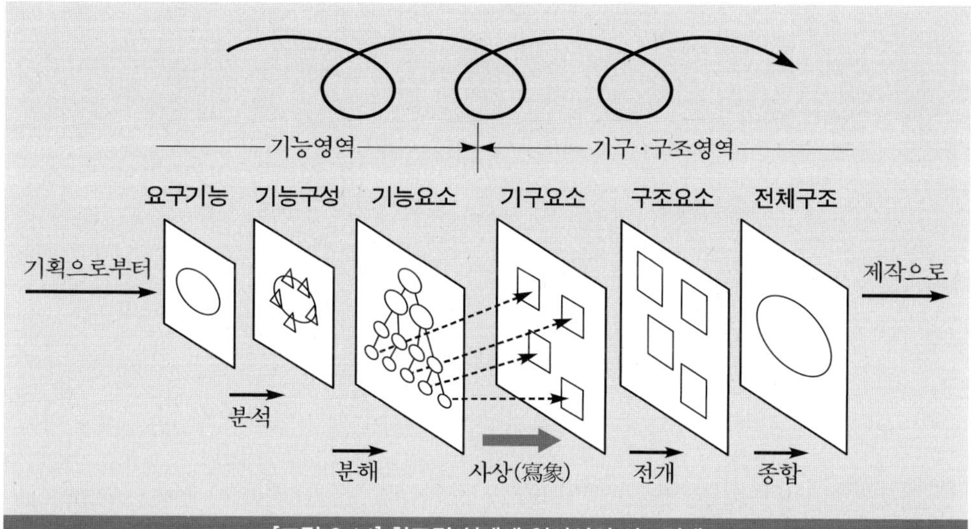

[그림 3.14] 창조적 설계에 있어서의 사고전개

기능영역은 바라는 기능을 생각하는 사고영역이다. 형태가 없는 것을 생각하는 추상(抽象)의 세계이다. 한편 **기구·구조영역**은 실현하는 수단으로서의 기구를 생각하여 실물화하는 사고영역이다. 형태가 있는 현물에 관하여 기술하는 구상(具象)의 세계이다. 실제의 설계에서는 먼저 기획에서부터 전체 요구기능이 결정되어 간다. 그리고 그것을 분석하여 **기능구성**으로 하고 또 분해하여 **기능요소**로 한다. 여기까지가 기능영역의 동작이다.

다음으로 기능영역에서 얻은 기능요소에 대하여 그것을 실현하는 수단으로서의 기구요소를 선택·결정하는(사상하는) 것이다. 이 때 그림 안에 점선으로 표시한 것 같이 1개의 기능요소에 대하여 최종적으로 1개의 기구요소를 결정한다. 1개의 기구요소를 결정하는 데는 대체로 5~10개의 후보 기구요소가 있고, [그림 3.7]에서 나타낸 바와 같이 그 중에서 선택·결정하게 된다.

다음은 결정한 기구요소 중에서 크기, 무게, 재질 등을 결정, 전개하여 **구조요소**로 한다. 계속하여 그 구조요소를 모두 종합하여 1개의 기계가 되는 **전체구조**를 완성해 간다. 이상 일련의 사고전개를 거쳐 제작으로 진행하는 것이다.

창조적 설계에 있어서의 사고전개는 [그림 3.14]에 나타낸 바와 같이 큰 흐름으로는 좌에서 우로 진행해 간다. 다만, (5)항에서도 설명했는데 사람의 머릿속 생각은 나선상으로 갔다가 돌아오기를 하면서 진행되는 것이다. 따라서 검토 결과 아니라면 앞

단계로 되돌아가서 다시 고치게 된다. 사고전개는 전체의 큰 흐름에서는 한쪽 방향으로 진행해 가는 것처럼 보인다. 그러나 그 흐름 안에는 "갔다가 돌아오기"가 포함되어 있는 것이다.

(7) 사고전개도

[그림 3.14]에서 보인 「설계에 있어서의 사고전개」는 그림 상부에 나타낸 바와 같이 나선형으로 이어진 1차원적 표현이었다. 이것을 2차원의 평면적 표현으로 나타낼 수도 있는데 그것이 [그림 3.15]의 **사고전개도**이다.

이 평면에서 표현한 사고전개도는 왼쪽 끝에 실현하고자 하는 요구기능이 정해져 있다. 그리고 오른쪽으로 진행하는데 처음의 요구기능이 분석되어 기능(군)이 되고 또 분해되어 기능요소(군)가 된다. 여기서 하나하나의 기능요소를 실현하는 수단으로서의 기구요소가 선택・결정된다(「사상된다」). 계속 우측으로 진행하며 개개의 기구요소에 크기나 재질 등의 구체적인 속성이 부여되어(「전개되어」) 구조가 된다. 그리고 몇 개의 구조가 전체로 종합되어 하나의 전체구조가 완성된다.

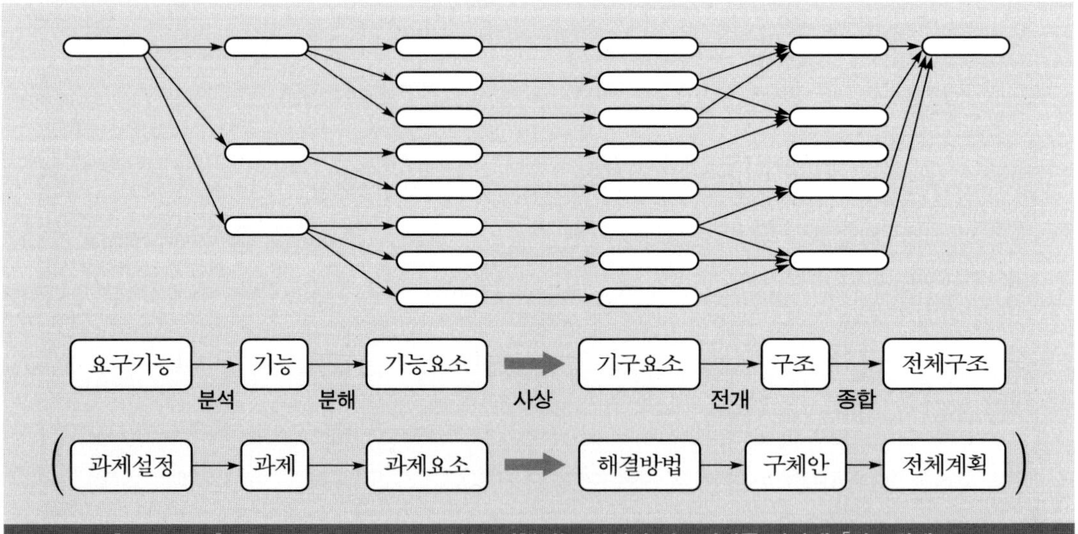

[그림 3.15] 기능 → 기구 → 구조에 따라 진행되는 설계의 사고전개를 나타낸 「사고전개도」

이 평면상에 나타낸 다른 방식을 취하면 2차원의 사고전개도가 그려지며 설계자는 다음과 같은 일이 가능하게 된다.

- 자기 생각의 내용이 어떤 구조로 되어있는지를 확실히 자각할 수 있다.
- 자기의 설계를 객관적으로 볼 수 있게 된다.
- 자기의 생각 중에서 빠진 것, 부족한 것, 외부에서 도입해야 할 것을 명확하게 파악할 수 있게 된다.

한편 설계자의 머릿속에 그려지고 있는 것이 명료하게 표출되기 때문에 제3자도 설계자가 무엇을 생각하고 있는지를 이해할 수 있게 된다. 또 완성된 설계의 내용을 제3자에게 전하고자 할 때, 다른 문화권의 사람과 공동으로 연구나 개발을 행할 때, 전의 설계도면 내용을 이해할 필요가 생겼을 때에도 설계의 전체상 파악과 그 평가를 정확하게 행할 수 있게 된다.

설계자의 머릿속에 있는 생각을 일고서 의논하고 검토할 수 있으면 서로가 생각하고 있는 머릿속 내용을 공유할 수 있게 되어 전혀 새로운 것을 만들어 가는 속도나 정확성이 비약적으로 향상된다. 실제로 소프트웨어를 만들 때의 전체구조 구축에 사고전개도를 적용해 봤을 때 생산성이 종래의 10배 이상이 되었다는 보고도 있다.

이와 같이 사고전개도는 설계자 자신이 생각을 표출하는 방법으로서 뛰어날 뿐 아니라 그룹으로 생각하거나 행동할 때에도 결정적으로 유효한 도구이다. 제4장에서 소개하겠지만, 예를 들어 「즐거운 꽃놀이를 기획, 진행한다」는 것 같은 이벤트 기획에도 사용된다. 결국 사고전개도는 온갖 인간의 활동에 적용될 수 있는 것이다. 영업활동, 조직운영, 돈벌이, 꽃놀이 등 무릇 「기획」이라 일컬어지는 것 어느 것에도 적용이 가능하다.

사고전개도에 관해서는 이어지는 제4장에서 더 상세하게 설명하게 될 것이다.

첨기

본서에서는 기계설계에 관해 얘기를 하고 있으므로 사고전개의 각 단계를 나타내는 데 요구기능, 기능, 기능요소, 기구요소, 구조, 전체구조 등과 같은 용어를 사용하고 있지만 예를 들어 「영업기획」을 주제로 하여 사고전개도를 그리면, 과제설정, 과제, 과제요소, 해결방법, 구체안, 전체계획 등의 용어를 사용하여 생각을 전개시켜 나가면 될 것이다. 설계의 사고전개도는 어디까지나 하나의 예인 것이다.

(8) 머릿속에서 실제로 생기는 설계의 기본과정

여기서 조금 다른 관점에서 보도록 하자. 「설계를 한다」란 도대체 어떤 사고활동(思考活動)인 것일까.

[그림 3.16]을 보기 바란다. 이것은 설계를 할 때 일어나는 인간의 머릿속 움직임을 그린 것이다. 특히 기획이나 설계 등 새로운 것을 만들고자 할 때는 인간의 머릿속은 반드시 이와 같이 움직이고 있다.

머릿속의 어느 장소에서 나올까 하는 것은 다양하나 생각의 씨앗은 한 번에 많이 나온다. 여기서는 그 씨앗이 나오는 장소를 **상념원(想念源)**이라고 부르기로 하자. 상념원은 지식이기도, 짐작이기도, 경험이나 취미이기도, 생활방식의 주장이기도 한데 다종다양하다. 상념원에서 나오는 씨앗은 1개씩으로 존재하기도, 다른 씨앗과 연결되어 클러스터 같은 작은 덩어리로 되어 있기도 하다. 단, 1개의 상념원에서 나오는 생각 씨앗도 1개이기도, 더 많기도 한데 전체로서는 모두 제각각이다. 그렇게 여러 형태로 제각각인 생각의 씨앗이 **사고평면(思考平面)**이라고 하는 평면 위로 떨어져 나오는 것이다.

그리고 사고평면에 떨어져 나온 씨앗은 [그림 3.16(b)]에 나타낸 것 같이 서로 토막나 있는 상태로 되어 있다. 이들 생각 씨앗은 설계자의 머릿속에서 논리적으로 도출되어 나온 것이 아니라 과거의 사고(思考)나 활동을 통해 설계자의 머릿속에 축적되어 있던 것이 그저 간단하게 끄집어내진 것일 뿐이기 때문이다.

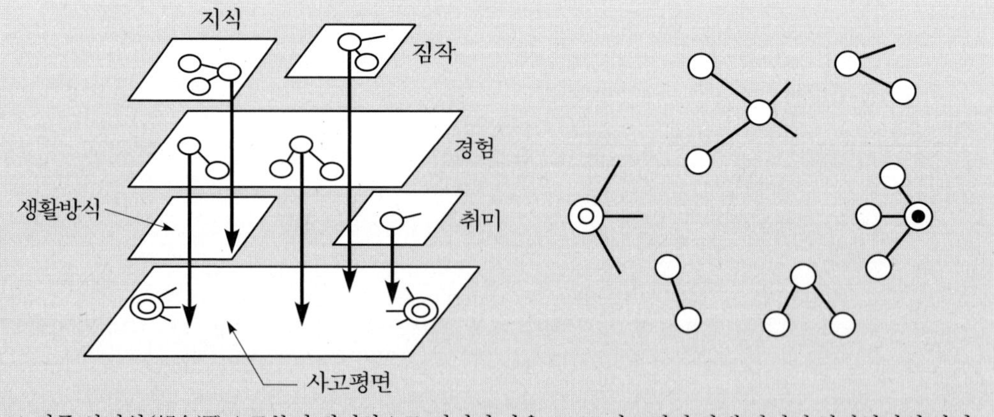

(a) 각종 상념원(想念源)으로부터 평면상으로 떨어져 나옴 (b) 사고평면 상에 떨어진 하나하나의 상념

[그림 3.16] 머릿속에서 실제로 일어나는 설계의 기본과정

여기까지의 동작은 말하자면「착상을 얻는다」고 하는 동작이다. 그러나 착상을 얻었다고 해서 그것이 자동으로 창조에 연결되는 것은 아니다. 착상 그대로로 물건을 만들 수는 없는 것이다. 그럼 어떻게 하나. 토막 상태로 있는 생각의 씨앗을 서로 연결할 필요가 있는 것이다. 결국 전체의 맥락을 구성해야 한다는 것이다. 그리고 이 맥락을 잇는다고 하는 것이 바로 설계인 것이다.

그럼 실제의 맥락 구성방법을 설명해 보자. 여기서 [그림 3.17]을 보기 바란다. 이 그림의 (a)에 나타낸 바와 같이 우선은 생각의 씨앗(착상)이 될 것 같은 것을 닥치는 대로 사고평면 위에 떨어뜨린다. 그리고 어떤 코스, 어떤 연결방법이라도 상관없고 무엇이라도 좋으니까 씨앗의 시점부터 종점까지를 연결해 보는 것이다. 좌우간 연결해 보면 일단의 맥락이 이어져 그럭저럭 설계가 되는 것이다.

다만, 그렇게 만들어진 물건은 일단 작동은 하나 터무니없고 쓸데없는 경우가 많아 헛된 물건이 된다.「어쨌든 설계는 된 것이니까 그걸로 된 것 아닌가」라고 우기는 사람도 있다. 그러나 그런 설계를「가짜 설계」라고 하는 것이다. 가짜 설계로 만들면 안 된다. 가짜 그대로 진행하고 싶은 것을 참아 다시 검토하고, 헛되고 잘못된 것을 없애고, 똑바로 연결되게 고쳐나가는 것이다. 이것은 참으로 귀찮고 힘든 작업이지만 여기서 편한 길을 선택하여 부실공사를 하면 영원히 가짜 설계밖에 할 수 없게 된다. 철저하게 다시 시작하여「더 이상 아무것도 할 수 없다」고 하는 데까지 전체의 맥락을 생각해 내는 것이다. 즉, 뒤에 설명하는 것 같이 철저하게「가상연습」을 행하는 것이다. 그리하여 비로소 물건을 만드는 진정한 설계에 들어설 수 있는 것이다.

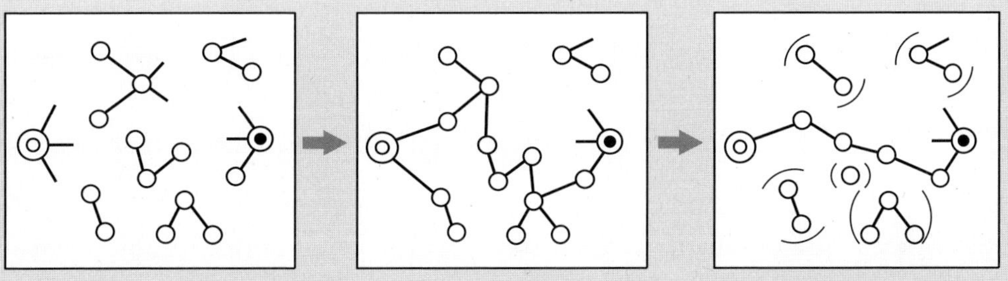

(a) 씨앗이 될 것 같은 것을 끄집어냄

(b) 무엇이라도 좋으니까 시점부터 종점까지를 연결

(c) 쓸데없는 것을 없애고 똑바르게 연결을 고침

[그림 3.17] 사고평면 상에 표현된 설계 코스

첨기

「정말로 이상한 그림을 그렸다. 이 사람, 어떻게 된 것 아닐까?」 피카소 그림을 처음 봤을 때 필자는 우선 이렇게 생각했다. 그런데 말이다. 그 그림이 안성되기 전의 데생이라고 하는 것을 봤을 때 놀라고 말았다. 완성된 그림과는 비슷하다고도 할 수 없을 만큼 치밀하고 정확했던 것이다. 그런 데생을 그린 위에 추상화로 마무리한 것이 피카소의 그림이었다. 오노미치(尾道)시에 있는 히라야마 이쿠오(平山郁夫) 미술관에서 히라야마씨의 그림을 봤을 때에도 같은 것을 느꼈다. 부분의 밑그림은 매우 세밀하게 그려져 있는데 그것을 전체로 모아 1장의 그림으로 만들면 어쩐지 멍해지는 느낌을 받게 되는 것이다. 그 이후 필자의 지론은 「밑그림을 보자」가 되었다. 회화(繪畵)란 그려진 최후의 것을 보는 것일 테지만 필자는 밑그림에 그야말로 창조의 비밀이 있고, 감동이 있다고 생각하는 것이다.

(9) 가설입증(假說立證)에 의한 결정과정

그럼 전체 맥락은 어떻게 이을까. 논리일까, 아니면 어떤 법칙일까. 둘 다 아니다. 전체의 맥락은 논리나 법칙에 의해 이어지는 것이 아니다. 「아무것으로든 좋으니까 이얏 하고 이어붙이는」것이다. 짐작이든 엉터리이든 아무것으로도 좋으니까 어쨌든 갖다 붙여버리라는 것이다.

그런데 이얏 하고 붙인 맥락이 과연 바른 것일까, 정말 자기가 바라는 것이 될까. 여기서 또다시 「1,000에 3」이 된다. 아무렇게나 이얏 으로 바른 맥락이 되는 것은 1,000회 시도에 기껏해야 3회이다. 나머지 97회는 실패이다. 왜냐하면 생각 씨앗을 사고평면에 떨어뜨린 것은 좋으나 맥락구성은 대개의 경우 잘 되지 않는다. 실패를 한다.

그럼 어떻게 하나. 여기서 [그림 3.18]을 보자. 안 되면 안 되는 것이니 깨끗이 포기하고 다음을 시도하는 것이다. 한 번 더 다시 시도하는 것이다. 단, 다시 한다고 해도 단순히 씨앗의 연결방법을 바꾸는 것만으로는 잘 되지는 않는다. 사고평면에 떨어진 씨앗 자체가 모자란 경우가 많기 때문이다. 그래서 한 개나 두 개 더 새로운 생각씨앗(요소)을 가져 올 필요가 있다. 그렇게 하여 씨앗을 보충하여 이어보면 잘 되는 경우가 많다.

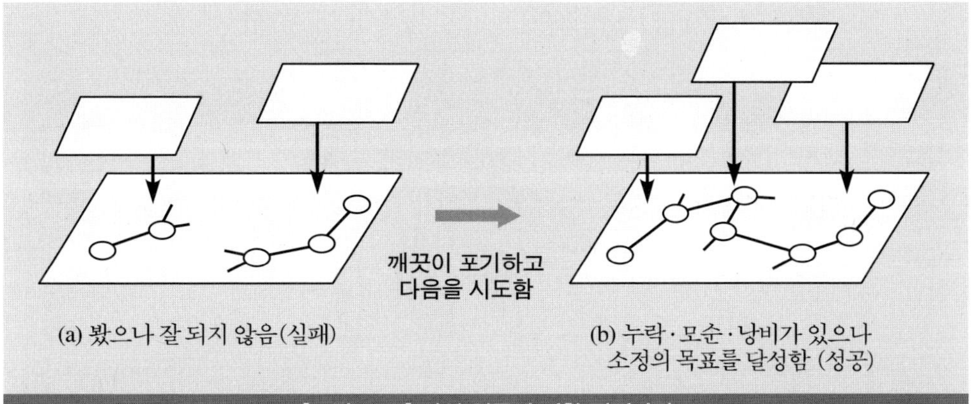

[그림 3.18] 가설 입증에 의한 결정과정

그런데 최후의 잘 된 결과만을 보고, 자기가 어떻게든 시작해서 그것을 목표로 하여 만들고 있었지 않았냐고 말하는 사람이 있다. 그건 정말 웃기는 소리이다. 잘 된 결과만을 보면 최초부터 최후까지가 논리적으로 연결되어 있는 것처럼 보인다. 거기에 헛소리의 근원이 있다. 잘되어 가는 맥락은 논리적인 구조를 갖고 들어가지만 그 맥락은 논리로는 찾아내지 못한다. 아무것으로든지 좋으니까 아무렇게나 이어보고, 그것이 정말로 자기가 바라는 것인지 어떤지를 검증해보는 것이다. 바로 트라이 앤 에러(try & error)이다. 논리는 부록, 이론인 것이다.

그러나 「아무렇게나」라고 하면 나쁘게 들릴지도 모르겠지만 그렇지는 않다. 여기서 말하는 「아무렇게나」란 가설(假說)을 가리키는 것이다. 결국 전체의 맥락은 가설을 세우고 그것이 바른지 어떤지, 자기가 바라는 것인지를 검증하면서 결정해 가는 것이다. 즉, 가설 입증이다.

가설 입증을 할 때 중요한 것은 잘 되어가지 않는 느낌이면 「필요한 씨앗이 아직 채워지지 않았는가?」라고 생각하는 것이다. 그러면 「무언가 이 주변을 살펴 씨앗을 찾아 가져와야 하지 않는가?」고 스스로 느끼게 된다. 그럴 때 자기 생각 중에서 누락된 부분을 찾아 「아, 이런 부분을 좀 더 연구해야겠다」거나, 「이걸 사람들에게 물어봐야겠다」, 「전에 했던 것을 조사하여 좋았던 것 모두를 베껴보자」 등으로 생각하여 필요한 씨앗을 스스로 찾아가게 된다. 그렇게 하게 되면 최초의 것에는 누락이나 모순, 낭비가 있으나 최후에는 소정의 목표를 만족할 수 있게 되는 것이다.

첨기

가설 입증을 완전하게 하려면, 혹시 실패해도 전부 스스로 해낸 것이므로 막대한 성취감을 얻게 된다. 설계에서의 최고 즐거움은 여기에 있는 것이다. 해도 해도 안 될 때, 「이것인가?」라고 문득 느껴지는 씨앗 1개를 가져왔는데 순간적으로 만들어지는 경우가 정말 많다. 이럴 때 바로 「됐다!」라는 감탄사가 나오는 것이다. 누군가를 모방하거나 가르침을 받거나 잘 되어 있는 것을 따라 하는 것으로는 맛볼 수 없는 성취감이다. 「당신은 이걸 모르기 때문에 안 돼요」나 「이걸 생각하지 못했기 때문에 안 돼요」 등 다른 사람으로부터 무조건 얘기를 듣고 하는 것과는 사정이 다르다. 설계가 사람을 열중하게 하는 것은 진정한 설계 안에는 「스스로 한다」, 「스스로 찾는다」라고 하는 동작이 있기 때문이다.

(10) 필요최소한의 지식과 경험

「"아무것으로든 좋으니까 이얏 하고 하라"는 식의 말을 해도, 그것이 그렇게 쉽지 않다」고 생각하는 사람이 있을 것이다. 분명히 그렇다. 자기 안에 아무것도 없으면 아무것도 내 놓을 수 없다. 「이얏」을 외치고 싶어도 방법이 없는 것이다.

그럼 어떻게 하는 것이 좋을까. [그림 3.19]를 보기 바란다. 「이얏」을 하는 데에도 최소한의 지식과 경험이 필요한 것이다. 그리고 이것이 중요한 것인데 최소한의 지식과 경험이 있으면 어쨌든 물건은 생겨 나온다.

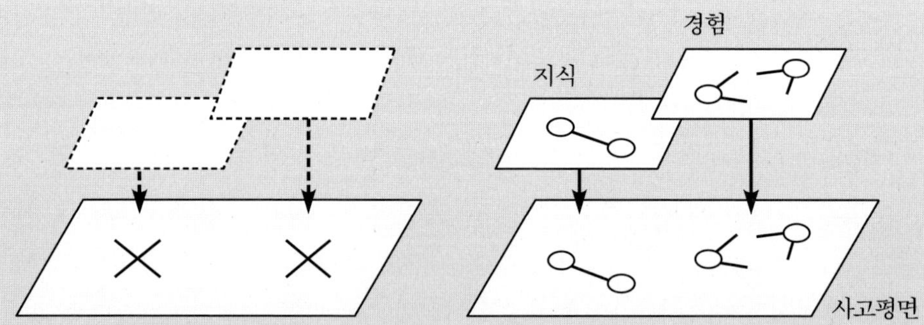

(a) 아무것도 없으면 아무것도 생기지 않음 (b) 최소한의 지식과 경험으로 그럭저럭 만들어 냄

[그림 3.19] 필요최소한의 지식과 경험

「최소한의 지식과 경험이 필요하다」는 것은 결국,

- 배우지 않으면 안 된다
- 행동하지 않으면 안 된다

라는 것이다. 여기서 말하는 「최소한의 지식」이란, 이론은 모르더라도 어쨌든 생각해내지 않으면 시작할 수 없다는 것이다. 한마디로 말하면 **습작(習作)**이다. 「습(習)」이란 이전부터 있는 것을 연습하여 따라간다는 의미이다. 「작(作)」이란 행동해 본다는 의미이다. 이와 같이 이유도 모르고 아무것도 모르지만 형태만이라도 좋으니 어쨌든 생각해내어 보는 것이 중요하다.

한편 **작법**(作法, 보통은 "사호우"라 읽지만 필자는 "사쿠호우"라고 읽고 있음)이라는 단어가 있다. 「작법」이라고 하면 차(茶) 만드는 작법과 같이, 하는 방법이 정해져 있는 딱 맞는 것을 연상하는 사람이 있을지도 모르나 필자가 말하는 「작법」은 그게 아니다. 작법의 「작」이란 행동하는 것, 「법」이란 그 행동하는 방법이다. 작법은 많은 사람이 오랜 세월에 걸쳐 해온 행동의 엣센스이다. 바꿔 말하면 인간 행동의 집대성이다. 그것을 무시하거나, 자기방식 대로 해석하거나, 마음대로 바꿔버리는 것은 인간이 중요하게 가꿔온 축적을 쓸모없게 만드는 꼴이 되는 것이다.

창조적인 설계를 하고자 할 때 예전부터 있어온 것을 기피하여 배제하려는 사람이 있는데 그것은 크게 잘못된 것이다. 예전부터 있었던 좋은 것 나쁜 것(가능하면 좋은 것)을 추적해 가서 똑같이 베껴내 보는 것, 체득해 두는 것은 창조적인 설계에 있어서 매우 중요한 것이다.

첨기

다도(茶道)의 세계에는 「수(守)・파(破)・리(離)」라는 가르침이 있다. 「수」란 그 도(道)의 결정된 작법이나 형태에 따라 행동하는 것이다. 「파」란 자기 나름으로 생각하여 작법이나 형태를 개량해 보는 것이다. 「리」란 작법이나 형태를 떠나 자기만의 독자 세계를 여는 것이다. 여기에 필자의 생각을 보태보자. 먼저 「수」를 충실히 행하는 것이다. 그러나 결정된 「수」가 있었을 때와 상황이 달라지면 그 변화에 따라 자기도 변화해야 한다. 그때부터 「수」는 날려 보내고 「파」를 철저하게 행하는 것이다. 그러면 왜 「수」라는 것이 있는 걸까, 그 의미를 알아가게 된다. 그럼에도 불구하고 「내 생각은 이렇다」고 하는 자기 나름의 주장도 있다. 이렇게 하여 「수」와 「파」를 해내고 났을 때 비로소 어느 누구의 방법에도 신경 쓰이지 않는 「리」의 영역에 도달하는 것이다. 「리」의 영역에 도달한 사람만이 「파」를 가지고 있는 것이다. 그러한 「리」의 영역이란 실로 다음에 설명하는 「직관」 그것이다.

(11) 직관이 창조를 낳는다

그렇다면 습작이나 작법을 충실히 따르고 있으면 그걸로 되는 것일까. 창조적인 설계가 가능하게 되는 걸까. 그것은 또 다른 것이다. 습작이나 작법으로부터 얻은 지식이나 경험은 생각씨앗의 근원이 되는 필요최소한의 것이다. 그것만으로는 충분치 않다. 단순한 지식, 단순한 경험으로는 안 된다는 것이다.

그럼 그 위에 무엇이 필요할까. 「그것은 논리이다」라고 말하는 사람이 있는데 필자가 보는 입장에서는 우스운 소리이다. 「아무것으로든 좋으니까 이얏 하고 하라」, 「엉터리라도 좋으니까 어쨌든 하라」라고 말하면 설계에 있어서 논리성을 완전히 부정하는 것처럼 생각할지도 모르겠으나 그렇지는 않다. 설계는 확실히 논리가 통하지 않으면 안 된다. 다만, 설계가 논리에 따라 하는 것이 아니라는 것이다. 필자는 그것을 구별하고 싶은 것이다.

그럼 논리가 아니라면 무엇일까. 많은 경험을 쌓으며 설계를 하고 있으면, 「이럴 때는 저런 것을 갖고 행하면 안 된다」, 「이것은 이런 식으로 생각한 쪽이 좋다」고 하는 것이 설계자의 머릿속에 저장되어 간다. 설계자는 머릿속에 저장되어 있는 그런 것에 따라 설계를 해가고 있는 것이다. 이것은 단순한 지식이 아니다. 단순한 경험과도 다르다. 논리 따위는 전혀 아니다. 그럼 무언가. **직관(直觀)**이다.

여기서 [그림 3.20]을 보기 바란다. 인간은 자기 머릿속에 떠오른 「생각의 씨앗」을 토대로 생각에 생각을 거듭하여 생각해 내며, 몇 번이나 몇 번이나 행동하여 가설 입증을 반복하여 수다한 실패와 성공을 체험하며 배우고 결국에는 맥락의 시점과 종점

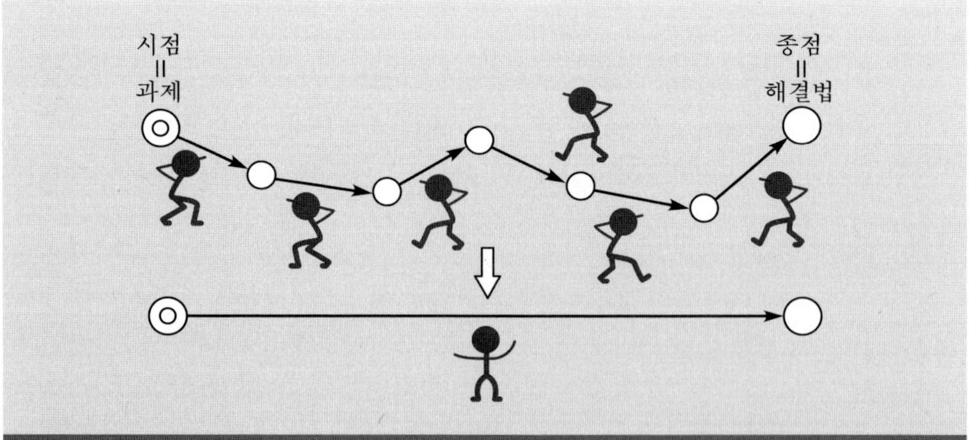

[그림 3.20] 생각을 쥐어짜면 직관이 생긴다.

을 일거에 연결하게 되는 것이다. 이것이 직관이다. 훌륭한 설계자의 머릿속은 틀림없이 직관에 의해 움직이고 있는 것이다.

그런 설계자가 하는 설계는 완성된 결과를 보면 매우 엄밀한 논리성을 갖추고 있다. 「논리로 설계가 된다」고 하는 오해가 생기는 것은 그 때문이다. 그러나 실제로는 그 설계자는 논리로 설계를 하고 있지 않다. 직관과 역발상으로 설계를 하고 있는 것이다. 직관에 의해 일거에 맥락의 종점까지 날아가, 역발상에 의해 뒤로부터 논리구조를 구축한다. 「최후는 이렇게 되지 않으므로 그 1개의 앞은 이렇게 되지 않고, 또 그것의 1개 앞은 이렇게 되지 않고, …」라고 거꾸로 생각하여 전체 맥락을 연결해 가는 것이다.

첨기

「촉칸」이라는 단어를 들으면, 「직감(直感)」이라는 한자를 적용하는 사람이 많을 것이지만 필자가 말하는 「촉칸」은 그것이 아니다. 「직관(直觀)」이다. 「감(感)」이라는 글자를 적용하는 것은 「촉칸」을 번뜩임이나, 하늘에서 갑자기 떨어진 것같이 이해되기 때문이다. 「촉칸」의 「칸」은, 「감」이 아니라 「관」이다. 「관」이라는 글자에는 「안다」라는 의미가 있다. 즉, 직관이란 「본질을 즉석에서 간파하다」, 「본질을 즉각 안다」라는 것이다.

다만, 여기서 주의하고 싶은 것은 직관은 아무것도 없는 데서 생기지 않는 것이라는 점이다. 직관을 얻기 위해서는 자기 안에 지식과 경험의 축적, 그리고 자기 행동에 대한 「진정한 과학적 이해」가 필요하다. 지식과 경험, 진정한 과학적 이해가 있을 때 비로소 직관이 가능하게 된다.

그렇다고 해도 다만 「알고 있다」, 「한 적이 있다」고 하는 것으로는 지식이나 경험 안에 들어가지 못한다. 직관을 얻기 위해서는 그 정도의 지식이나 경험으로는 충분치 않다. 그럼 무엇이 필요할까.

여기서 본장의 모두(冒頭)에서 나타낸 [그림 3.1]을 다시 한 번 보기 바란다. 어떤 행동을 하고 실패하면 인간은 자기 몸으로 느끼는 체감・실감을 하게 된다. 그리고 이 체감・실감은 그 사람 안에 「받아들일 소지(素地)」를 형성한다. 일을 잘 생각하는 사람이라면 여기서 멈추거나 하지 않는다. 「왜 나는 잘 되지 않았을까」, 「어떻게 하면 내가 바라는 대로 될 수 있을까」라고 생각하는 것이다. 그렇게 하면 어떻게 될까. 앞의 (9)항에서 설명했지만 잘 되지 않을 때는 많은 경우 필요한 씨앗이 자기 안에 충분치 않은 것이다. 따라서 일을 잘 생각하는 사람이라면 필요한 씨앗은 스스로 찾아내어 가지고 있어야 한다는 것을 느낀다.

지식과 경험은 이때 생기는 것이다. 또, 생기지 않으면 안 되는 것이다. 자기 안에 만들어지는 「받아들일 소지」는, 거기까지에서 얻어진 최소한의 지식이나 경험, 또 새롭게 얻어진 지식이나 경험을 점점 흡수해 가서 상위개념으로서의 「몸에 스며든 지식・경험」을 낳는다. 이것은 「일반화된 체험」이라고 말할 수도 있다. 최소한의 지식이나 경험은 필요한데 자기 안에 있는 「받아들일 소지」를 최대한으로 사용하여 그 지식이나 경험을 가장 높은 수준의 「일반화된 체험」에까지 끌어 올려야 하는 것이다. 거꾸로 말하면 「일반화된 체험」에까지 끌어올려지지 않은 경험이나 지식은 단지 임기응변에 불과하다는 것이다. 그런 것은 갖고 있어도 아무 역할에도 쓰이지 못하는 것이다.

그런데 일을 잘 생각하는 사람은 여기서 멈추지 않고 더욱 생각을 진행한다. 「일반화된 체험」이 의미하는 것을 철저하게 생각해내어 배워내는 것이다. 그러면 어떻게 될까. 「진정한 과학적 이해」에 도달하는 것이다. 이 「진정한 과학적 이해」는 설계자 스스로 자기의 모든 행동에 대하여 성찰을 거듭하여 획득하도록 노력하지 않으면 이룰 수 없는 것이다. 그리고 이 「진정한 과학적 이해」를 획득하는 것으로 비로소 직관을 체득할 수 있는 것이다.

이와 같이 직관을 체득하기 위해서는 대단한 노력의 축적을 필요로 한다. 「직관」이라는 말을 들으면 아무 노고도 없이 하늘에서 떨어져 온 것같이 생각하는 사람이 있는데 그것은 정말 틀린 것이다. 직관이란 그렇게 적당한 것이 아니다. 머리를 쥐어짜 생각에 생각을 거듭하여 생각해내고, 몇 번씩이나 검증을 거듭하여 자기의 모든 행동에 대한 「진정한 과학적 이해」를 얻음으로써 간신히 몸에 붙게 되는 것이다. 그것이 직관인 것이다.

「설계는 과학이다. 직관 같은 것으로 되는 것이 아니다」라고 비판하는 사람이 있다. 그런 식으로 말하는 것은 그 사람이 직관을 비과학적인 것으로 생각하고 있기 때문이다. 분명히 설계는 과학이다. 그러나 직관도 또한 과학인 것이다. 왜일까. 「직관」이란 「가설을 입증한다」고 하는 동작 바로 그것이기 때문이다. 지금까지 설명해 온 바와 같이, **창조적 설계의 핵심은 「가설의 설정」과 「가설의 검증」에** 있다. 즉, 가설입증이다. 한편 과학적 방법의 핵심 또한 가설입증에 있는 것이다. 이렇게 말하는 것은 결국 설계의 핵심에는 직관이 있다는 것이다.

일을 잘 생각하여 경험을 쌓은 설계자의 머릿속에는 설계에 관한 많은 것이 저장되어 있다. 가설(假說)은 많은 경우 그런 머릿속에 저장되어 있던 것으로부터 나온다. 논리나 이론으로부터 나오는 것이 아니다. 따라서 「이론으로가 아니면 설계가 아니다」와 같이 말하는 선입관은 버리고 설계의 핵심부분에는 직관이 있음을 솔직히 인정해야 하는 것이다.

직관을 체득하는 것이 쉬운 일은 아니지만 일단 직관을 체득하면 혹시 조건이 급변하는 현상이 있어도, 또 예기치 못한 상황이 벌어져도 즉석에서 적절히 대응할 수 있게 된다. 독자 여러분도 좋은 설계를 하고 싶고, 우수한 설계자가 되고 싶다고 생각한다면 많은 고생과 노력을 하여 자기 안에 직관을 키우기 바란다.

3.3 창조설계 원리

앞 절의 (3)항에서 설명한 바와 같이 설계에 있어서 사고의 기본과정은 「기능 → 기구 → 구조」이다. 이것은 필자를 중심으로 하는 "실제설계연구회"의 멤버가 오랫동안 설계의 방법을 연구해 온 끝에 도출했다. 설계에 관한 기본원리이다. 우리들은 거기에 **창조설계 원리**라는 이름을 붙였다. 창조설계 원리는 사람의 일에 대한 사고방식에 법칙성이 있음에 착안하여 설계의 구체적인 단계를

- 착상을 얻는 단계
- 착상을 발전시키는 단계
- 착상을 완성하는 단계

로 나누어 창조적인 설계방법으로 확립된 것이다. 창조설계 원리의 특징은 설계자의 안에 있는 「암묵지(暗黙知)」의 존재를 중시하고, 그 표출과 공유에 의한 적극적인 활용도 꾀한다는 점이다. 본 절에서는 이 창조설계 원리에 관하여 상세하게 설명하도록 한다.

(1) 착상을 얻다

앞의 [그림 3.6]에 보인 바와 같이 설계에 있어서 사고(思考)의 기본형태는 먼저 「요구기능」을 결정, 분석・분해하여 「기능」으로 하고 그것을 실현하는 수단으로서의 「기구」를 선택・결정하며 그것을 구체화, 전개・종합하여 「구조」로 하는 것이다. 즉,

「기능 → 기구 → 구조」로 진행하는 것이 본질이다.

그런데 이 사고과정의 처음 출발점인 전혀 새로운 것을 생각할 때의 씨앗도출은 어떻게 하는 것이 좋을까. 이것은 다른 말로 하면 착상을 얻기 위한 방법은 있는 것일까, 라는 것이다.

여기까지 많은 사람들이 「이렇게 하면 새로운 아이디어가 나온다」, 「이렇게 하면 좋은 생각이 떠오른다」고 하면서 다양한 씨앗도출 방법을 제안해 왔다. 어느 것도 유니크하고 흥미로운 것인데 필자는 그것들 중에는 공통의 법칙성이 있다고 생각한다. 예를 들면 새로운 씨앗이 나올 때의 「기분의 문제」이다.

독자 여러분은 아르키메데스가 부력의 원리를 발견했을 때의 얘기를 알고 있을 것이다. 아르키메데스는 욕조에 들어갔을 때 물이 넘치는 것을 보고 비중을 생각하는 법을 생각하게 되었다. 그리고 진짜 금괴와 가짜 금괴를 구별하는 방법을 알아냈다고 한다. 이 에피소드는 인간의 「번뜩임」에 관하여 말할 때 자주 인용되는 것이다. 그러나 필자의 눈에 이 이야기는 조금 다르게 보인다.

여기서 [그림 3.21]을 보기 바란다. 욕조에 들어갔을 때 사람의 몸은 중력에서 해방된다. 독자 중에도 목욕을 좋아하는 사람이 있다고 생각하는데 욕조에 풍덩하고 몸을 가라앉혔을 때 심신이 아주 기분 좋아진다. 새로운 씨앗이 나올 것 같은 때는 때때로 이렇게 심신이 풀어졌을 때이다. 요는 기분 좋을 때인 것이다. 아르키메데스가 비중의 계산법을 생각해냈을 때도 실로 「아아, 좋은 탕이다」라고 좋은 기분이 되어 있는 것과 다르지 않은 것이다.

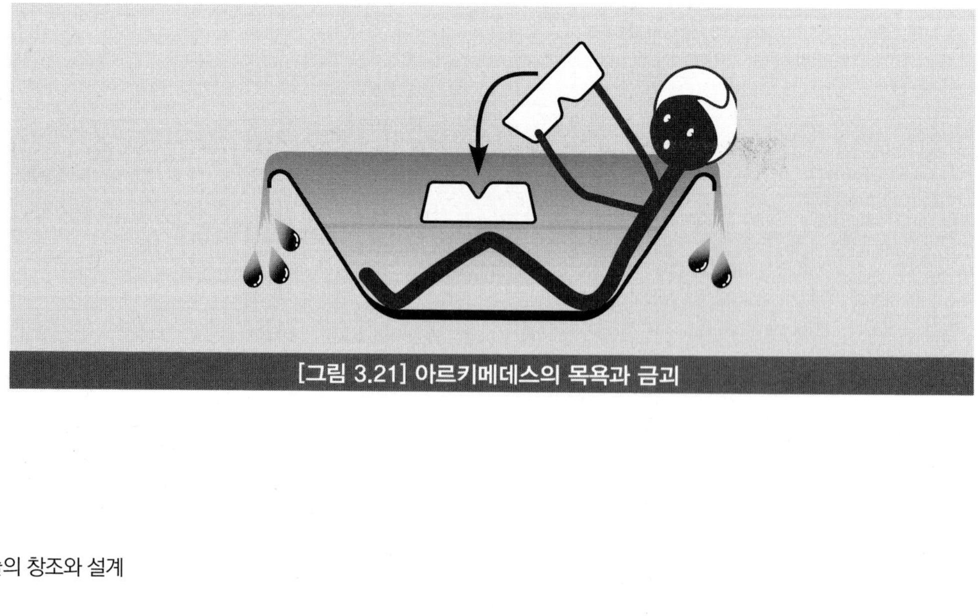

[그림 3.21] 아르키메데스의 목욕과 금괴

좋은 기분이 되면 머리가 자유롭게 움직인다. 새로운 씨앗은 좋은 기분이 되어 머리가 빠르게 회전하기 시작했을 때 나오는 것이다. 따라서 독자 여러분도 무언가 새로운 것을 원한다면 탕에 들어가 멍하고 있어 보는 것이다. 콧노래가 나오고 머리가 핑핑 움직이는 것을 실감할 것이라고 생각한다. 「목욕 중에 뜨거워서 생각하지 못한다」고 하는 사람은 화장실에 들어가 생각해 보기 바란다. 목욕탕과 똑같은 것이 화장실 안에서도 발생한다. 좋은 아이디어를 점차 생각해내는 사람은 화장실에 반드시 메모장과 연필을 비치해 놓는다고 한다.

아르키메데스의 목욕과 화장실이 공통인 것이다. 그것은 신체의 속박에서 해방되었을 때 두뇌가 자유롭게 움직이고, 그 결과 새로운 생각 씨앗이 자연스럽게 녹아나온다는 사실이다.

이와 같이 새로운 생각이 떠오를 때는 어떤 공통의 법칙성이 있다. 이것을 거꾸로 말하면, 무언가 착상을 얻기 위해서는 그 법칙성을 적극적으로 이용하는 것이 좋다는 것이다. 인간 머리의 특성을 알고 이용하는 것인데 자기나 타인의 머리가 자유롭게 움직이도록 만들어주는 것이 좋다는 것이다.

첨기

필자는 최근 30년 동안 매년 이즈(伊豆)반도의 헤다(戸田)라는 곳에 가서 밤샘 연구모임을 하고 있다. 그런데 이상한 것은 헤다에 가서 생각하면 도쿄에서는 나지 않았던 생각이 스르르 떠오르는 것이다. 필자에게는 헤다라는 토지가 몸에 상당히 맞는 모양이다. 헤다는 바다가 가까워 기분이 좋고, 먹을거리도 빼어나게 맛있다(「노이치」라는 식당의 생선요리가 일품이다). 그런 음식을 자기 앞에 두면 머리가 매우 자유롭게 움직이게 되는 것이다. 한편으로 필자는 「기술창조연구회」라는 모임도 주최하고 있는데 그 연구모임도 매년 1회 숙박하며 진행하고 있다. 이 연구모임에서는 최고의 숙소와 최고의 요리를 준비하도록 하고 있다. 왜일까. 특별히 고급기호를 선호하기 때문이 아니다. 「기술창조연구회」에는 기술세계에서 탑을 달리는 사람들이 바쁜 시간을 할애하여 참가하고 있다. 그런 사람들이 기분 좋은 토론을 하고, 자유롭게 생각을 펼칠 수 있는 환경을 만들고자 하기 때문이다. 이 「기술창조연구회」에서는 참가자 모두 식사도 제쳐놓고 토론에 열중한다. 모처럼의 요리를 남기게 되는 것이 고민이다.

이상과 같이 착상을 얻기 위해서는

- 머리가 자유롭게 움직일 것
- 머리가 자유롭게 움직이는 장소와 시간을 만들 것

- 머리가 자유롭게 움직이는 장소에 몸을 둘 것

이 가장 중요하다. 이제부터 설명하는 「착상을 얻기 위한 방법」은 모두 이 3가지 공통점을 갖는다. 요는, 자기 머리도 타인의 머리도 자유롭게 움직이도록 하려면 어떻게 할까를 생각하여 연구하고 실행하는 것이다.

그리고 또 하나의 중요한 것은

- 늘 머리의 어딘가에서 끈질기게 생각을 이어가고 있을 것

이다. 이것은 앞에서 설명한 「직관」과도 관계되는 것인데 어느 때, 어느 장소에서 집중적으로 몰두하여 생각할 뿐만 아니라 매일의 생활이나 작업 중에서 머리를, 생각하는 것도 아닌데 생각하고 있는 상태가 되게 하는 것이 중요하다. 사람들은 자주 「직감」이라는 말을 쓰는데 어느 순간에 팟 하고 번쩍이는 좋은 상태를 말하나 그것과는 크게 다르며 착각이다. 착상은 아무것도 생각하고 있지 않는 데서는 절대로 생기지 않는다. 하물며 「자, 생각합시다」라는 식으로 말하여 「네, 나왔습니다」라고 잘 나오는 것이 아니라는 말이다. 착상을 얻기 위해서는 완강하고 끈질기게 생각을 계속하는 것이 중요하다.

이상의 4개 요점이 서로 어우러져 착상이 탄생하는 것이다.

이렇게 하여 조금 서두가 길어졌는데 이제부터는 「착상을 얻기 위한 방법」에 관하여 설명해 본다. [그림 3.22]를 보기 바란다. 착상을 얻기 위해서는 4개의 구체적인 방법이 있다. 즉,

1) 수평법(水平法)
2) 사고연산법(思考演算法)
3) 대화법(對話法)
4) 브레인스토밍(brainstorming)법

이다. 차례대로 설명해 보기로 하자.

1) 수평법

먼저 「수평법」이다. 이것은 또 2개의 방법으로 나뉜다. 1개는 다른 분야의 상식이나 지식을 자기 분야에 적용해 보는 것이다. 결국 딴 곳에서 가져온다는 것이다. 그리고 또 1개는 거꾸로 자기 분야의 지식이나 생각을 다른 분야에 적용해 보는 것이다. 결국 딴 곳으로 가져가는 것이다. 둘 다 분야를 초월하여 저쪽에서 이쪽으로, 이쪽에서 저쪽으로 왔다갔다하는 것이 공통점이다. 분야를 초월하여 적용이 가능한 지식이라면

저쪽에서 이쪽으로 오거나 이쪽에서 저쪽으로 가거나 같을 것이다. 그렇다고 한다면 1개의 분야만으로 지식을 막으면 안 된다. 거꾸로 말하면, 지식이라고 하는 것은 반드시 다른 분야와의 왕래가 가능한 넓고 깊은 폭과 깊이를 가져야 한다는 것이다. 그것이야말로 진정한 지식이라고 말할 수 있기 때문이다.

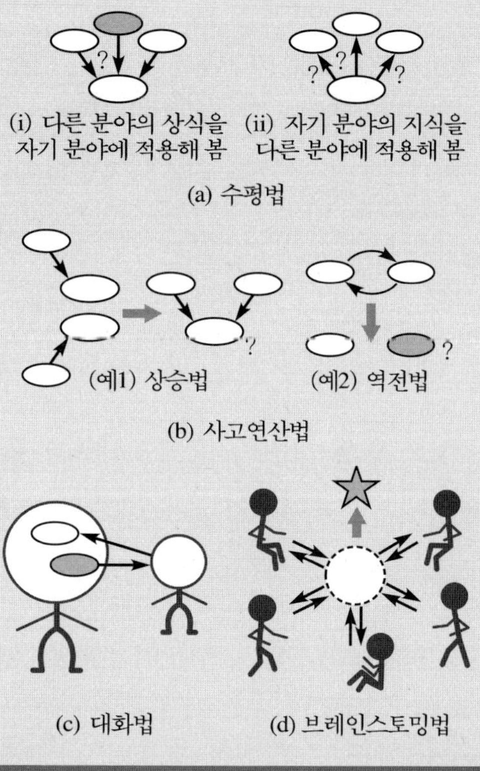

[그림 3.22] 착상을 얻기 위한 방법 예

첨기

자기의 전문분야에서만 굳어져 고착되면 안 된다. 다른 분야도 같은 정도로 깊게 공부할 필요가 있다. 다만 그 때에는 단지 개별적으로 정통할 뿐 아니라 상위개념에까지 올라 이해하는 것이 중요하다. 상위개념에 올라 자기 나름으로 이해하면 자기와 같은 정도로 상위개념에 올라 이해하고 있는 다른 분야의 사람이 있음을 알게 되고, 그런 사람과 만났을 때에는 실로 불가사의한 일이 발생한다. 설명이 필요 없는 것이다. "간담상조(肝膽相照)"라는 말이 있을 것이다. 바로 그것이다. 10분도 채 얘기하지 않고 금세 깊은 대화에 들어가 마치 10년 지기와 같이 되어 버린다. 분야가 다르다는 것은 전혀 장해가 되지 않는 것이다. 진정한 지식이란 사람과 사람을 그와 같이 연결하는 것이라고 생각하는 것이다. 단지 만물박사들에게서는 이런 일은 절대 일어나지 않는다.

덧붙여서, 「기(己, 키; 천간의 오행설에서 토(土)에 속함)」와 「이(已, 이; 이미)」, 그리고 「사(巳, 미; 뱀)」의 문자를 이용한 이런 노래가 있다.

"키코노코에 오노렛치노시타윳키 이스데니추바시 미하미나츠쿠"

2) 대화법

그럼 다음은 「사고연산법」으로 가야되는데 이것에 관해서는 조금 뒤에서 설명하는 쪽이 아마 알기 쉽다고 생각하므로 1개를 건너 뛰어 3번째인 「대화법」을 설명하기로 한다.

이 방법은 자기에게 뭔가 새로운 아이디어가 떠오르면 어찌되었든 다른 사람에게 직접 얘기해 보도록 하는 것이다. 그 아이디어를 들은 사람은 의문을 갖기도, 질문을 하기도, 「그렇다면 이런 것도 있겠죠」라고 시사(示唆)를 제공하기도, 「그런 말도 안 되는」이라고 말하기도 할 것이다. 그러면 그런 코멘트가 자기 머릿속에 들어옴으로써 또 새로운 생각이 떠오르게 된다. 이것이 대화법이다.

대화법은 3단계로 이루어진다. 제 1단계는, 자기 머릿속에 아이디어가 떠올랐을 때 누군가 다른 사람에게 부딪혀 보고 돌아오는 것을 기대하는 단계이다. 가장 초보적, 근원적인 대화법이다. 이 단계에서 얻는 착상은 상대하고 있는 사람의 사고방식, 생각수준, 기호에 의존한다. 따라서 어느 정도의 사람에게 말하지 않으면 아무것도 나오지 않게 된다. 지장보살에게 아무리 말을 걸어도 아무 답도 나오지 않는 것이다.

제2단계는 상대로부터 「이해를 받자」, 「납득을 받자」라고 생각하면서 「이 사람은 이런 말을 하지 않을까?」라고 반응을 미리 생각하여 자기 머릿속에 아이디어를 떠올리는 단계이다. 상대의 반응에 기대하고 있는 것은 아니고, 또 상대의 반응을 보고 자기 머릿속에 새로운 아이디어가 나오는 것도 아니다. 상대에게 알게 하기 위해서 상대의 반응을 예상하면서 생각해감으로써 자기 머릿속에 새로운 아이디어가 떠오르는 것이다. 이 단계에서 얻는 착상은 이쪽에서 생각하고 있는 상대의 레벨에 의존하고 있다. 따라서 본질을 잘 분별하고 있는 사람을 예상하면 풍성한 착상을 얻을 수 있다. 자기가 믿고 있는 지장보살님께 얘기하는 것과 같으므로 받는 은혜는 절대적이다.

그리고 제3단계는 구체적인 사람이 없을 때 좋은 단계이다. 우선 누군가 일반인에게 생각을 부딪치면 무슨 일이 생길지를 생각해 보는 것이다. 그러면 생각이 급격하게 넓어져 간다. 그 사람들이 납득하기도 하고, 찬성하기도 하고, 의문을 보이면서 어떻게 할까를 예상하여 자기의 생각을 진행시켜 깊어져 가는 것이다. 이 단계에 이르면 벌써 구체적인 지장보살이 없어도 괜찮다. 무언가 관음보살과 대화하는 기분이다.

이상의 3개 단계를 의식하여 생각해 가면 최초에는 자기밖에 알지 못하는 1개의 씨앗을 점점 발전・진화시켜 갈 수 있다.

3) 브레인스토밍(brainstorming)법

다음의 방법은 「브레인스토밍법」이다. 이 방법은 매우 중요하므로 좀 더 상세하게 설명하기로 한다.

브레인(brain)은 「뇌(腦)」, 스톰(storm)은 「폭풍(嵐)」이라는 의미인데 브레인스토밍이란 주어진 테마를 모두에게 와랑와랑 할퀴어 돌리면 그 중에서 무언가 나온다는 의미의 용어이다.

실제의 브레인스토밍법은 무언가 구체적인 주제가 있을 때 몇 사람이 여러 가지 생각을 계속 내 놓는 것으로 시작된다. 우선 몇 사람이 모이면 좋을까, 사람 수가 너무 많으면 발언하기 쉽지 않으므로 4~5인 정도가 베스트이다. 단, 여기서 중요한 것은 어떤 사람들을 모으는가이다. 같은 사고방식을 가진 사람은 10명 모아도, 100명 모아도 새로운 생각은 나오지 않는다. 평상시에 같은 사고방식으로 같은 일을 하고 있는, 같은 부서 같은 과의 사람이 「자, 새로운 아이디어가 있으니까 모두 모여 브레인스토밍을 하자」와 같이 말하는 것은 어리석음의 극치이다. 그런 것으로는 아무것도 나오지 않는 것이다. 누구나 같은 사고방식을 갖고 있으므로 생각은 곧 고갈되어 끝나게 되어 버릴 것이 뻔하다.

생각지도 못한 새로운 생각을 바란다면 분야나 사고방식이 다른 사람이 모여야 한다. 모여야 할 사람은 과제의 중요성을 똑같이 알면서도 생각의 방향이 다른 사람들이다. 가능하면 분야도 다르고, 전문성도 다를 정도로 모든 것이 다른 사람이 좋다.

첨기

예를 들어 회사를 우산에 비유하여 생각해 보자. [그림 3.23]을 보기 바란다. 회사 안의 일이 잘 되어 가는 것은, 사장 이하 부서나 과의 사람들 모두의 사고 방향, 행동하는 방향이 같을 때이다. 우산으로 비유하면 접힌 상태일 때이다. 1개의 일을 모두가 함께 하고 있을 때는 이것이 좋다. 그러나 사고방식이나 행동의 다양성이 중시되는 브레인스토밍의 장(場)에서는 이걸로는 안 된다. 자유로운 발상이나 사고방식은 펼쳐진 우산이다. 이 때, 우산살은 모두 다른 쪽을 향하고 있다. 모두가 같은 사고방식, 같은 행동을 할 때는 우산은 결코 펴지지 않는다. 우산살이 전부 한 방향을 향하고 있기 때문이다. 생각의 방향이 다른 사람, 행동의 방식이 다른 사람이 같이 모여 모두 동등한 진지함과 깊이로 생각했을 때 비로소 우산은 활짝 펴지는 것이다. 한편 브레인스토밍에 모인 사람의 지식이나 능력, 생각의 힘이 강하지 않으면 잘 되지 않는다. 깊은 것을 생각하지 않는 사람, 알고자 하는 의욕이 없는 사람을 참여시키면 우산에 짧은 살이 섞이게 된다. 그런 온전치 못한 우산은 펼쳐져도 확실한 역할의 우산이 될 수 없는 것이다. 따라서 비슷한 문제의식을 갖고, 비슷한 진지함으로 생각하는 사람을 모으는 것이 중요한 것이다.

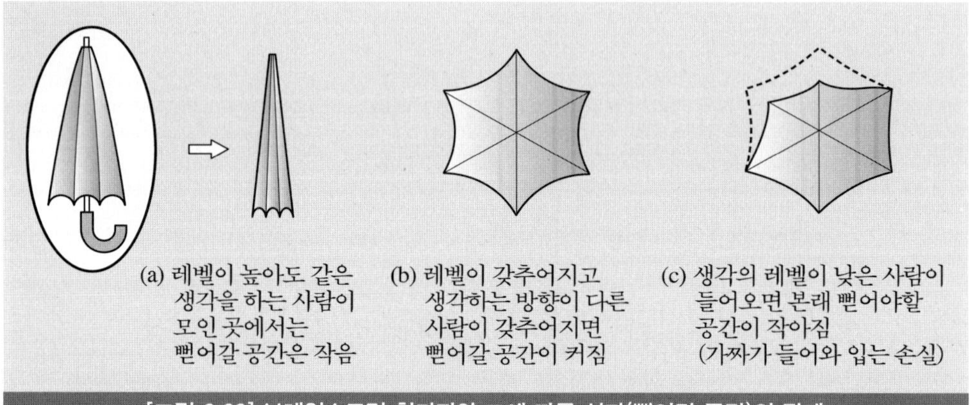

[그림 3.23] 브레인스토밍 참가자와 그에 따른 성과(뻗어갈 공간)의 관계

그런데 토론이 진행되어 가면, 「그런 말을 하나」라고 하는 사람이 왕왕 나온다. 그것이 모두를 안 되게 하는 것이다. 왜 그럴까. 토론의 장에 사람의 의견을 부정하는 분위기가 있어서는 혹시 발언이 있어도 부정되는 것을 미리 회피하려는 발신밖에 나오지 않게 된다. 부정될 것 같은 생각은 입에 올리지 않게 되는 제약이 생기므로 결국 부정을 피하는 생각밖에 떠오르지 않게 되어 버리기 때문이다. 따라서 브레인스토밍에서는 부정적인 것을 절대로 말하면 안 되고, 비판을 해도 안 되고, 안 되는 이유를 찾는 것도 안 되는 것이다.

예를 들어 뭔가 생각이 나왔다고 하자. 그 생각을 듣고 누군가가 「이 문제에는 다음과 같은 과제가 있군요」라고 말했다고 하자. 여기서 그 과제에 관해 이야기를 진행한다면 좋다. 그러나 이 때, 「너, 그런 말을 했는데 될 수 없어」라고 말하면 안 된다. 같은 얘기지만, 이 「그런 말을 했어」가 모두를 안 되게 한다는 것이다. 브레인스토밍에서는 아이디어가 발전하는 방향으로만 토론을 진행해야 한다. 모순점, 실현불가능한 점을 지적하는 사람이 있으면 그 사람은 즉각 토론에 참여하지 못하게 하거나 침묵하고 있게 해야 하는 것이다.

코디네이터(전체의 토론을 절충하는 사람)가 중요한 것은 그 때문이다. 부정적인 것을 말하는 사람이 나오면「너, 그 발언은 안 돼. 여기는 그런 말 하는 데가 아니야」라고 못 박아 말한다. 브레인스토밍은 이렇게 말하는 사람은 사절해야 한다. 그렇게 적격한 코디네이터가 없으면 어떻게 될까. 브레인스토밍에서는 모두의 머릿속에 있는 생각을 계속 나오게 해야 하는데 참가자는「혹시 비판받을지 모른다」,「부정적인 의견이 나올지도 모른다」고 생각하여 머리가 순간적으로 방어모드로 돌아가 버리는 것이다. 그러면 새로운 생각이 스르르 나오는 상황은 없어지고, 결국에는 아무것도 나오지 않게 되어 버리는 것이다.

머릿속의 생각을 스르르 나오게 하려면 치켜세우는 것이 최고다.「치켜주면 돼지도 나무에 오른다」고 하는데 돼지도 아닌 인간은 더욱 그렇다.「이야, 그런 좋은 생각을 하다니」라는 말을 들으면 누구라도 기분이 좋아진다.「아니, 이런 걸 어떻게?」라고 말해 계속 생각을 나오게 하는 것이다. 그렇게 하면 자연스럽게 전체의 아이디어가 넓고 깊게 전개되어 가게 되는 것이다. 현명한 코디네이터는 그런 인간의 심리를 교묘하게 이용한다. 사람을 상대로 치켜세울 줄 아는 코디네이터를 선택하는 것이 브레인스토밍을 훌륭하게 운영하기 위한 요체(要諦)이다.

첨기

사고방식이 전혀 다른 인간이 5인 모이면 아이디어의 조합은 5! 정도(120 정도)나 된다. 4인일 때는 5배, 3인일 때라면 20배나 달라진다. 이로써 단순히 사람 수를 채우는 것이 아니라 전혀 다른 방향으로 생각하는 사람을 모으는 것의 중요성을 알 것이다.

(2) 착상을 발전시키기 위한 사고연산(思考演算)

그럼 착상을 얻고, 그 후에는 어떻게 하면 좋을까. 착상만 가지고는 물건을 만들지 못한다. 착상을 발전시켜 가야할 필요가 있는 것이다.

착상을 발전시켜 가는 데는 3가지의 방법이 있다. 즉,

- 사고연산(思考演算)
- 사고탐색(思考探索)
- 가상연습(假想演習)

의 세 가지이다. 여기 (2)항에서는 먼저「사고연산」에 관하여 설명해 보자. 개념을 대략

설명한 후에는 실제의 응용 예를 추가하여 보다 구체적으로 나타내는 것으로 한다. 그리고 계속하여 (3)항에서는 「사고탐색」을 설명하고, (4)항에서 「가상연습」에 관해 설명한다. (3)항, (4)항까지는 조금 페이지가 떨어져 있으므로 이야기의 줄거리를 놓치지 않도록 주의하기 바란다.

그럼 먼저 **사고연산**부터 설명을 시작해 보자. 우선 [그림 3.24]를 보기 바란다. 착상을 얻을 때 법칙성이 있는 것 같이 착상을 발전시켜 갈 때도 법칙성이 있다. 그 법칙성에 맞추어 적극적으로 이용하면 착상이 계속 확장되거나 새로운 착상이 생긴다.

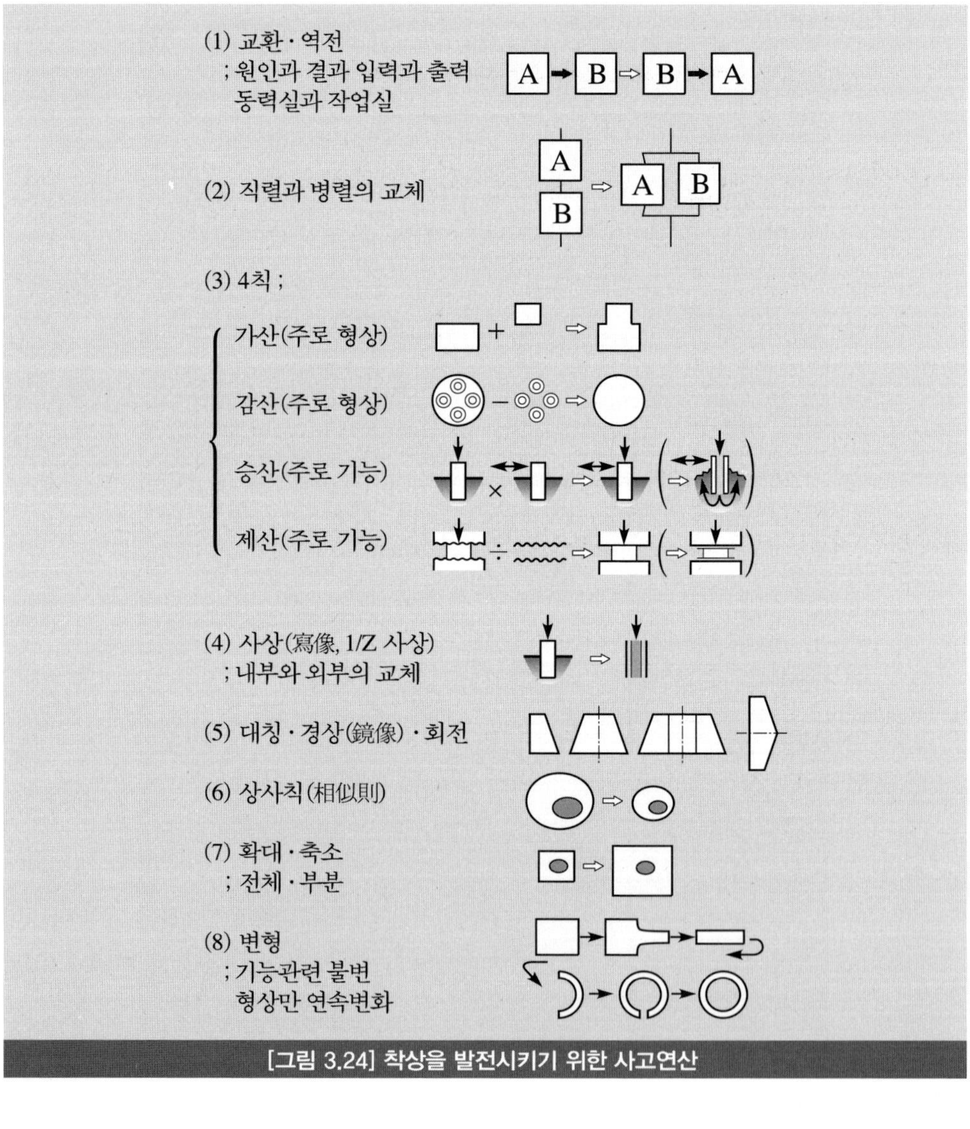

[그림 3.24] 착상을 발전시키기 위한 사고연산

법칙성에 맞추지 않고 임기응변식으로 하고 있는 사람도 많이 있는데 그것은 사실 손해이다. 사고연산은 매우 유효한 방법인 것이다. 독자 여러분은 꼭 이것을 써서 생각해 보기 바란다.

첨기

이 3.3절의 주제인 「창조설계 원리」란 이제부터 설명하는 「사고연산」과, 다음 (3)항에서 설명하는 「사고탐색」을 조합한 것인데 필자의 「창조설계 원리」와 매우 유사한 것이 러시아에도 있다. 지금부터 50년쯤 전에 러시아의 알트슐러(Genrich Altshuller)가 발견한 TRIZ(트리즈)라는 것이 있다. 이것은 「혁신적인 문제해결방법」이라고도 하는 것으로, 러시아어를 영어로 직역한 단어의 약자이다. TRIZ 사고방식은 창조설계 원리와 매우 유사하다. 지금부터 15년 쯤 전에 스웨덴에서 개최된 설계 국제회의에서 토론을 했을 때 필자는 내 생각으로서 창조설계 원리를 소개하였다. 그 때, 「당신의 사고방식과 똑같은 것이 러시아에도 있다」고 말해준 것이 TRIZ이다. TRIZ는 「사고의 법칙성을 적극적으로 사용한다」라는 것인데 필자의 창조설계 원리와 사고방식이 너무나 유사하여 깜짝 놀랐다. 그것이 바로 V.R.Fey, E.I.Rivin, 하타무라 요타로 공저 『TRIZ 입문－사고의 법칙성을 사용한 제조의 사고방식』(일간공업신문사, 1997)이다.

그런데 「사고연산」이라는 용어는 필자가 수학의 사고를 도입하여 만든 조어(造語)로 다음의 8개 항목으로 구성된다. 즉,

① 교환・역전
② 직렬과 병렬의 교체
③ 4칙 － 가산(加算)・감산(減算)・승산(乘算)・제산(除算)
④ 사상(寫像) － 1/Z 사상
⑤ 대칭・경상(鏡像)・회전
⑥ 상사칙(相似則)
⑦ 확대・축소
⑧ 변형

이다. [그림 3.24]를 보면서 먼저 대략적인 개념에 관해 순서대로 설명해 보기로 하자. 이들 중 「교환・역전」과 「직렬과 병렬의 교체」, 「변형」에 관해서는 응용 예와 함께 좀 더 구체적으로 설명하기로 한다.

1) 교환 · 역전

이것은 2개 사상의 순번을 교체해 보는 것이다. 예를 들어 「원인과 결과를 교체해 본다」, 「입력과 출력을 교체해 본다」, 「동력실과 작업실을 교체해 본다」 등으로 생각한다. 「A가 일어나면 B가 일어난다」고 할 때 A와 B의 순번을 역전시켜

- 「B가 일어나면 A가 일어난다」고 생각하는 것이 가능할까, 어떨까
- 혹시 가능하다면 그렇게 했을 때 어떤 일이 벌어질까
- 그렇게 하려면 어떻게 하는 것이 좋을까

등을 생각하여 착상을 발전시켜 나가는 방법이다. 만일 일반화하여 뭔가 그르치게 되면, "그건 좋은 것이 아닌가"라거나 "좋은 것을 그르치려면 무엇이 필요한가"라고 생각하는 것, 그것에 해당한다.

2) 직렬과 병렬의 교체

이것은 2개의 요소가 배치되게 하여 그것이 직렬배치이면 병렬배치로, 병렬배치이면 직렬배치로 교체해 보는 것이다. 어느 작업을 하거나 움직이거나 하는 기구의 설계에서는 보통 뭔가의 요소 다음으로 또 하나의 다른 요소를 연결하여 그런 동작이 합쳐짐으로써 전체 동작이 되게 하는 직렬배치로 하는 일이 많다. 그러나 이 배치를 굳이 병렬배치로 교체, 서로 간섭하는 기구가 되게 해 보면 전혀 다른 기능이 생기는 것이다.

이것과 똑같이 2개의 작용을 순서대로 적용했을 때 "동시에 적용하면 어떻게 될까", "동시에 적용하려면 어떻게 해야 할까"라고 생각하는 것, 그것에 해당한다.

3) 사칙(四則)

이것은 수학에서 말하는 가감승제, 즉 가산 · 감산 · 승산 · 제산이다. 가산과 감산은 형상에 관해 생각할 때 유효하다. 한편 승산과 제산은 기능에 관해 생각할 때 적용할 수 있다. 차례대로 설명해 보자.

① **가산** : 가산은 어느 것과 어느 것을 합치는 것이다. 형상의 가산에서는, 어느 형상과 다른 형상 2개를 1개로 합친 형상을 상정(想定)하여 「그건 어떤 효과를 가질까」, 「그걸 만들려면 어떻게 하는 게 좋을까」라고 생각한다. 실제 기계설계에서는 2개의 부품을 일체화할 때 접합부가 생기지 않게 하기 위해 접속용 부품이 필요 없게 만든다. 또한 전체의 강성(剛性)도 높아진다.

② 감산 : 감산은 어느 것으로부터 어느 부분을 제거하는 것이다. 형상의 감산에서는, 어느 형상의 것으로부터 어느 형상 부분을 제거한 것을 상정하여 「그건 어떤 효과를 가질까」, 「그걸 만들려면 어떻게 하는 게 좋을까」를 생각한다. 실제 예로는, 회전핀에 대한 것이 있다. 회전핀이란 링크기구의 회전부분 등에 이용되는 환봉(丸棒)이다. 지금 휨강도를 떨어뜨리지 않게 무게를 감소시키라는 요구가 있다고 하자. 여기서, 이 환봉의 중심부분을 파낸다면 어떻게 될까라고 생각한다. 그러면 원통형 핀이 되는데 이것은 휨강도를 떨어뜨리지 않고 가볍게 될 수 있다. 게다가 파내어 생긴 공간은 정보나 에너지 전송로(傳送路)로도 사용할 수 있게 되는 것이다.

③ 승산 : 승산은 2개의 사상(寫像)을 동시에 일으키는 것이다. 기능의 승산은 2개의 작용을 동시에 일으켜 곱해지게 하는 것을 의미한다. 많은 경우 상승효과가 있는지 없는지를 검토하게 된다. 실제 예로는 진동항타기(振動杭打機)가 있다. 지중에 항(杭)을 때려 넣을 때는 항의 꼭대기에 생기는 저항력과, 항의 측면이 흙과의 마찰로 생기는 저항력이라는 2개의 관입저항(貫入抵抗)이 생긴다. 여기서, 항에 연직방향의 힘을 가할 뿐 아니라 항을 횡방향으로 진동시키면 어떨까 하고 생각한다. 횡으로 진동시키면 측면에 생기는 마찰 저항력을 감소시킬 수가 있다. 그렇게 하면 전체로서 작은 관입저항으로 항을 때려 넣을 수 있게 되는 것이다.

④ 제산 : 제산은 지금 일어나고 있는 사상으로부터 어느 부분사상을 제거하도록 하는 것이다. 기능의 제산은 동시에 작동하고 있는 2개의 작용 중 1개를 배제함을 의미한다. 실제 예로는 컴퓨터 하드웨어의 하나인 프린트기판에서의 박판상(薄板狀) 적층압착(積層壓着) 가공이다. 물건을 성형하는 프로세스에서는 가공구(加工具)와 피가공물(被加工物) 사이의 마찰이 영향을 미치는 경우가 많다. 예를 들어 플라스틱 박판을 상하로 눌러 압착할 때, 사이에 끼인 피가공재(被加工材)는 바깥쪽으로 밀려나는 것이 마찰에 의해 방해된다. 그 결과 중앙부의 압력분포가 높아진 상태로 압착이 완료된다. 이런 상태의 박판은 상하압(上下壓)이 풀리면 탄성회복에 의해 중심부가 두껍고 주변부가 얇은 형상이 되어 표면이 평평해지지 않는다. 여기서, 가공구와 피가공물 사이의 마찰을 없애면 어떨까하고 생각한다. 그러면 평평한 표면의 박판이 만들어지는 것이다. 기능에 부수되는 현상을 없앰으로써 새로운 효과를 갖는 제품이 탄생하는 것이다.

4) 사상(寫像)

이것은 어느 형태로 만들어진 것이 다른 형태로도 만들어지지 않을까 생각하거나 무언가의 외측에서 일어나고 있는 현상은 그 내측에서도 일어나는 것이 아닐까 생각하는 것이다. (창조적 설계에 있어서의 사고전개에서 말하는 선택・결정으로서의 「사상」과는 의미가 다름에 주의하기 바란다.)

예를 들어 등각사상(等角寫像)의 하나인 1/Z사상을 생각해 보자. 그 일례(一例)로 「파이프를 사용하여 쓰레기를 압송(壓送)한다」는 것을 생각해 본다. 이것은 「지중에 항을 때려 넣는다」는 것의 1/Z사상이 되고 있는 것이다. 항과 외측의 흙 사이에 생기는 마찰은 파이프의 내벽과 쓰레기 사이에 생기는 마찰에 상당한다. 즉, 외측에서 일어나고 있는 현상이 내측에서 일어나고 있는 현상으로 교체되고 있다는 뜻이다. 결국은 앞의 승산연산에서 생각한 「진동항타기」의 원리가 쓰레기 압송에도 적용될 수 있다는 것이다. 실제 파이프를 횡방향으로 진동시키면 압송에 필요한 파이프의 원래 압력을 반 이하로 할 수 있다. 바깥과 안을 교체하면 새로운 효과가 생긴다는 예이다. 이와 같은 현상은 우리 주변에 많이 있다.

5) 대칭・경상(鏡像)・회전

설계에서는 어느 1개의 형태를 보면 그것을 입체의 단면형상이라고 생각하는 것이 대단히 중요하다. 그리고 그 형태의 어딘가에 대칭축을 정해서 대칭형을 만들어보거나, 회전축을 정해서 회전형을 만들거나, 경상(鏡像)을 만들거나 하는 것이다. 자기가 보고 있는 형태를 단면으로 가정함으로써 여러 가지 새로운 입체형태를 만들어내는 것이다.

6) 상사칙(相似則), 확대・축소

「상사칙」과 「확대・축소」는 서로 연동하는 경우가 많으므로 함께 설명하기로 한다. 상사칙은 형태는 그대로 변하지 않고, 전체를 확대하면 어떻게 될까, 전체를 축소하면 어떻게 될까를 생각하는 것이다. 한편 확대・축소는 부분적으로 확대하면 어떻게 될까, 부분적으로 축소하면 어떻게 될까를 생각하는 것이다. 2배나 반으로 하는 정도로는 그만큼 효과는 없으나 자릿수를 달리하여 작용시키면 지배하는 법칙이나 거기에 관여하는 지배칙(支配則)이 교체되기 때문에 생각외의 큰 효과를 볼 수 있게 된다. 또, 이런 경우는 가공법의 제약이 따르므로 기구(機構)나 구조까지 크게 변하는 것이다.

7) 변형

이것은, 1개의 형태가 있을 때 그 한 끝을 잡아당기거나 쭉 늘여서 구부리면 어떻게 될까, 또한 구부린 끄트머리끼리 연결하면 어떻게 될까 하는 것을 생각하는 것이다. 토폴로지(topology)적 변형이라고도 한다. 변형이라는 동작에서는 기능과 관련해서는 불변이고, 형상은 연속적으로 변화한다. 예를 들어 [그림 3.24]에 보인 바와 같이 블록을 링크하여 변형한 경우를 생각해 보자. 이 때, 처음의 블록과 최후의 끄트머리가 연결되지 않은 링크는 기능이나 작동원리가 같다. 그러나 끄트머리를 연결해 버리면 토폴로지(위상기하학, 位相幾何學)적으로는 전혀 다른, 새로운 구조가 되어 있는 것이다.

이상으로 사고연산의 개념을 하나씩 알게 된 셈인데 이제부터는 그 중 「교환・역전」, 「직렬과 병렬의 교체」, 「토폴로지적 변형」에 관하여 실제 응용 예를 들어가면서 보다 상세하게 설명하기로 한다.

8) 교환・역전연산과 그 응용

우선은 「교환・역전」이다. [그림 3.25]를 보기 바란다. 「교환」이란 「A이면 B(이하 A → B로 표시)」라는 것이 성립하고 있을 때 강제로 「그럼 B이면 A는 성립하지 않는가?」라고 하여 A와 B를 바꿔 넣어, 즉 교환하여 생각해 보는 것이다. 그리고 「B이면 A(이하 B → A로 표시)」를 성립시키려면 어떤 조건을 어떻게 변화시키면 좋을지를 생각한다. 만일 성립하지 않으면, 「B → A」를 성립시키려면 어떤 조건을 배제하거나 추가하면 좋을지를 생각해 간다.

여기서 주의를 요하는 것은 확실히 말할 수 있는 것은 「A → B」이지 「B → A」가 아니라는 점이다. 「B → A」라고는 원래 말할 수 없는 것이다. 그러나 강제로라도 좋으니까 하여튼 「B → A」라는 과제를 부여하여, 그것을 실현할 수 있는 수단, 그렇지 않으면 실현할 수 없는 수단을 찾아가는 것이 「교환」의 사고방식인 것이다. 성립되지 않는 것을 성립시키게 하려면 어떻게 하는 것이 좋을지를 굳이 생각해 보는 것이다.

한편 「역전」의 사고방식도 「성립하지 않는 것을 성립시키려면 어떻게 하는 것이 좋을까」를 생각한다는 것은 같다. 다만, 「역전」의 경우는 「B → A」가 아니라 논리관계를 완전히 뒤집어서 B의 성립을 전제로 A가 성립하지 않는지, 즉 「A ← B는 성립하지 않을까?」라고 생각하는 것이다.

자기가 뭔가 새로운 생각을 얻으면 「교환・역전」을 하는 것만으로도 또 다른 착상 세계로 확장될 수 있다. 「교환・역전」의 특별한 장점은, 과제설정이 자동적으로 될

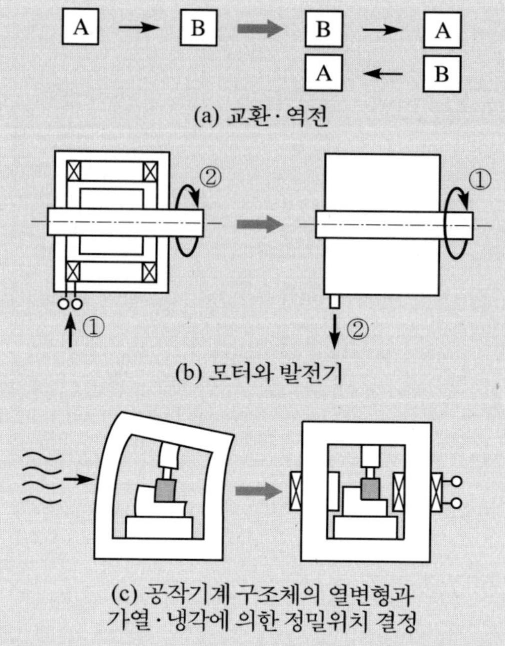

[그림 3.25] 교환 · 역전연산과 그 응용

수 있다는 것이다. 따라서 뭔가 착상을 얻으면, 이러쿵저러쿵 하기보다는 이 「교환 · 역전」을 생각하는 쪽이 좋다. 안 그러면 모처럼 얻은 착상이 작게 흩어져 버려 실로 아깝게 되는 것이다.

좀 더 구체적으로 생각해 보도록 하자. 예를 들어 「입력이 있으면 출력이 나오는」 기계가 있다고 한다. 여기서 생각을 멈추지 않고, 「교환 · 역전」 사고방식을 도입하여 「"출력이 있으면 입력이 나오는 기계"는 불가능할까?」라고 생각해 보는 것이다. 그렇다고 해도 그런 것은 보통 생각으로는 될 수가 없다. 그러나 여기서 「그런 걸 말이라고…」 같이 말해 생각의 폭을 좁히면 안 된다. 그걸 굳이 실현하려면 어떻게 하면 좋을까라고 어리석은 줄 알면서 생각해 보는 것이다.

그럼, 「입력이 있으면 출력이 나오는」 기계란 실제로는 어떤 것일까. 예를 들어 센서가 있을 것이다. 센서는 외부로부터 작용이 있으면 신호가 나오는 기계이다. 다만, 여기서 「아, 그러고 보니 센서가 있었네」로 생각을 멈춰버리면 안 된다. 그것의 「교환 · 역전」인 「"신호를 넣으면 작용이 나오는 기계"는 만들 수 없을까」라고 생각하는 것이다. 그리고 그것은 만들어지는 것이다. 알다시피 액추에이터(actuator)이다.

구체적인 예는 또 있다. 모터이다. 직류 모터에는 여러 가지 구조의 것이 있는데 모터는 대체로 외부로부터 전류가 흐르면 축이 회전하는 구조로 되어 있다. 여기서 또 「교환 · 역전」을 생각하는 것이다. 결국 「축을 회전하면 전류가 나오는 기계는 만들 수 없을까?」라고 생각하는 것이다. 실제로 직류 모터라면 축을 회전하면 전류가 정말로 나온다. 만일 금방 전류가 나오지 않아도 전류가 나오게 하는 데는 어떤 구조로 하면 좋을지를 생각하고 연구하여 만들면 되는 것이다.

첨기

축을 회전시킬 때 전류가 발생했다고 하면 이 모터는 발전기로서의 기능도 갖고 있었다는 것이 된다. 자, 여기가 운명의 갈림길이다. 모터를 모터로밖에 보지 못하는 사람은 모터가 발전기이기도 하다는 걸 도저히 알지 못한다. 이런 사람에게는 사업 확장의 비즈니스 찬스가 찾아오지 않는다. 그러나 모터가 갖는 발전기 기능을 누구보다 일찍 알아차린 사람이 있다면 그 사람에게는 찬스가 찾아오는 것이다. 예를 들어 영구자석이 붙어 있는 축이 있고, 그 구조에 관해 적은 후에 기능으로서 「전류를 넣으면 축이 회전하는 것을 특징으로 하는 기계」라고 써서 특허를 출원했나고」 하사. 이렇게 하면 모터의 특허를 취득할 수 있다. 그러나 여기서 멈추지 않고 교환 · 역전을 행하여, "축을 회전시키면 전류가 흐르지 않을까"라고 생각해 본다. 그러면 실제로 그와 같은 일이 일어난다. 그리고 같은 구조의 물건에 대해 「축을 회전시키면 전류가 발생하는 것을 특징으로 하는 기계」로 특허를 출원한다. 그러면 구조는 모터와 똑같아도 이 기계는 다른 특허를 취득할 수 있다. 그리고 단순한 모터보다 훨씬 규모가 크고 새로운 시장을 개척할 수 있는 것이다.

구체적인 예를 또 하나 들어 보자. 초정밀기계의 설계이다. 초정밀기계의 정도(精度)를 떨어뜨리는 첫째 원인은 온도(열)이다. 기계의 어느 부분이 뜨거워지거나 차가와지면 그 기계는 변형되며, 그 변형에 의해 기계의 정도가 떨어지고 심한 경우에는 쓸모없게 된다. 설계자는 온도변화가 기계의 정도를 떨어뜨린다는 사실을 잘 알고 있다. 그런데 보통은 뜨거워지면 「어떻게 식힐까」, 차가와지면 「어떻게 데울까」라고 생각한다. 그런 생각은 틀린 것은 아니지만 평범한 생각이다. 뜨거워진 것이나 차가와진 것을 단지 「잘못된 일」, 「안 되는 일」이라고 밖에 생각하지 않고 대응하게 되기 때문이다. 그런데 「잘못됐다, 잘못됐다」고 하면서 그것을 「피하자, 피하자」라고만 생각하면 누구라도 눈이 번쩍 뜨일만한 새로운 아무것도 만들어내지 못하는 것이다. 그 「잘못됐다」를 역으로 취해 적극적으로 이용하는 것이야말로 새로운 것을 탄생케 하는 일이다. 이것이 「교환 · 역전」의 사고방식이다.

이 경우 웬만하면「잘못된」온도변화를 사용하면 거꾸로 정도가 높은 기계가 만들어지지 않을까 하고 억지로라도 생각하여 그런 기계를 설계해 보는 것이다. 그러나 정말로 그런 기계를 설계할 수 있을까. 할 수 있다. 실제로 필자가 만든 공작기계로는 프레임에 발열체 히터와 수냉(水冷) 자켓을 함께 설비하여 상태를 모니터링하면서 뜨거워지게도, 차가와지게도 한다. 그것만으로 매우 간단하게 고정도(高精度)의 초정밀기계를 만들 수 있게 되는 것이다.「교환・역전」의 사고방식으로「잘못된 것」을「잘된 것」으로 바꾼 것이다.

9) 직렬과 병렬의 교체연산(交替演算)과 그 응용

다음으로「직렬과 병렬의 교체」에 관해 상세하게 생각해 보도록 하자.

우선은 [그림 3.26]의 (a)를 보기 바란다. 간단히 말해버리면 A라는 사상(寫像)과 B라는 사상이 종(縱)으로 연결되어 있는 것이 직렬이다. 한편 A와 B가 횡(横)으로 연

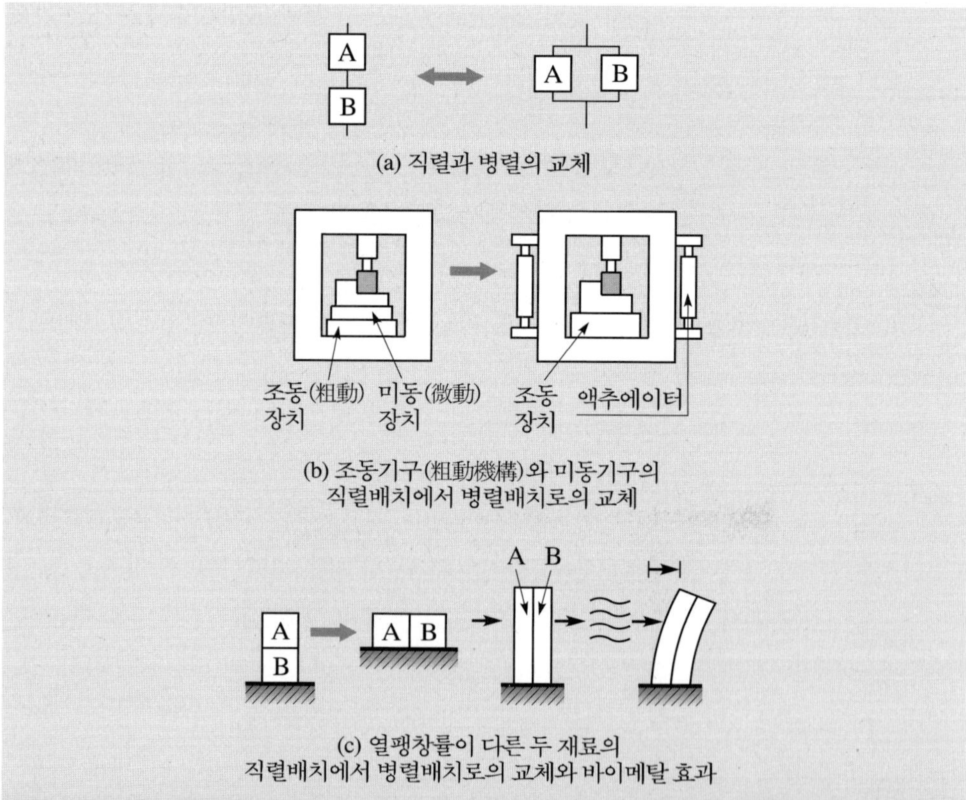

[그림 3.26] 직렬과 병렬의 교체연산과 그 응용

결되어 있는 것이 병렬이다. 다른 관점에서 얘기하면 「A를 하고 나서 B를 한다」고 하는 것이 직렬이고, 「A와 B를 동시에 한다」고 하는 것이 병렬이다.

독자 여러분도 대개는 뭔가 하나의 일이 끝나고 나서 다른 일을 하고, 또 다음의 일을 하는 것같이 차례차례 직렬로 일을 하고 있을 것이다. 그런데 느끼는 바가 있겠지만 직렬로 일하면 시간이 매우 오래 걸린다. 예를 들어 1개의 일을 완성하는 데 총 3단계의 제조공정이 필요하다고 하자. 이런 경우 각 단계를 직렬로 행하도록 하면 제품이 만들어지기까지에는 3개의 각 단계를 충족한 시간이 걸린다. 이 말은 1개의 단계에 1개월이 걸린다면 도합 3개월이 걸리지 않으면 제품은 만들어지지 않는다는 것이다.

그럼 어떻게 할까. 「직렬과 병렬의 교체」는 이럴 때 사용하는 사고방식이다. 그런 일이 정말 가능할지 아닐지는 모르겠으나 어쨌든 「병렬로 하면 안될까?」라고 생각하여 이러쿵저러쿵 말하지 않고 실행해 보는 것이다. A를 하기 시작하면서 B도 하고, B만이 아니라 C도 해보는 것이다. 그런 식으로 하여 전부 끝났을 때, 다같이 「네, 완성입니다」라고 되면 3개월 걸렸던 것이 1개월로 가능해지는 것이다. 효율이 요구되는 생산현장에서는 병렬 방식이 단연 좋은 것으로 정해져 있다.

첨기

실제로 일본에서는 지금 생산현장에서 혁명적인 변화가 일어나고 있다. 그리고 그 상당부분에 「직렬과 병렬의 교체」가 관계되어 있는 것이다. 그것을 실행하고 있는 곳으로 잉크스라는 회사가 있다. 잉크스에서는 종래 1개월 반이 걸렸던 휴대전화 금형제작을 하루에 해치워버려 실로 파격적인 일을 정말로 실행하고 있다. 그 비밀이 「직렬과 병렬의 교체」이다. 그 결과, 당연한 일이지만 이 분야에서 세계적인 점유율을 기록한 것이다.

그럼, 직렬과 병렬의 교체를 가능케 하기 위해서는 어떻게 하면 좋을까. A, B, C의 각 접속부분이 어떤 성격을 갖고 어떻게 접속되어 있으면 좋을지를 정하는 것이다. A, B, C의 각 사상이 충돌되는 부분을 확정하여 그 접속부분을 정하면 직렬과 병렬의 교체는 반드시 가능하게 된다. 단, 엄밀하게 말하면 충돌부분이나 접속부분을 정하는 것만으로는 충분치 않다. 실제로는 정보원리에 의거하여 엔트로피를 어느 영역에 전부 흡수하도록 하는 사고방식이 필요하게 된다.

그러나 「그렇게 잘 된다면 모두 하겠지」라고 참견하는 사람이 있을 것이다. 생각해 보면 당연하기 때문에 그런 말을 하고 싶겠지만 실은 그 당연한 것이 의외로 되지 않는 것이다. 이것이 바로 「직렬과 병렬의 교체」가 필요하게 되는 연유이다.

되지 않는 이유는 이렇다. A의 일부분 어딘가에 B가 연결되어 있다고 하자. 이럴 때, A가 끝나지 않으면 B의 가공은 되지 않는다. 그러나 시작부터 A와 B의 충돌부분을 골라내어 A, B를 개별적으로 처리하고, 마지막에 확 연결해 버리면 A와 B는 동시에 해치울 수 있는 것이다. 말하자면 지극당연, 지당한 것이다. 그런데 그 「충돌하는 부분을 골라낸다」는 지당한 사고방식이, 보통의 생산을 하고 있는 기술자는 어떻게 해도 안 되는 것이다. A와 B를 단지 직렬로 연결하는 데 익숙해져 버렸기 때문이다. 종래의 사고로부터 벗어나지 못하는 것이다.

「직렬과 병렬의 교체」는 그런 종래의 사고로부터 벗어나기 위한 사고방식이다. 자기 안에 있는 종래사고(從來思考)의 한계를 의식하여 「그런 일이 가능할까?」라는 의심을 떨쳐내고, 결과는 어떤 식으로 되어도 알 바 아니니까 어쨌든 해보는 것이다. 그리고 어쨌든 해보는 것만으로 생산성이 비약적으로 향상하거나 정말 새로운 기능이 생겨나오는 일이 실제로 일어나는 것이다. 그렇다면 해보지 않을 수는 없지 않은가라고 말하고 싶은 것이다.

구체적인 예를 들어 설명해 보자. 페이지를 뒤로 돌려 [그림 3.26]의 (b)를 보기 바란다. 예를 들어 큰 힘을 내어 가공하는 기계로 정밀한 위치 결정이 필요하게 되었다고 한다. 이럴 때 조동과 미동을 직렬로 더해서 최종적으로 정밀한 작동을 하는 물건을 만들려고 하게 되는데, 그렇게 하면 미동기구(微動機構)에 큰 힘이 가해지게 되고 그 결과 미동과 큰 힘 2개를 견디는 기구를 취하지 않으면 안 된다. 그것을 피할 목적으로 큰 힘이 통하는 조동기구(粗動機構)를 지탱하는 구조체의 옆에 액추에이터를 병렬로 설치하면 매우 정밀하고 강성이 높은 구조로 만들 수 있다. 액추에이터로는 유압실린더나 열팽창을 사용한 액추에이터 등이 고려된다. 이와 같은 병렬기구를 취하면 통상은 마이크로 차원의 정도(精度)인 가공기계를 나노 차원으로 작동하는 가공기계로 만들 수 있다.

한편 [그림 3.26]의 (c)를 보기 바란다. 이 그림에 나타난 것같이 열팽창률이 다른 2개의 금속 A, 금속 B를 붙여 액추에이터를 만들어 보자. A의 위에 B를, 또는 B의 위에 A를 올려놓아 직렬로 연결한 경우, 이 직렬결합 액추에이터는 상하방향으로 작동한다. 그런데 여기서 억지로 직렬을 병렬로 교체하여 A의 옆에 B를 붙여본다. 이어서 조금만 A와 B의 길이를 늘어나게 해본다. 여기에 열을 가해 보면 어떻게 될까. 불가사의한 일이 일어난다. 횡방향으로 움직이는 것이다(이런 조합의 금속을 "바이메탈"

이라 부르며, 온도 제어 등에 폭넓게 사용되고 있다). 직렬을 병렬로 교체한 순간, 지금까지 상하방향으로 움직이던 것이 완전히 좌우방향으로 움직이게 되는 것이다. 이와 같이 직렬을 병렬로 교체하는 것만으로 기능에 큰 변화를 가져올 수 있는 것이다.

이상의 예에서 주목하기 바라는 것은 아무것이든 머릿속의 사고연산만으로 완전히 새로운 물건을 만들어내고 있다는 것이다. 머리를 써서 생각하는 것만으로 본 적도 들은 적도 없는 새로운 물건을 탄생시킨다는 것이다. 그럼에도 불구하고 아무것도 생각하지 않고 단지 몸에 밴 익숙함으로 물건을 만들고 있다. 그게 이상하지 않나 필자는 생각한다.

10) 토폴로지적 변형과 그 응용

그럼 마지막으로 토폴로지적 변형과 그 응용에 관하여 또한 구체 예를 들어 설명해 보자.

「토폴로지(topology)」라는 말을 「위상기하(位相幾何)」라는 의미이다. 여기서 [그림 3.27]의 (a)를 보기 바란다. 「토폴로지적 변형」이란 이 그림에 나타낸 바와 같이 생각하는 것이다. 어떤 물체 덩어리가 있으면 아무 상관없으니까 쑤욱 잡아당긴다. 잡아당기고, 늘리고 휘게 해서 꾹 눌러 동그랗게 하는 것이다. 이 단계에서는 동그랗게 된 끝점이 붙어있지는 않다. 이 단계까지는 어느 것이나 위상기하학적으로 동일한 물체이다.

그런데 여기서 생각을 멈추면 안 된다. 또한 아무 상관없으니까 동그라미의 끝과 끝을 살짝 묶어 보는 것이다. 그러면 링크가 가능하다. 그리고 여기서 변화가 생긴다. 지금 가능해진 링크는 최초의 덩어리와는 위상기하학적으로 완전히 다른 것이 되는 것이다. 따라서 구조가 정말 바뀐 물체가 될 수 있는 것이다.

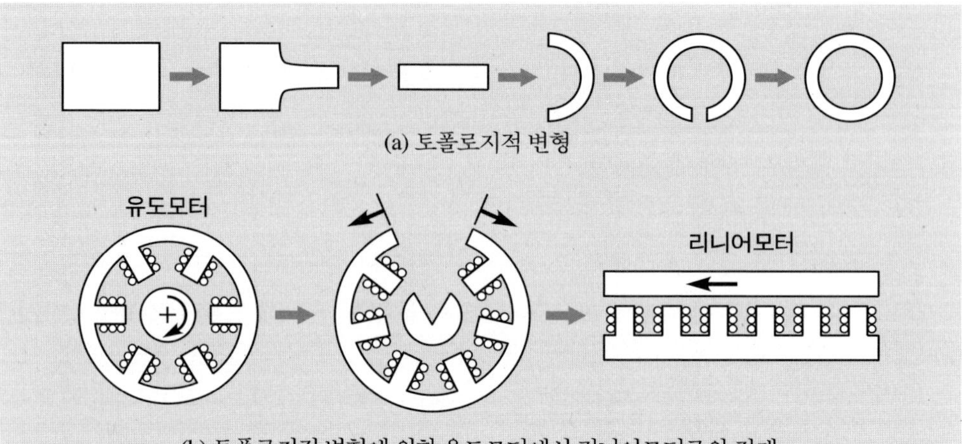

(a) 토폴로지적 변형

(b) 토폴로지적 변형에 의한 유도모터에서 리니어모터로의 전개

[그림 3.27] 토폴로지적 변형과 그 응용

이상과 같은 것을 유도모터에 적용해 생각해 보자. 유도모터는 [그림 3.27]의 (b)에 표시한 바와 같이 내측에 회전축이 있고 외측에 코일이 감겨 있다. 이 유도모터에 싹둑 칼집을 낸다. 그리고 힘껏 벌려 평평하게 잡아당겨 본다. 그러면 그림의 오른쪽과 같은 평면구조를 얻는다. 이게 뭘까. 리니어모터이다. 회전식 유도모터가 직선운동식의 모터로 변형되는 것인데 리니어모터라는 완전히 다른 발상에 도달하는 것이다.

첨기

리니어모터를 철도에 사용하면 리니어모터카가 된다. 야마나시(山梨)현에는 길이 19km의 리니어모터카 실험선(實驗線)이 있다. 주행시험에서 500km/h를 넘었을 때 필자는 거기에 탔었다. 진동도 없고, 가속도도 거의 느껴지지 않았다. 정말 거짓말같이 조용했다. 실용화될지 어떨지는 모르겠지만 정말 흥미로운 탈것이다. 철도만이 아니라 리니어모터는 물건을 옮기거나 움직이게 하는 데 매우 편리하다. 반도체산업에서의 반송(搬送)은 이미 이 방향으로 움직이고 있다.

그런데 여기까지는 「유도모터 → 리니어모터」, 즉 「회전모터 → 직선모터」라는 착상의 흐름으로 얘기해 왔지만 이것을 교환·역전시켜 「직선모터 → 유도모터」의 흐름으로 고성능 모터를 만들어 낸 실례(實例)가 있다. 지금부터 10년쯤 전에 "그 해 일본에서 최대의 발명"이라고 일컬어져 오오코우치상(大河內賞)을 수상한 미쯔비시(三菱)전기의 「또각또각방식」에 의한 회전모터이다. 미쯔비시전기는 코일감기의 공간효율을 종래보다 17% 향상시켜 보다 출력이 큰 모터를 개발한 것이다.

간단히 설명해 보자. 유도모터의 코일은 통상 권선기(捲線機)를 사용하여 감는다. 그런데 유도모터는 회전형상으로 되어 있기 때문에 코일을 어떻게 단단히 감았다 해도 단면공간을 모두 채우는 것은 불가능했다. 미쯔비시전기는 여기서 교환·역전의 사고방식을 도입한 것이다. 즉, 리니어모터와 같은 평면상의 형태이면 권선기로 코일을 감을 때 그립부분이 가장 깊게 들어간다. 이는 코일을 감을 때는 리니어모터와 같은 평면형상으로 두고, 다 감고 나서 또각또각 구부려서 회전형상으로 변형시키면 단면공간을 완전히 채워내는 회전모터를 만들 수 있게 된다. 그리고 실제로 이 공정으로 만들어 보면 실로 성능이 좋고 고출력의 모터가 만들어진다. 게다가 생산성도 향상된다는 덤까지 얻었다. 이것은 토폴로지적 변형과 교환·역전의 사고방식을 조합시킨 실례로 사고전개가 대성공을 거둔 예이기도 한다.

또한 리니어모터의 피운동체(被運動体)를 고체에서 액체로 바꾼다는 사고전개도 가능하다. 그렇게 하면 어떤 일이 가능할까. 「전자펌프」이다. 전자펌프는 강재(鋼材)의 연속주조 내부교반이나 용융 알루미늄의 운송 등에 이용되고 있다.

(3) 착상을 발전시키기 위한 사고탐색(思考探索)

페이지가 상당히 넘어와 버렸는데 이 항부터는 얘기의 큰 줄거리로 돌아가 보자. 여기까지의 주제는 「착상을 발전시키는 데는 어떤 방법이 있을까」라는 것이었다. 그리고 거기에는 다음의 3가지 방법이 있다고 말했다. 즉,

- 사고연산
- 사고탐색
- 가상연습

의 3가지이다. 사고연산에 관해서는 앞의 (2)항에서 설명한 바와 같다. 이 (3)항에서는 사고탐색에 관해 설명하며 가상연습에 관해서는 다음의 (4)항에서 설명한다.

그러면 사고탐색이란 무엇일까. 이것은 「뭔가 다른 루트를 통하거나, 구성요소를 바꾸거나 다른 것을 갖고 와서 부가하는 것으로 새로운 현상을 일으킬 수 있지 않을까하고, 저것도 아니고 이것도 아니고 하면서 찾아보는」 방법이다.

그렇다고 해도 「"찾아본다"고 간단히 말을 하는데 도대체 "무엇"을 찾으면 좋을까?」라고 불평 한마디라도 하고 싶은 사람이 있을 것이다. 당연하다. 대체로 무엇을 찾으면 좋은 걸까. 불쑥 찾아도 헛되고, 임시로 찾았나고 해도 그런 것은 임기응변이다.

찾는 방법에는 확실히 타당한 방법이 있는 것이다. 즉, 다음의 3가지가 있다.

1) 파라미터를 바꿔 본다.
2) 제3의 물질을 가해 본다.
3) 제3의 장(場)을 가해 본다.

이제부터 [그림 3.28]을 보면서 순서대로 설명해 보도록 하자.

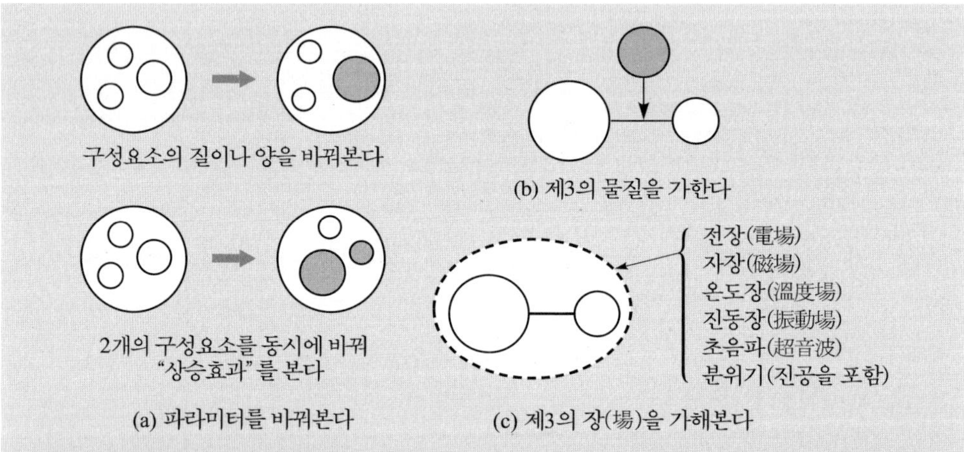

[그림 3.28] 사고탐색의 방법

1) 파라미터를 바꿔본다

먼저 첫 번째로 「파라미터를 바꿔본다」라는 방법이다. 현상에는 구성요소가 있고, 또 그것을 지배하는 파라미터가 있다. 파라미터로서 먼저 착안해야 할 것은 구성요소의 「질」과 「양」이다. 만약 착상을 발전시키고 싶다고 생각한다면 그 구성요소의 질이나 양을 어쨌든 바꿔 보는 것이다. 그렇게 하면 뭔가가 일어난다. 그리고 그 일어난 일을 기초로 또 생각하는 것이다.

그런데 「바꿔본다」라고 할 때 대부분의 사람들은 양적으로 2할이나 3할밖에 바꾸려고 하지 않는다. 크게 바꾸면 크게 바뀐다고 하는 것을 두려워한다. 그러나 그런 저항감, 공포심을 누르고 적어도 배(倍) 또는 반분(半分)은 바꿔야 한다. 다만 실은 그것으로도 충분치 않고, 참으로 의미 있는 효과를 보고 싶다면 엄청나게 바꿔보는 것이 좋다. 따라서 갑자기 10배로 하든가 1/10로 하든가 그런 극단적인 변화가 정말로 좋다는 것이다.

「정말일까?」라고 생각할텐데 정말이다. 노벨상을 수상한 과학자들의 경우를 보기 바란다. 예를 들어 시마즈(島津)제작소의 다나카 고이치(田中耕一)씨가 개발한 질량 분석법은 그 전형의 예이다. 실패로부터 획기적인 이론이나 방법을 찾았을 때는 그 배후의 어딘가에 반드시 「엄청난 일」이 일어나고 있는 것이다.

첨기

그렇다고 해도 「뭐라도 좋으니까 엄청난 일을 하라」는 식으로 말하면 안 된다. 엄청난 일을 충분히 이해하고 거기서 일어나고 있는 현상을 잘 관찰하여 그 현상 중에 아직 아무도 알지 못하는 지배칙(支配則)이 숨겨져 있지 않은지를 생각하는 것이 중요하다. 다나카씨는 그런 생각을 하면서 멋지게 지배칙을 찾을 수 있었다. 그렇기 때문에 노벨상을 수상한 것이다. 따라서 뭐라도 좋으니까 배(倍), 반분(半分), 엄청나게 하라는 식은 아니다. 그래도 배, 반분, 엄청남을 해 본다는 것은 중요한 것이다. 「바보와 가위는 쓰기 나름」이라는 말은 여기에도 해당하는 것이다.

그런데 구성요소의 질과 양을 개별적으로 바꿔볼 뿐 아니라 복수의 구성요소의 질과 양을 동시에 바꿔 그 상승효과를 확인해 보는 것도 좋다. [그림 3.28]의 (a)를 한 번 더 보기 바란다. 이 그림과 같이 어느 사상(寫像)이 복수의 구성요소로 이루어져 있다고 하자. 여기서 한쪽의 구성요소를 확대하고 다른 한쪽을 축소시켜 본다. 그렇게 하면 쌍방의 관계가 역전된다. 그 결과, 양적인 변화가 질적인 변화를 가져오고 사상 전체에 극적인 변화가 생기는 것이다. 그런 극적인 변동은 많은 경우 착상을 발전시키는 역할을 한다. 「파라미터를 바꾼다」, 「엄청나게 바꾼다」고 하는 것은 이 극적인 변화를 보기 위한 것이다.

인간은 자기가 편한 범위 내에서의 변화에서만 사물이 보이고, 생각되고 받아들인다. 다시 말하면 그 범위 밖에서는 보고 싶지 않고, 생각하고 싶지 않고, 받아들이고 싶지 않다. 그러나 때로는 용기를 갖고 그 범위를 크게 뛰어 넘어 무리가 되어도 큰 변화에 자기를 맡겨 볼 필요가 있다. 그렇게 하면 생각지도 못했던 일이 나타나는 것이다.

2) 제3의 물질을 가해본다

사고탐색의 두 번째 방법은 「제3의 물질을 가해본다」이다.

예를 들어 어떤 기계의 요소와 어떤 기계의 요소가 서로 접하여 움직이고 있다고 하자. 이 때 상태가 참 안 좋아지거나 바라지 않는 현상이 발생하고 있다면 그 매개부분에 또 하나의 다른 「제3의 물질」을 채워보는 것이다. 그러면 매우 스무스하게 움식이게 된다. 이와 같은 일은 독자 여러분도 경험이 있을 것이다. 톱니바퀴나 축받이의 구멍과 축 사이에 윤활제를 넣는 것과 같은 사고방식이다.

또 하나, 이런 예도 있다. 앞의 (2)항「사고연산」에서 소개한 진동항타를 생각해내기 바란다. 진동항타는 종(縱)으로 누른다는 기능과 횡(橫)으로 진동한다는 기능 2개의 상승효과(승산)를 이용하여, 보다 작은 힘으로 항(杭)을 때려 넣는 방법이었다. 이 진동항타에 지금의「제3의 물질을 가해본다」를 적용하여 착상의 발전을 시도한 것이다. 여기서 [그림 3.29]를 보기 바란다. 구체적으로 설명하자면, 항의 선단(先端) 중심에서 외부로 향해 물을 조금 스며나가게 하면서 횡진동(橫振動)을 가해 항의 관입을 행하였다. 항의 진동에 의해 옆의 토립자(土粒子)와 물이 혼합된다. 이 혼합체(슬러리)가 제3의 물질로 작용하여, 거의 반력(反力)이 없이 항을 때려 넣을 수 있게 된 것이다.

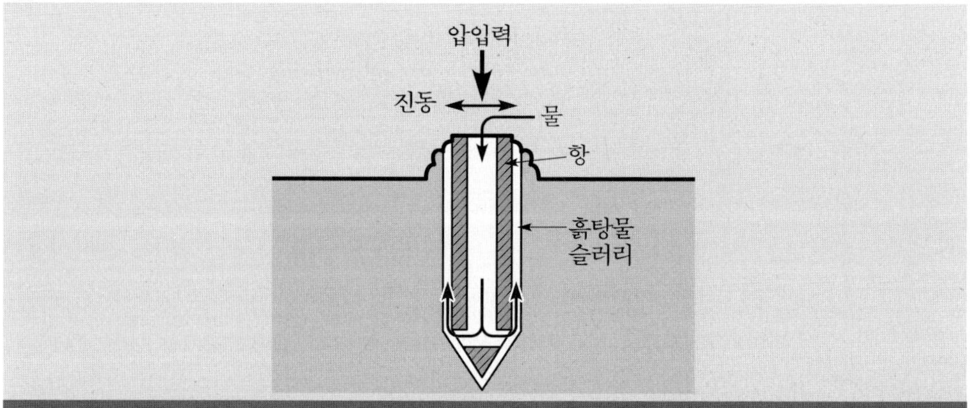

[그림 3.29] 제3의 물질을 가해본다

첨기

「제3의 물질을 가해본다」는 조직의 운영에도 적용할 수 있다. 2개의 조직이 대립하고 있을 때, 그 대립부분에 제3의 물질(별도의 조직이나 사람)을 가져오면 전체가 갑자기 스무드해지는 일이 일어난다. 지금은 거의 없어졌다고 하지만, 맞선 중매인도 이 제3의 물질의 역할을 하고 있다. 중매인은 결코 거짓말을 하지 않는다. 그렇다고 해서 알고 있는 사실을 전부 말하지도 않는다. 맞선 당사자 둘 사이에 들어가 인품의 선량함, 상대가「그럼 만나도 좋지 않을까」라고 생각할 만한 것을 멋지게 전달하는 것이다. 그러니까 맞선을 해볼까라는 기분이 들고, 잘 되어 가면 결혼하게 되는 것이다. 고수의 중매인일수록 사이에 들어가 서로를 다루는 일이 능숙하다. 회의의 의장 등도 같다고 할 수 있다. 세상에서 잘 되고 있는 일에는 그런 제3의 물질과 같은 역할을 하는 노숙한 사람이 반드시 있는 것이다.

3) 제3의 장(場)을 가해본다

사고탐색의 세 번째는「제3의 장을 가해본다」이다. 이「제3의 장」에서의「장(場)」에는 여러 가지가 있다. 지금 뭔가의 사상(寫像)이 있을 때,「아주 다른 일을 하고 싶은데」라고 생각했다고 하자. 이럴 때는 어떻게 할까. 예를 들면 사상 전체를 구성하고 있는 장에

- 전장(電場)을 가한다
- 자장(磁場)을 가한다
- 온도장(溫度場)을 가한다
- 진동장(振動場)을 가한다

는 것이다. 그 외에

- 초음파를 가한다

는 방법도 있다.

착상을 얻은 단계에서는 의식하고 있지 않았던 전체의 장(場)에 완전히 다른「제3의 장」을 가해 그때부터 일어나는 새로운 현상을 생각해보는 것이다.「제3의 장」을 가함으로써 착상에 대하여 고정되어 있었던 전체의 장이 변화하고, 구성요소는 그대로 이어도 그것을 둘러싸는 환경이 변하는 것으로써 착상이 입체적으로 부풀어 오르는 것이다. 그리고 그 부풀어 오른 착상의 안에서 자기가 바라는 것, 소망의 효과를 발휘하고 있는 것을 찾는 것이다.

특히 기계의 설계에서는 진동장(振動場, 수십Hz ~ 수㎑)을 가하면 효과 있는 경우가 많다. 앞의 진동항타는 항과 흙으로 이루는 장에 대하여 진동장을 가한 실례(實例)이다.

첨기

또한 초음파(예, 40㎑)를 가하면 그때까지 생각지도 못했던 일이 잘 일어나므로 시도해 보는 것이 좋다. 예를 들어 통상의 생 콘크리트를 타설한 후에 표면에 초음파를 적용하면 정말 거짓말같이 강하고 매끈한 표면이 얻어진다. 모래나 시멘트의 미립자(微粒子)가 초음파에 의해 이동하여 좋은 위치에 낙착(落着)할 뿐 아니라 하나하나의 입자 부착성이 개선되기 때문이다.

한편「분위기를 바꾼다」는 것도 있다. 우리가 살고 있는 세계는 산화(酸化)의 세계이다. 분위기에는 산소가 충만하고 물질의 표면은 모두 산화물로 덮여 있다.「기계가 녹슬어 곤란하다」고 불평하는 사람이 있는데 그런 사람은 분위기라는 것을 전혀 생각하지 못하는 것이다. 녹슬어 곤란하다면 산소를 차단하여 탄산가스나 질소, 아르곤으로 바꿔버리면 된다.「절대 녹슬지 않는다」는 요구기능을 정한다면 그것을 분해・분석해가면「산소」라는 제약조건이 밝혀진다. 요구기능과 제약조건이 확실해지면 반드시 원하는 물건은 만들어지는 것이다.

그런데 지금 말하는 분위기는「진공」도 포함한다는 데 주의하기 바란다. 특히 기계설계를 하는 사람은 진공의 개념을 거의 모르고 문제를 해결하려고 한다. 그건 실로 손해이다. 진공장치를 사용하고 있는 사람만이 진공의 개념을 갖고 있는데 기계 설계자도 필히 갖고 있는 편이 좋다. 그리고 또 하나「증기압」이라는 개념도 염두에 두고 있는 게 좋다.

예를 들어, 여기에 커다란 기계가 있다고 하자. 이 기계 전체를 냉각시키고 싶다고 생각한다. 어떻게 할까. 냉동기를 옆에 가져와서 냉풍을 계속 불어 냉각시키는 것도 좋을 것이다. 그러나 그러면 너무 재미없다. 에너지 효율도 나쁘다. 그럼 어떻게 할까. 여기서 분위기를 바꿔보는 것이다.

먼저 기계 주위에 젖은 헝겊을 두르고 비닐부대로 전부 확실하게 감싼다. 그리고 감압펌프나 청소기를 가져와서 안의 공기를 점점 빼내는 것이다. 1/100기압 정도로 하는 것은 매우 간단하다. 그러나 거기까지 감압하지 않아도 된다. 젖은 헝겊의 수분은 순식간에 증발하여 기계가 갖고 있는 열을 빼앗으므로 온도는 점점 떨어진다. 대체로 1/100기압 정도가 되면 약 0℃까지 냉각시킬 수 있다. 이와 같이 감압펌프와 젖은 헝겊만으로 기계의 냉동기가 만들어진다. 이런 착상은 머릿속에「진공」,「증기압」같은 개념이 있기 때문에 나오는 것이다.

이와 같이「제3의 장」을 가해보면 지금까지 보고 있던 현상이 싹 바뀌는 것이다. 그리고 이 싹 바뀐 것을 적극적으로 이용하여 착상을 크게 발전시킬 수 있는 것이다. 그런데 여서 중요한 것은, 이상의 일은 모두 머릿속에서만 진행되고 있다는 것이다. 이치에 맞는 사고방법이 있음을 염두에 두고, 그것을 써서 철저하게 생각해내지 않으면 아무도 할 수 없는 것이다. 독자 여러분은 그런 것을 잘 깨달아두기 바란다.

(4) 착상을 발전시키기 위한 가상연습(假想演習)

그럼 착상을 발전시키기 위한 제3의 방법, 즉 **가상연습(假想演習)**에 관해 설명해보자. 가상연습이란 만들어진 물건의 주위상황을 가상적으로 변화시킬 때 어떤 일이 일어날지를 미리 생각하는 것이다.

이 장(章)의 앞부분에서도 기술한 바와 같이, 설계란 머릿속에 떠오른 씨앗의 개념에 맥락을 연결하여 하나의 줄기가 된 사고(思考)로 만들어놓는 것이다. 그리고 그 얻어진 맥락에 연결하여 다양한 상황을 가정(假定), 거기에 대한 대책이나 준비 등을 미리 실시하고 설계전체의 맥락을 정해 간다. 이 동작을「가상연습」이라고 하는 것이다.

이 동작에 관하여 [그림 3.30]을 보면서 생각해보자. 별도의 맥락을 탐색하고, 적용 가능한 것 또는 적용 불가능한 것을 미리 알아 어떤 이유로 그것이 필요하게 되었을 때는 즉각 채용할 수 있도록 해 둔다. 다음으로 예기치 않은 외란(外亂)이 있었을 때 맥락이 어떻게 끊어지는지, 그것을 복구하려면 어떻게 해야 하는지, 맥락 중에 어느 부분이 가장 약한지에 대하여 미리 검토해 둔다. 그리고 주위상황이나 제약조건의 변화가 있었을 경우, 그 맥락은 어떻게 움직이는지, 소기의 움직임을 위해 곧바로는 어떻게 하면 되는지 등을 머릿속에서 가상적으로 움직여보는 것이다.

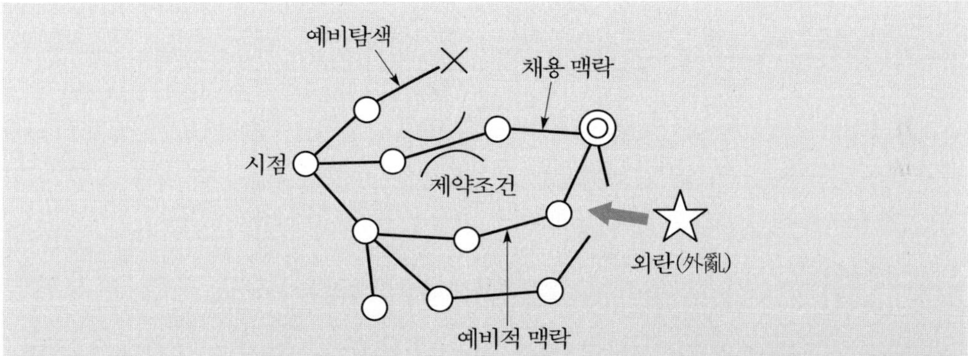

[그림 3.30] 가상연습

이와 같은 가상연습을 충분히 시행함으로써 시점(요구기능)과 종점(요구기능을 실현하는 기구나 구조)이 오직 1줄기의 맥락으로 연결될 뿐 아니라 예비적인 다른 맥락도 미리 구축해 둘 수 있다. 또한 다양한 상황에의 대처방법까지도 미리 만들어 둘 수 있다. 결국 가상연습은 **강한 설계**를 하는 데 필수동작인 것이다. 단, 그것만이 아니다.

처음에 얻은 착상에 대하여, 그것에 관련되는 많은 착상을 자동적으로 얻는 방법도 되는 것이다.

그런데 가상연습은 착상을 발전시킬 뿐 아니라 「설계능력을 높인다」고 하는 가장 넓고 깊은 의미를 갖는 사고활동(思考活動)이기도 하다. 또 그 의미는 「엔지니어링 센스」와도 깊은 연관이 있다.

가상연습은 매우 중요한 동작이므로 뒤의 3.5절에서도 상세하게 설명하기로 한다.

(5) 착상을 정리하다

그런데 뭔가 착상을 얻어 발전시키는 것이 가능하다면 다음으로는 그 착상을 정리하는 일이 필요하게 된다. 여기서는 이 「착상을 정리하다」라는 것에 관해 설명해보자.

우선은 [그림 3.31]을 보기 바란다. 이것은, 착상을 정리할 때 머릿속에서 어떤 일이 행해지는지를 나타낸 그림이다. 이와 같이 착상을 정리하는 데는 3개의 기본공정이 있다. 즉,

1) 공통개념을 묶는다
2) 사용개념을 선택한다
3) 맥락을 연결한다

이다. 차례대로 설명해보자.

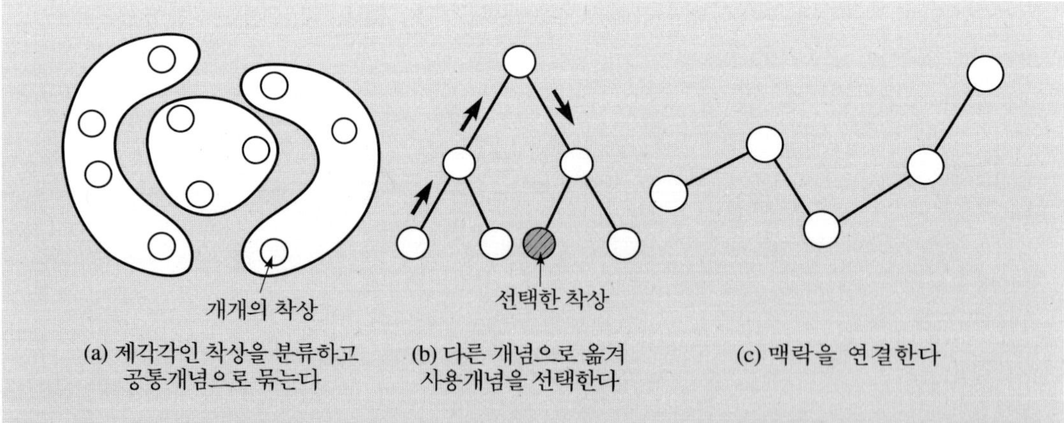

[그림 3.31] 착상을 모으는 방법

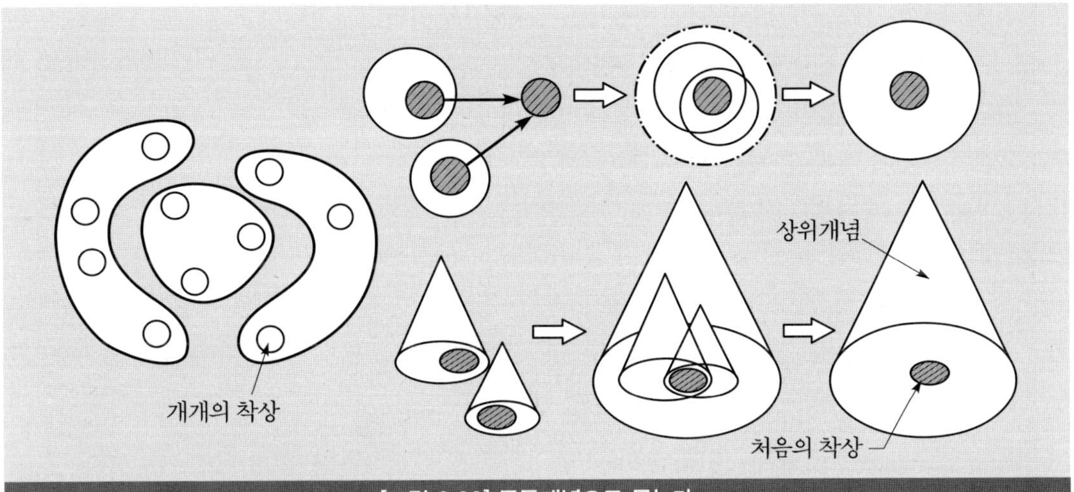

[그림 3.32] 공통개념으로 묶는다.

1) 공통개념으로 묶는다

예를 들어 2개의 다른 착상이 있다고 하자. 이 때, 그 착상 중에 공통으로 있는 구성요소가 무엇인지 생각하여 만일 공통부분이 있으면 그것을 추출한다. 그리고 그 공통부분을 포함하게 되는 가장 넓고 큰 상위개념을 도출하는 것이다. 그러면 원래는 별개였던 착상으로부터 1개의 새로운 개념이 생긴다. 이것이 「공통개념으로 묶는다」라는 동작이다.

[그림 3.32]는 그 동작을 2차원과 3차원 표시로 나타낸 것이다. 개개의 착상은 「공통개념으로 묶는다」라는 동작을 통해 1개의 상위개념에까지 올라가게 되었다.

2) 사용개념을 선택한다

착상은 그것을 구성하는 구성요소로 성립되어 있다. 이것은 거꾸로 말하면 구성요소는 그 착상을 성립시키고 있는 개념이라는 것이다. 이 말은 곧 1개의 착상을 채용하고 쓸까 어쩔까를 검토할 때는 그 착상의 구성요소인 개념을 검토하게 된다는 것이다.

구성요소인 개념의 검토방법에는 1개의 규칙이 있다. 그것은 「하위개념으로부터 검토한다」는 것이다. 이것은 반드시 지켜야 할 규칙이다. 그럼 어떻게 검토하는 것일까. 우선은 착상의 구성요소 중 1개의 하위개념으로부터 검토를 시작한다. 만일 그것이 사용되지 않는 것임을 알았을 때는 다른 하위개념을 찾아 검토하게 된다.

다만 이때는 주의가 필요하다. 갑자기 다른 하위개념으로 옮기면 안 된다. 반드시 양쪽에 공통인 하위개념에 한 번 올려 다른 하위개념으로 떨어지지 않도록 해야 하는 것이다. 1개의 하위개념이 있을 때, 그것을 둘러싸고 있는 상위개념을 고려하여 그 상위개념에 한 번은 올린다. 그리고 그 상위개념 중에 포함되는 다른 하위개념을 본 후에 그 하위개념으로 떨어뜨리는 것이다.

이상의 동작을 그림으로 나타내면 [그림 3.33]과 같이 된다. 이와 같은 동작을 통해 사용개념을 선택하고, 착상을 모아가는 것이다.

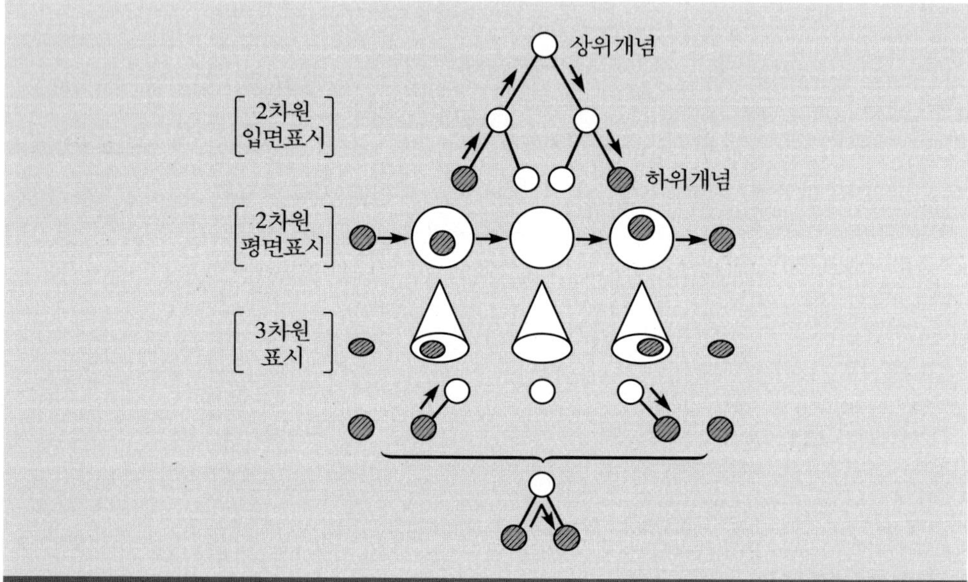

[그림 3.33] 사용개념을 선택한다.

3) 맥락을 연결한다

이 장(章)의 앞부분에서도 설명한 바와 같이 「맥락을 연결한다」는 것은 설계 바로 그것이다. 그리고 구체적으로 맥락을 연결하는 데는 「공통개념으로 묶는다」, 「사용개념을 선택한다」라는 2개의 동작이 도구로 사용되어 수행된다.

여기서 [그림 3.34]를 보기 바란다. 이것은 필자가 「착상의 시냅스」라 부르고 있는 그림이다. 착상에도 신경 전달요소인 시냅스와 같은 일을 하고 있는 것이 있다. 예를 들면 그림에 나타난 바와 같이 2개의 다른 개념을 연결하여 서로의 맥락을 붙이기 위해서는 그 2개를 연결하는 새로운 다른 개념(링크라 불러야 하는 것)이 존재한다. 이 링크는 다른 식으로 말하면, 곧 상위개념의 것이다.

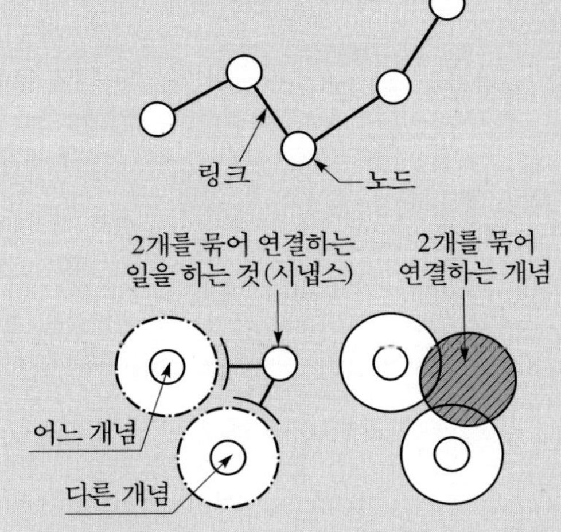

[그림 3.34] 착상의 시냅스(synapse)

상위개념에는 하위개념과 결정적으로 다른 점이 있다. 그것은, 다른 개념을 서로 접합할 수 있는 부분(리셉터라고 불러야 할 것)을 갖고 있다는 점이다. 한편 하위개념(노드라고 불러야 할 것)은 리셉터를 갖고 있지 않기 때문에 개별의 것은 서로에게 제각각이다.

결국 「맥락을 연결한다」는 동작은 착상을 성립시키는 하위개념의 링크(상위개념)를 찾고 있는 동작이라고 할 수 있다. 그렇기 때문에 「공통개념을 모은다」, 「사용개념을 선택한다」라는 동작이 필요하게 되는 것이다.

첨기

실패대책 상에서는 「보이지 않는 링크(관련)」를 찾는 일이 중요하다. 조직으로는 일견 서로에게 무관해 보이는 부서에서도 1개의 일이나 프로젝트를 수행하는 데 실은 매우 밀접하게 연관되어 있는 경우가 있다. 필자는 그 연관을 「보이지 않는 링크」라고 부르고 있다. 「보이지 않는 링크」는 조직의 리더에게밖에 보이지 않는 것이다. 결국 전체를 위에서 볼 수 있는 사람, 상위개념으로 파악할 수 있는 사람에게밖에 보이지 않는 것이다. 뛰어난 경영자는 마땅히 「보이지 않는 링크」가 확실히 보일 것이다. 그런데 「보이지 않는 링크」를 못보게 되면 생각지도 못한 실패가 일어난다. 현장(하위개념)을 파악하고, 링크(상위개념)에 착안하는 것이 얼마나 중요한가의 증거이다.

(6) 기계쟁이라면 누구라도 공통으로 갖고 있는 암묵지

여기까지의 각 항에서는 어떻게 착상을 얻는가, 얻은 착상은 어떻게 발전시키는가, 발전하고 키운 착상을 어떻게 모으는가, 라는 것들에 대하여 구체적인 방법을 설명해 왔다. 그러나 그와 같이 제로에서 새롭게 태어나는 한편으로, 자기의 머릿속에 저장되어 있는 것을 활용하여 탄생시키는 방법도 있다.

그럼 그「자기 머릿속에 저장되어 있는 것」이란 무엇일까. 「**암묵지**(暗黙知)」이다. 암묵지란 일반적으로 말하면 그 일에 관련된 사람이라면 누구라도 당연히 갖고 있는 지식, 무의식에서의 착안점(着眼点)이다. 말로도, 그림이나 글로도 쓰지 않으나 그래도 그것을 모르고 일을 한다면 결정적으로 안 되게 되어 버리는 기본적인, 불가결한 지식이다.

그런 암묵지를 눈에 보이는 형태로 적극적으로 표출하여 제시하면, 새로운 착상을 생기게 하는 자극을 주고, 착상에 참고가 되는 정보를 끄집어낼 수 있다. 지금부터의 (6)항과 (7)항에서는 이 암묵지에 관해 설명하도록 한다.

우선은 [그림 3.35]를 보기 바란다. 이것은 기계쟁이라면 누구라도 공통으로 갖고 있는 암묵지를 표현한 그림이다. 설계자가 기계에 관해 생각할 때, 설계자는 언제나

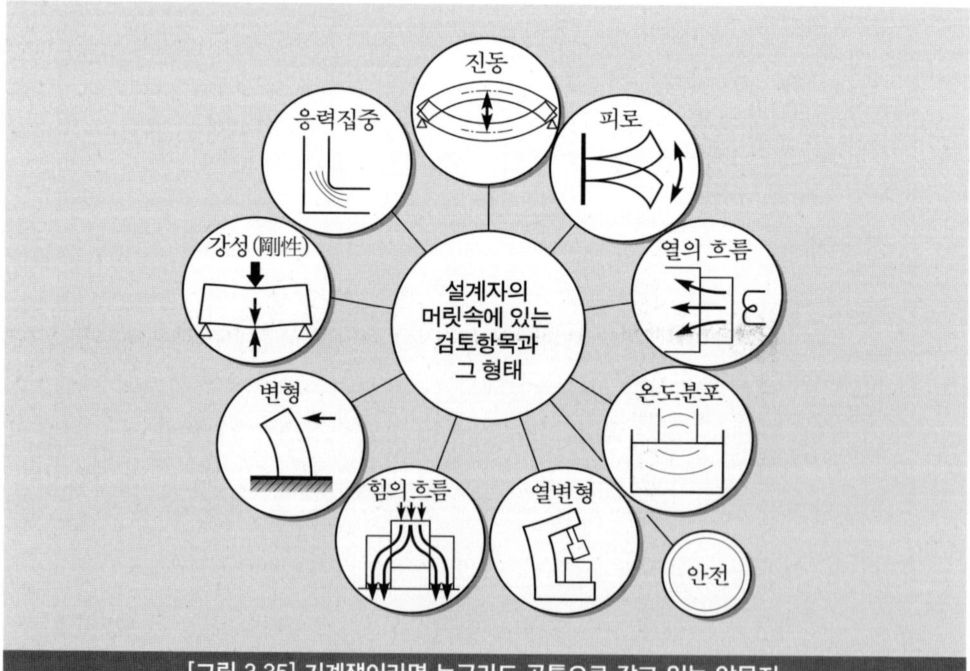

[그림 3.35] 기계쟁이라면 누구라도 공통으로 갖고 있는 암묵지

머릿속에서 단면도를 그려 힘의 흐름(역선, 力線)이 어떻게 되는지를 생각하고 있다. 또, 힘이 가해졌을 때 기계가 어떻게 변형하는지, 외부에서 가해진 힘에 대해 어느 정도 양의 변형이 생길지를 생각하고 있다. 그 밖에 각(角)이 예리한 곳에 응력집중이 있을 때 기계가 어떻게 진동하는지, 피로에 의해 어떻게 파괴되는지도 생각하고 있다. 또한, 정도(精度)가 나오지 않을 때는 열의 흐름이 어떻게 되어 있어 온도분포가 어떻게 되는지, 그로 인한 변형은 어떤지를 생각하고 있다.

이와 같이 설계자의 머릿속에는 여러 가지의 것이 동시다발로 돌아다니고 있다. 그리고 여기서 중요한 것은 그와 같이 어지럽게 생각하고 있는 그 일로 설계자는 실제로 실패한 적이 있다는 점이다. 특히 **대개의 설계자는 「강성이 부족해 있는 것」, 「예기치 못한 진동이 일어나는 것」이라는 두 가지 점에서 반드시 한 번은 실패를 한다.** 설계자는 자기의 실패경험을 통해 지식을 갖고 있는 것이다. 그래서 설계자는 실패한 후에는 그 두 가지 점에 관해 충분히 주의를 기울여 착안하게 된다. 다만, 그런 주의해야 할 점, 착안해야 할 점에 관하여 보통 설계자는 발설하지 않는다. 이것이 암묵지의 「암묵」이 된 연유이다,

첨기

「강성이 부족해 있는 것」, 「예기치 못한 진동이 일어나는 것」의 두 가지 외에도 중요한 암묵지가 있다. 그것은 「안전」이다.

설계자는 표현하여 갖고 있는 지식, 표현하지 않고 갖고 있는 지식 등 여러 가지의 지식을 사용하여 설계나 생산 활동을 수행하고 있다. 그 중에서도 표현하지 않고 갖고 있는 지식, 즉 암묵지가 매우 중요하다. 암묵지는 설계자의 오랜 경험 속에서 머릿속에 축적되어 있는 것이므로 보통은 조리 있게 설명하거나 훌륭한 문장으로 써서 표현하지는 않는다. 그러나 기계의 설계에 있어서는 사실로 인정될 수는 없는 사항이다. 암묵지에 반하는 설계는 설계로서 성립하지 않는가, 무리하게 밀어붙이면 중대한 결함이 된다. 암묵지를 갖고 있지 않으면 진정한 설계는 할 수 없는 것이다.

이와 같이 암묵지는 인간이 행동하는 데 필수의 지식이다. 다만, 주의해야 할 것이 있다. 예를 들어 암묵지를 갖고 있는 사람들 안으로 그것을 전혀 갖고 있지 않은 사람이 들어왔다고 하자. 어쩔 수 없지만, 그 사람은 결과적으로 그 암묵지를 완전히 무시한 행동을 한다. 그러면 그 때 대실패가 일어난다. 이런 대실패가 최근 일본에서 매우 증가하고 있다.

[그림 3.36] 「개개의 암묵지」를 「공유하는 암묵지」로 바꾼다.

여기서 요구되는 것은 암묵지의 표출이다. [그림 3.36]을 보기 바란다. 어느 1개의 범위나 집단에서 함께 일을 하고 있는 사람은 각자가 "이것은 암묵지이다"라고 생각하는 「개개의 암묵지」를 한 번 눈에 보이는 형태로 표출하여 모두에게 「공유하는 암묵지」로 하는 것이 필요하다. 단, 유감스럽게도 현재 암묵지를 공유하기 위한 방법은 확립되어 있지 않고, 시행도 되지 않고 있다. 그러나 무엇보다도 먼저 「암묵지의 표출」을 의식적으로 해야 할 시대가 오고 있는 것이다.

첨기

암묵지의 표출을 하면 「사고진화(思考進化)의 스파이럴」이 생긴다. 암묵지를 표출하고, 표출된 암묵지를 공유하여 누구라도 사용할 수 있는 형태로 해보자. 잠시 지나면 그 공유된 암묵지는 보다 높아진 형태의 암묵지로 변한다. 그 암묵지를 또 표출하여 공유하고 사용해 가면 더 높아진 형태의 암묵지로 변한다. 이런 표출・공유를 몇 번이나 반복해 가면, 암묵지의 질은 빙글빙글 나선을 그리면서 향상해 간다. 그리고 어느 레벨까지 올라가면 밖에서는 결코 내실이 보이지 않으나 그 업계나 조직에서는 지극당연하게 사용하고 있는 불가사의한 상황이 생긴다. 이 빙글빙글 나선상으로 올라가는 모델의 하나가 히토쓰바시(一橋)대학의 노나카 이쿠지로(野中郁次郎)씨가 제창(提唱)하는 SECI(세키)모델이다.

(7) 모든 기계설계에 공통인 암묵의 원리

그런데 기계쟁이가 갖고 있는 암묵지는 또 있다. 모든 기계설계에 공통인 암묵의 원리라고 하는 것으로 몇 가지 중에서도 특히 중요한 것은,

1) 기계와 미(美)

2) 기계와 역선(力線)

3) 기계의 파괴와 중심부의 주침(晝寢, 낮잠)

4) 낭비부분의 절사(切捨)

이다. [그림 3.37]을 보면서 순서대로 설명해보자.

1. [기계와 미]

모든 기계와 그 구성부품은 밸런스·맵시·비율·버팀새·중심위치 등을 만족할 필요가 있다. 이것이 누락될 때 반드시 중대한 결함이 있다.

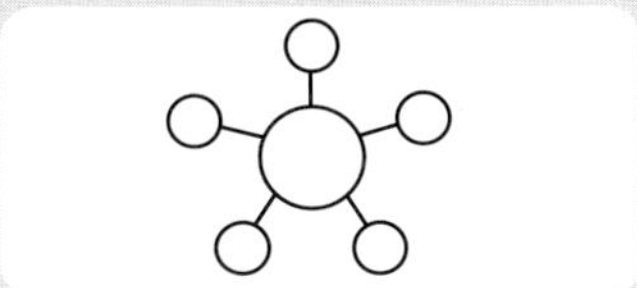

2. [기계와 역선]

모든 기계 안에는 힘이 흐르고 있고, 이것은 역선으로 나타난다.

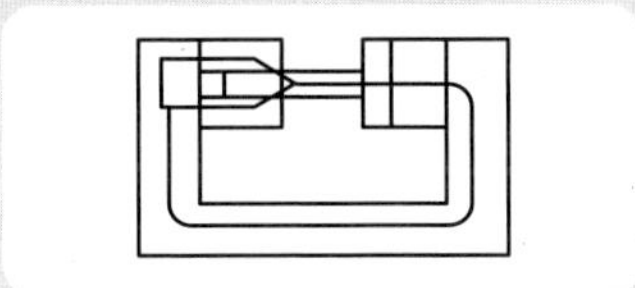

3. [힘의 C루프]

모든 가공기계의 역선은 공구를 시점, 공작물을 종점으로 하는 C자형의 써클("C루프")을 구성한다.

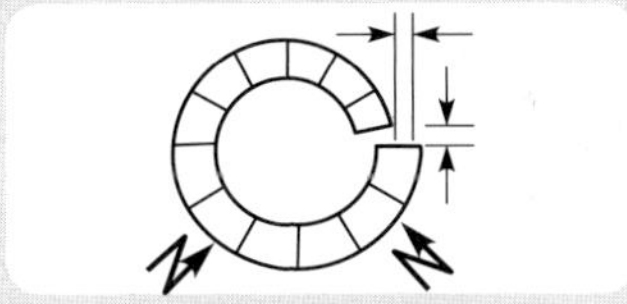

4. [수동대응에서 능동대응으로]

통상의 기계에서는 수동적으로 대응하여 힘에 의한 변형에 대항하기 위해 고강성(高剛性)을, 열변형에는 항온환경을 이용하는데, 능동적인 대응을 생각하면 획기적으로 새로운 것을 사용할 수 있게 된다.

[가공의 지능화]

변형에 대항하기 위해서는 센서와 액추에이터를 써서, 가공정보와 지식을 이용하는 가공의 지능화는 매우 유효하다.

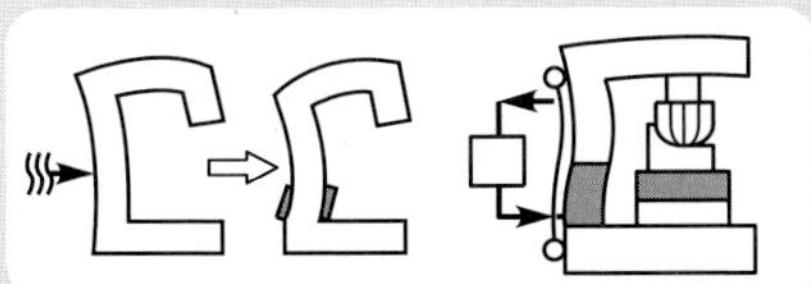

5. [기계의 파괴]

대부분의 기계는 구부러져 변형되고, 표면 비틀림이 최대가 되어 파괴된다. 전단면(全斷面)의 인장(引張)이나 전단(剪斷)으로 파괴되는 일은 드물다.

[중심부의 주침]

기계 구조체의 중심은 주침 (낮잠)을 하고 있다. 휨응력에 관여하고 있지 않으므로 공동(空洞)이 되어도 상관없다.
이 공간은 정보와 에너지의 전송로(傳送路)로 최적이다.

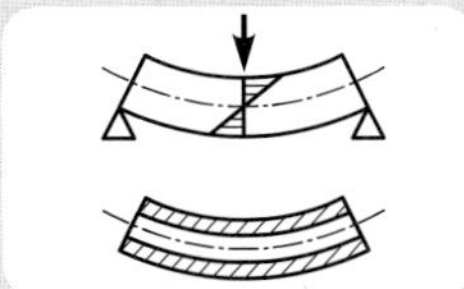

6. [낭비부분의 절사]

기성(既成)의 기계나 시판제품에는 역사적인 유물이 남아있거나 자체적으로는 불필요한 기능을 만족하기 위한 설계가 되어 있는 것이 많다.
이들의 낭비되는 기능과 공간을 절사처리하면 낭비 없는 합목적적 설계가 된다.

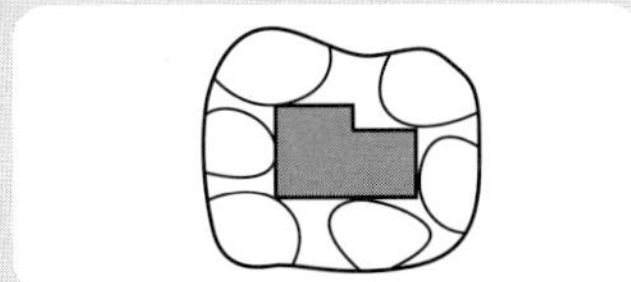

[그림 3.37] 모든 기계설계에 공통인 암묵의 원리

1) 기계와 미

모든 기계와 그 구성부품은 밸런스, 맵시, 비율(proportion), 버팀새 등으로 표현되는 것들을 갖추고 있다. 예를 들어 밸런스가 아주 좋은 기계는 그것 자체가 안정하고 충분한 성능을 갖고 있음을 나타내고 있다. 경험을 쌓은 우수한 기계쟁이라면 그런 기계를 보기만 해도 그것이 좋은 것인지 나쁜 것인지를 알 수 있다. 거꾸로, 본 느낌이 이상하다고 생각한 것은 그렇게 생각한 대로 반드시 망가진다. 특히 개발 책임을 맡은 사람은 감각이 잘 연마되어 있으므로 보는 것만으로 알아내는 것이다. 그것은 「기계와 미」라고 하는 암묵지가 자기 안에 있기 때문이다.

2) 기계와 역선(力線)

모든 기계 안에는 힘이 흐르고 있다. 그 힘의 흐름은 역선으로 표현된다. 역선은 실제로는 눈에 보이지 않지만 설계자는 머릿속에서 늘 상정(想定)하고 있는 것이다. 1개의 기계 안에 힘이 흐르고 있을 때는 역선은 반드시 기계 전체를 일주하여 닫히게 되어 있다. 또 압축 힘이 작용하는 곳의 반대 측 부분에는 인장이 작용하고, 인장과 압축을 연결하고 있는 부분에는 전단이 작용하여 역선은 전체로서 닫힌 고리로 되어 있다. 설계자는 큰 힘이 흐르는 곳은 두껍고 강한 역선을 그리고, 작은 힘이 흐르고 있는 곳은 얇고 약한 역선을 그려 설계를 한다. 그리고 실제로 완성된 것도 큰 힘이 통과하는 곳은 진하고 두껍게, 작은 힘이 통과하는 곳은 얇고 흐리게 만든다. 역선을 구체적으로 설계도 중에 그려 넣으면 설계한 것이 실제로 어떤 동작을 하고 있는지를 잘 알 수 있다. 이와 같이 기계 안에 힘이 흐르고 있는 것을 인식하여 설계한 기계는 그 요구기능을 달성하는 구조로서 가장 합리적인 것이 되어 있다.

첨기

모든 가공기계의 역선은 공구를 시점, 공작물을 종점으로 하는 C자형 루프를 그린다. 이것을 「C루프」라 부른다.

- C루프의 시점과 종점의 어긋남이 가공오차가 된다
- C루프에 어긋남이 생기게 하는 것은 열과 힘이다

라고 생각하여 주의하는 것이 좋다. 이것도 기계쟁이에게는 중요한 암묵지의 하나이다.

3) 기계의 파괴와 중심부의 주침

대부분의 기계는 표면의 비틀림이 최대가 될 때 파괴된다. 재료역학 교과서 등을 보면, 물체의 여러 가지 파괴방식이 쓰여 있는데 대개의 기계는 전체단면의 인장이나 전단(剪斷)으로 파괴되는 일은 드물다. 이것을 다른 말로 하면, 기계 구조체의 중심부는 주침을 하고 있는 것과 같다는 것이다. 중심부분은 휨응력에 관여하고 있지 않기 때문이다. 이를테면 이 부분은 가운데를 뚫어 공동(空洞)으로 해버려도 상관없다. 실제로 그와 같이 가운데를 뚫어 공간을 만들어보면 정보나 에너지의 전송로(傳送路)로 최적의 것이 된다.

4) 낭비부분의 절사(切捨)

기성의 기계나 시판제품에는 역사적인 유물이 남아있거나, 자체로는 불필요한 기능이 포함된 장황한 설계로 되어있는 것도 많다. 이들 낭비적인 기능과 공간을 절사를 하면, 낭비가 없는 합목적적 설계가 된다. 예를 들어 금형으로 만든 프레스는 대개 금형과 다이세트(die set)를 합치면 500kg 정도가 된다. 그런데 필요한 기능만을 생각하여 필요 없는 부분을 철저하게 잘라버리면 10~20kg의 금형이 될 수 있다. 그런데도 불구하고 500kg의 금형으로 생산하고 있는 공장이 매우 많다. 왜일까. 어딘가에 있는 것(예를 들면 상하의 금형을 조합시키는 다이세트 등)을 갖고 와서 이것만 사용하면 된다고 생각하기 때문이다. 이런 곳에서는「낭비부분의 절사」라는 사고(思考)가 생겨나지 않는다. 따라서 낭비기능이 많고 둔중하고 장황한 기계를 언제까지나 사용하게 되는 것이다.

첨기

생산거점을 외국으로 이전했을 때, 현지생산을 하는 기업에서 일본의 메이커가 수출한 기계를 그대로 사용하고 있는 곳이 있다. 그 기계를 유지 관리하는 곳은 그것을 만든 일본 메이커이다. 만일 기계에 오류가 생긴 경우, 그 일본 메이커는 현지에서는 결코 분해하지 않는다. 기계에 투입된 생산 노하우가 외부로 유출되지 않도록 하기 위해 전부 일본으로 가져가는 것이다. 이것을 거꾸로 말하면, 갖고 가서 유지 관리를 행해도 비용이 맞을 정도로 처음부터 성능이 안정되어 있는 기계밖에 수출할 수 없게 되는 것이다. 다른 곳에서 사온 기계로는 그런 일은 불가능하다. 그것이 가능한 것은,「낭비부분의 절사」를 철저하게 행하고 있기 때문이다. 그것을 실천하고 있는 데가 현재 지퍼를 만드는 세계 유일의 회사 YKK이다. YKK에서는 해외 생산분도 포함하여 자사관련으로 사용하는 주요기계는 전부 스스로 만들어 스스로 사용하고, 외부에서는 구매하지 않는다.「낭비부분의 절사」 효과를 스스로 충분히 누리기 때문이다.

3.4 설계능력 제고(提高)

설계자는 설계능력을 의식적으로 높여야 한다. 설계능력을 높이지 않으면 창조적인 설계는 되지 않는 것이다. 그러면 어떤 관점, 어떤 방법으로 어떤 능력을 높여가는 것이 좋을까. 그것을 그린 그림이 [그림 3.38]이다. 이 그림에 열거된 6개 항목만 있는 것은 아니지만 설계자라면 모름지기 이와 같은 설계능력을 크게 높일 필요가 있다. 그리고 그것을 위해 날마다 노력을 거듭해가야 한다.

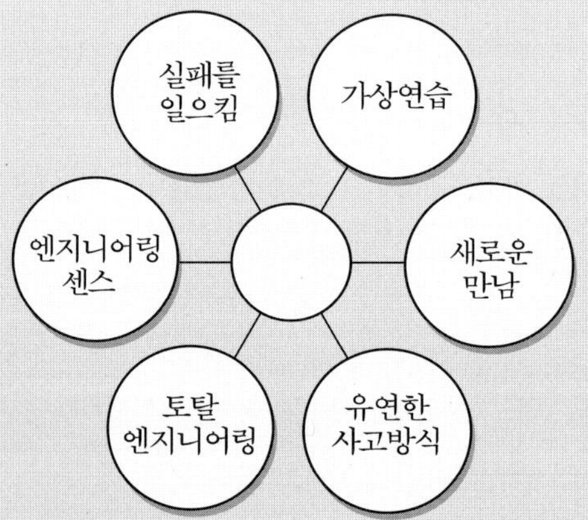

[그림 3.38] 설계능력을 높이는 방법

여기서는 설계자가 몸에 익혀두어야 할, 사물에 대한 견해·사고방식, 평상시에 유의하여 실행해야 할 일반적인 것들을 설명해보자. 그 중에서도 특히 중요한 것은,

- 토탈 엔지니어링
- 엔지니어링 센스
- 가상연습
- 착상노트 작성
- 속(裏)도면 작성

등이다. 차례대로 설명하도록 하자.

(1) 토탈 엔지니어링

설계자가 몸에 익혀두어야 할, 사물에 대한 견해 · 사고방식으로 먼저 **토탈 엔지니어링**이 있다. 이것은 자기 눈앞에 있는 사물만을 생각하는 것이 아니라 그것을 포함하는 전체와의 연관도 생각하는 것이 좋다는 사고방식이다.

예를 들어, 지금 당신은 효율이 매우 좋은 엔진을 개발하라는 지시를 받았다고 하자. 그런데 당신은「효율이 좋은 엔진」을「연료 소비가 효율적인 엔진이다」로 이해하고, 어쨌든 열심히 노력하여 요구기능을 만족하는 좋은 엔진을 만들게 되었다고 하자. 그런데 말이다. 그 엔진은 매우 성능이 좋은 것이기는 하나 그것을 만들기 위한 기술이 막대한 에너지를 소비하는 것이었다. 자, 여기에 문제가 있다. 그 엔진은 사회적으로 허용되는 것일까.

그 결론을 내리려면 생각해야 할 것이 산더미이다. 엔진을 만들기 위해 필요한 에너지, 환경에의 부하, 그 엔진을 사용하면 어떤 일이 일어날지, 엔진을 폐기하여 자연상태로 되돌리기까지 어느 정도의 시간, 사항이 필요하게 될지 등등이다. 1개의 기술을 내놓으려면 단순히 그것을 만들어내는 것만을 생각하는 것이 아니라 시간적으로도, 공간적으로도, 환경적으로도, 비용적으로도, 사회적으로도 전체와의 연관을 정성적, 정량적으로 파악하여 생각할 필요가 있는 것이다. 토탈 엔지니어링이란, 개술개발에 관한 이와 같은 사고방식과 자세를 말한다.

좀 더 구체적으로 생각해보자. 당신은 자동차를 1대 갖고 있다고 하자. 당신이 1년간 자동차를 사용하면, 대체로 어느 정도의 이산화탄소량을 지구에 부하시키는 것이 될까. 이런 질문을 받았을 때,「모른다」라고 답하는가,「조금 기다리라. 대략의 수치를 계산해낼 테니까」라고 답하는가, 그것이 기술자로서의 갈림길이다. 맞든지 틀리든지 상관없으니까 어쨌든 답을 이리저리 내놓는 것이 진정한 기술자이다.

가정으로 그 자동차가 리터당 10 km를 달린다고 하자. 1년간 주행거리는 적은 사람이 5,000 km, 많으면 10,000 km라고 해본다. 중요한 건 아니므로 여기서는 일단 5,000 km로 한다. 그러면 그 자동차가 어느 정도의 이산화탄소를 배출하는지가 암산으로 나온다.

계산해보자. 리터당 10 km, 연간 주행거리 5,000 km이므로 연간 500 l의 가솔린을 사용하게 된다. 석유도 기름의 일종으로 하여 비중을 약 0.8로 가정한다. 중량으로 환산하면 연간 400 kg의 가솔린을 사용하는 것으로 나온다. 그럼 가솔린이 연소될 때 이산화탄소는 얼마나 나올까.「그런 건 몰라요」라고 말하는 사람이 있을지 모르겠으나 그런 사람은 "얼굴을 씻고 다시 씻고 오는" 것과 같다. 가솔린이 탄소와 수소로 이루어져 있는 것, 가솔린을 태우면 탄소는 이산화탄소로 바뀐다는 지식을 사용하면 되지 않을까. 그렇다면 필요한 숫자는 연간 소비량 400 kg, 탄소의 원자량 12, 산소의 원자량 16뿐이다. 이것만 알면 전부 계산해낼 수 있다.

간단하니까 그냥 해보자. 방금 말한 바와 같이 탄소의 원자량은 12, 산소의 원자량은 16이다. 그러면 이산화탄소 CO_2의 분자량은 44가 된다. 그리하여 400 kg × 44/12 = 1,400 kg. 이상, 이것이 답이다. 참, 연간 이산화탄소를 1.4 t이나 내보내게 되는 것이다. 1.4 t이라면 대략 웬만한 자동차와 같은 중량이다. 결국은 자기가 1년간 자동차를 운전하면, 그 자동차와 같은 정도 무게의 이산화탄소를 환경 중으로 방출하는 셈이다. 자동차는 이만큼 환경부하를 과하는 기계라는 것을 생각하지 않고, 단지 엔진의 효율이 좋은 것에만 생각을 집중하여 일을 하면 뜻하지 않은 되갚음을 받게 되는 것이다.

이와 같이 1개의 기술을 생각할 때, 자기가 갖고 있는 모든 지식을 동원하고 자기에게 필요한 숫자나 상황을 전체에 연관지어 평가, 판단한다는 것은 매우 중요한 일이다. 이것은 다음에 설명하는 엔지니어링 센스와도 통하는 것이다.

(2) 엔지니어링 센스

엔지니어링 센스란 기술자라면 말하지 않아도 그 정도는 전부 생각하고 있는, 말하지 않아도 전부 사고(思考) 가운데 들어 있다고 할 수 있는 감각 같은 것이다. 「기술자로서 해 나간다면 무슨 일이 있어도 있다」고 하는 것이다.

예를 하나 들어보자. 785(칠팔오)라는 흥미로운 수(數)가 있다. 이것은 기술 세계에서 일하고 있으면 어떻게든 맞닥뜨리는 수이다. 7.85이기도, 0.785이기도 한데 일하다보면 기분 나쁠 만큼 눈에 띄는 수인 것이다. 그리고 이유야 어찌됐든 이런 이상하고 흥미로운 것이 있을 때, 상관하지 않고 그저 사용하자고 생각하는 것이 엔지니어링 센스이다. 예를 들면, 7.85는 철의 비중이다.

첨기

작은 숫자까지 생각나지 않을 때, 「자, 우선 8로 해두자」고 생각하는 것도 엔지니어링 센스이다.

이런 예도 있다. 「원의 면적을 구하는 공식은?」하고 물으면, 반경 r를 사용하여 「$\pi\times r^2$」이라고 하는 사람도 있고, 직경 D를 사용하여 「$\pi/4\times D^2$」이라고 하는 사람도 있다. 여기서는 직경 D를 사용하는 쪽으로 착안해보자. 이 공식에 구체적인 수를 넣어 계산할 때, 독자 여러분이라면 어떻게 할까. 계산을 할 때마다 $3.14\div4$를 하는 것은 어리석음의 극치이다. 늘 해야 되는 계산이라면 실제로 하는 것은 한 번만 하고, 그 뒤로는 결과 값을 생각해내면 되지 않을까. 그렇게 하면 품이 한 번 줄어 유리하다.

이런 식으로 단지 한 번만 계산을 하면 그 결과 값은 0.785가 나온다. 정말 기분이 나쁘면 쓰지 않겠지만 그것을 사용하시 않을 방법은 없다. 참으로 「얼씨구나!」이다. 그리고 이런 식으로 「얼씨구나!」라고 생각하는 것이 엔지니어링 센스인 것이다. 그럼 이후로 「원의 면적을 구하는 공식은?」하고 물으면 「$0.785\times D^2$이다」라고 즉시 말한다. 「그런 잔머리를!」이라고 화내는 사람이 있겠지만 그런 좁은 생각은 안 된다. 언제든 사용하면 나오는 것이라면 척척 그것을 떠올려 사용하는 편이 단연 좋은 것이다.

또 이런 이야기도 있다. 기계 설계를 할 때 매우 중요한 것이 철의 열팽창률이다. 실제 숫자는 12/1,000,000 정도이다. 이는, 온도가 1℃ 변하면 길이 10 cm의 철은 12/1,000,000 cm 신축한다는 것이다. 그러나 이런 숫자는 잘 생각나지 않는다. 여기서 길이를 연구하는 것이다. 12/1,000,000 cm라고 미세하게 나타내지 않고, 싹둑 잘라서 1㎛라고 해버리는 것이다. 결국 온도가 1℃ 변하면 길이 10 cm의 철은 1㎛ 신축한다는 것이다. 이제부터 「10센티 1도 1미크론」이라는 불경을 고안해낸다. 그리고 「10센티 1도 1미크론, 10센티 1도 1미크론, …」이라고 소리 내어 100회 복창하는 것이다. 그러면 당신의 머릿속에는 「10센티 1도 1미크론 불경」의 주문이 스며들어 빠져나가지 않게 된다. 어떻게 해도 좋으니까 소리 내어 100회 말하면, 어느 틈엔가 머릿속에 스며들어와 언제라도 사용할 수 있게 되는 것이다. (이것을 「음독(音讀) 100회」 또는 「암송 100회」라고 하겠다.)

첨기

옛날 사람은 「그저 읽기」라고 하여 어릴 때는 철저하게 서책을 음독하였다. 그렇게 하는 가운데 마지막에는 그런 서책에 쓰여 있는 것을 전부 외워서 말할 수 있게 되었던 것이다. 그렇게 머릿속에 스며든 "불경"은 실로 장점으로 평생 사용하는 중요한 것이 된다.

그럼 실제로 어떻게 사용할까. 예를 들어 정밀기계를 만든다고 하자. 암묵지 얘기에서 설명한 바와 같이, 이럴 때 기술자는 먼저 온도변화를 느끼게 된다. 그런데 온도범위가 어느 정도인지가 문제가 된다. 여기서 가정하여 기계가 완성되어 30cm 정도의 크기라고 하자. 그러면 「10센티 1도 1미크론」을 사용할 때 온도가 1℃ 오른다면 3㎛ 늘어날 것을 안다. 정밀기계로서의 3㎛는 어처구니없는 숫자이다. 여기서 온도와 기계의 온도차를 0.5℃ 정도로 하자는 판단이 가능하다. 「10센티 1도 1미크론」을 알고 있는 것만으로 이런 판단을 순식간에 할 수 있는 것이다.

첨기

앞으로의 시대에서 기계기술은 반드시 「초정밀」, 다시 말하면 「초초정밀」을 중심으로 움직여간다. 이 때, 모든 기점(起點)이 되는 것이 「10센티 1도 1미크론」이다. 이것을 모르는 기계쟁이는 설계도 영업도 하면 안 된다. 알고 있는 사람만이 가능한, 예사롭게 사용하는 사람만이 해야 한다는 시대가 오고 있다고 필자는 생각하는 것이다.

그런데 기본적인 숫자를 조합하여 생각하는 것도 엔지니어링 센스에 속한다. 기술자라면 자료가 없어도 어떻게든 필요한 숫자를 끄집어내야 한다. 예를 들어 조금 전에 나왔던 철의 팽창률은 얼마인가를 알고 싶다고 하자. 수중에는 자료도 없고, 책도 없고, 컴퓨터도 없고, 아무것도 없다. 어떻게 할까. 이럴 때 「조사해오겠다」는 사람은 즉석에서 낙제이다. 「모른다」고 말해도 안 된다.

전차에 타고 있을 때 덜커덩 덜커덩 하는 소리가 날 것이다. 필자라면 그 소리를 사용하여 어쨌든 상관없으니까 생각해낸다. 여기서 [그림 3.39]를 보기 바란다. 덜커덩 덜커덩 하는 소리는 레일과 레일을 연결하는 이음매에서 나는 소리이다. 그 소리를 듣고, 레일의 이음매가 어느 정도 간격으로 떨어져 있을지를 생각해본다. 간격은 레일이 한여름 더운 날에는 늘어나고, 한겨울 추운 날에는 수축된다는 것을 고려하여 띄어 있다. 지금 1 cm(0.01m) 떨어져 있다고 하자. 한편 도쿄근교에서는 한겨울 제일 추운 날 0℃이니까 레일의 온도는 제일 추운 날에 0℃일 것이라고 생각한다. 한여름에는 자동차의 보닛에서 계란프라이가 된다는 얘기가 있으니까 레일 위에서도 구워질 것이라고 하여 가장 뜨거워져 70℃ 정도일 거라 가정한다. 아무리 그래도 100℃는 되지 않고, 40℃ 난로보다는 뜨거울 것이다. 여기서 중간을 취하는 것이다. 그런데 한 본(本)의 레일은 운반의 편리성을 고려하여 50m로는 하지 않는다. 최대 25m일 것

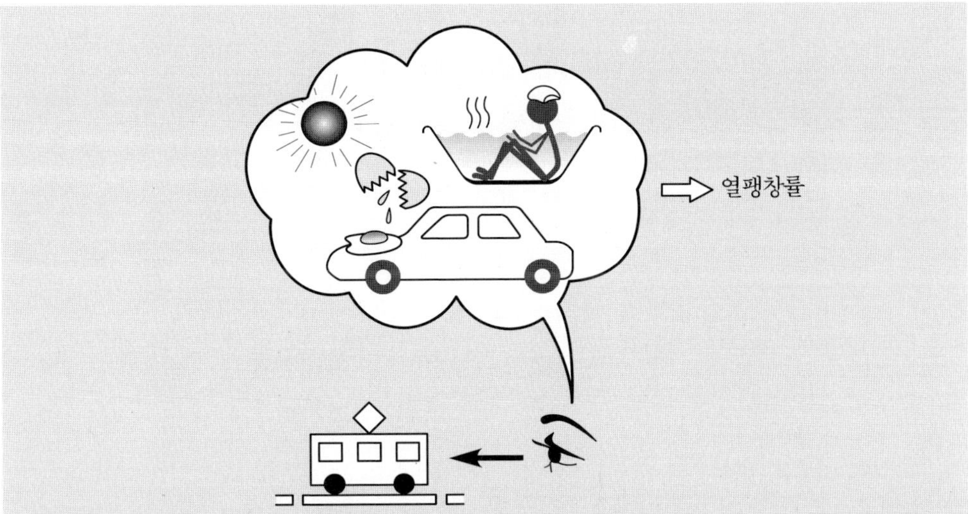

[그림 3.39] 알지 못해도 수치를 산출한다. 갖고 있는 자료는 모두 동원하라!

이므로 일단 25m로 해둔다. 이런 방식으로 생각해가는 것만으로 실은 필요한 숫자는 전부 모으는 것이다. 이렇게 열팽창률을 산출해보자.

$$1/25 \times 0.01/70 = 6 \times 10^{-6}/℃$$

이상이다. 이와 같이 자기가 완전히 알지 못하는 숫자로도 생각을 돌리면 뭔가 찾아내는 것이다. 거기에는 평소부터 사물을 잘 보고, 관찰하며 생각하는 것이 중요하다. 자기가 알고 있는 것을 총동원하여 그것을 계속 사용하여 생각하는 것이 엔지니어링 센스라는 것이다.

첨기

"6×10^{-6}이라니, 실제와 배나 다르지 않은가"라고 생각하는 사람이 있을 것이다. 그렇지 않다. 기계쟁이에 따라서는 「배(倍) 반분(半分)은 허용된다」, 「자릿수가 다르면 안 된다」고 하는 것도 중요한 암묵지이다. 12×10^{-6}이나 6×10^{-6} 은 큰 소란을 피울 만큼 틀린 것은 아니다.

(3) 가상연습을 하라

다음으로 가상연습이라는 매우 중요한 동작에 관하여 설명해보자. 가상연습은 설계자가 설계능력을 높이기 위해서는 언제 어디서나 염두에 두고 실천해야 하는 동작이다.

가상연습에 관해서는 3.3절(4)에서 약간 설명했는데 여기서는 좀 더 실제 설계에 근거하여 생각해보도록 한다.

우선은 [그림 3.40]을 보기 바란다. 이 그림은 앞에서도 한 번 본 가상연습에 관해 나타낸 그림이다. 페이지가 좀 떨어져 있으나 매우 중요한 그림이므로 여기서도 한 번 더 나타내기로 한다.

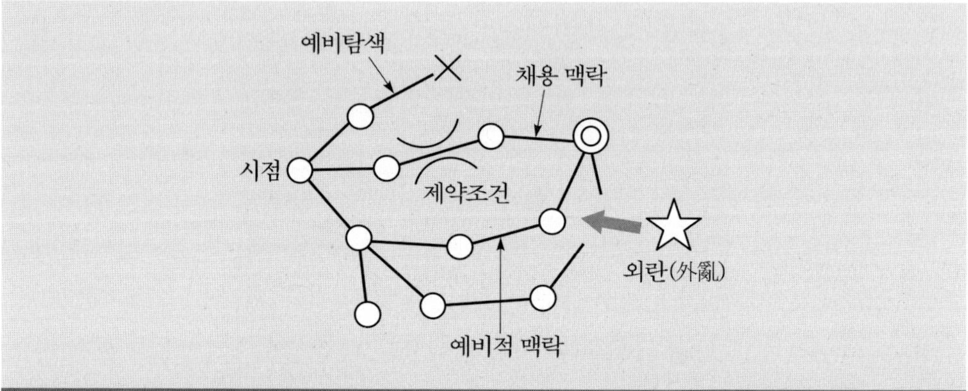

[그림 3.40] 가상연습

이 책에서는 몇 번이나 반복하여 설명해왔는데 설계란 시점과 종점을 연결하여 맥락을 만들어가는 동작이다. 그러나 이것은 말하기는 쉬우나 행하기는 어렵다. 보통의 설계자는 1개의 맥락이 만들어지면 「아, 간신히 해냈다」고 생각하여 안심하므로 거기서 마무리해버린다. 충분히 경험을 쌓은 설계자도 마음의 교만으로 그렇게 하는 경우가 있다. 그렇게 생각이 부족한 설계는 저급설계, 가짜설계이다. 저급설계란 곧, 「약한 설계」이다. 약한 설계로 물건을 만들면 약한 물건이 나와 버린다. 언뜻 보기에 좋아보여도 위약하여 만들 때 트러블을 일으킬 뿐 아니라 사용하는 동안에 망가지기 쉬운 물건이 되는 것이다.

그러면 약한 설계가 아니라 강한 설계를 실현하기 위해서는 무엇이 필요할까. 그것이 가상연습이다. **어느 정도 철저하게, 넓게, 깊게 가상연습을 했는가. 그것이 설계의 질을 결정한다**는 것이다. 더 나아가서는 그것이 기획의 질도 결정하는 것이다. 따라서 1개의 맥락이 완성되면 거기에는 어떤 제약조건이 있는지, 그 제약조건이 변하면 맥락은 어떤 영향을 받는지, 또 제약조건을 변화시키려면 무엇을 해야 되는지를 철저하게 생각할 필요가 있다.

그리고 한편으로, 그 맥락 이외의 예비적 맥락을 적어도 1개는 만들어 두어야 한다. 도중에 생각지 못한 외란(外亂)이 닥쳐 처음 맥락이 차단되어 사용할 수 없게 되어도 즉각 다른 맥락에 갖다 붙일 수 있도록 하기 위함이다. 다만, 실제로 못쓰게 되고나서 예비적 맥락을 생각하기 시작하는 것은 완전히 늦은 것이다. 사태에 대처하는 방법도 포함하여 고려하는 모든 것을 예측하여 미리 만들어 두어야 한다.

그러나 사실은 그것만으로 충분치 않다. 그 예비적 맥락에 대해서도 외란이 일어난다면 어떻게 잘라버릴 것인지, 잘라버리면 어떻게 될지, 어떤 것이 외란이라고 할 수 있는 것인지 등을 생각해 둘 필요가 있다. 또 있다. 1개의 맥락을 실세로 진행해 나가는 데는「여기까지는 행한다」,「여기부터는 행하지 않는다」,「여기까지는 이용 가능하다」라는 것을, 미리 가상적으로 조사, 답사해둘 필요가 있는 것이다.

이상의 것을 모두 잘 고려하여 자기 안에서 준비에 만전을 기해야 겨우 실제로 1개의 맥락을 진출시킬 수 있는 것이다.

첨기

실제 설계에서는 특히 경제 환경의 변화에 주의를 기울일 필요가 있다. 경제 환경의 변화에 따라 기획 자체가 돌연 중지되거나 내용이 급박하고 크게 변경되는 일이 종종 일어나기 때문이다.

그런데 1줄기의 맥락밖에 모르는 사람, 1줄기의 맥락밖에 생각하지 못하는 사람은 왕왕 그 맥락에 매달리는 꼴이 된다. 그 사람에게는 그 맥락밖에 없기 때문이다. 그러나 충분한 가상연습을 행한 후에 실행해가면, 가령 진퇴양난의 경우에 별도의 맥락으로 교체하면 되는 것이다. 지향하는 목표에 도달할 수 있는 맥락은 결코 1개만 있는 것이 아니다. 사물을 언제나 2차원, 가능하면 3차원으로 입체적인 파악이 되도록 노력하고 있으면 예비적 맥락은 반드시 찾을 수 있는 것이다. 그것을 위해서도 가상연습을 충분히 해두는 것이 중요한 것이다.

리더가 되어야 할 사람은 사물에 대해 그러한 견지・사고방식, 자세를 몸에 익혀두어야 한다. 우수한 리더일수록 예비적 맥락을 몇 개씩이나 갖고 있는 것이다. 거꾸로 말하면, 그런 사고방식・견지를 갖지 않은 리더가 있다면 그 사람은 진정한 리더가 아니다. 다만 교만하여「나를 따르라」고 하는 사람을 따라가기로 하면 부하는 반드시 지독한 일을 당한다. 가상연습은 리더에게 불가결한 자질인 것이다.

[그림 3.41] 리더와 가상연습

여기서 [그림 3.41]을 보기 바란다. 진정한 리더는 날씨가 좋을 때 등산을 하고 있어도 여러 가지 가상연습을 한다. 날씨가 좋으니까 모두와 마찬가지로 기분 좋게 걷고 있지만 머릿속은 언제나 돌고 있다. 등산을 하기 전에는 「비가 내리면 어떻게 할까」, 「어디에 험한 길이 있을까」, 「이 길로 갈 수 없을 때는 어디로 우회하여 갈까」, 「어디에 가면 위험이 있을까」 등을 조사하고, 생각하여 가상연습을 모두 마쳐 둔다. 그리고 실제로 산행을 하고 있는 도중에도 계속 주의를 태만히 하지 않고 시시각각 눈앞에 벌어지는 상황을 판단하여 사물을 취사선택, 우선순위를 정해 실행해 간다. 이것이 진정한 리더이다. 진짜 설계자란 진정한 리더 그 자체인 것이다.

첨기

리더란 계속 「미망(迷妄)」과 싸우고 있는 인간이기도 하다. 자기가 가정해 만든 코스에 대하여, 정말로 그 코스를 선택하는 것이 좋을지, 또 다른 코스를 찾아야 할지, 코스마다의 취사선택을 위해 미망이 생긴다. 이 미망은 사물을 결정할 때는 반드시 들러붙는 본질적인 것이다. 이런 미망을 해결하려면 결정에 관련되는 모든 주요 요소를 망라하는 경험과 지식을 준비하여, 가상연습에 의한 답사를 철저하게 행하는 수밖에 없다.

(4) 과제설정을 앞당기라

설계능력을 높이기 위해서는 과제설정을 앞당긴다고 하는 것도 중요하다. [그림 3.42]를 보기 바란다. 어느 때 스스로 「이와 같은 3개의 과제가 있다」고 알았다고 하자. 그런데 이 3개의 과제 하나씩에 대하여 직접 대응하고 싶은데 안 된다고 하자. 독자 여러분도 아마 경험이 있을 것이다. 일을 잘 하는 사람일수록 직접 대응할 시간적 여유가 없다. 게다가 많은 경우 그것을 맡을 사람도, 그런 곳도 없는 것이다.

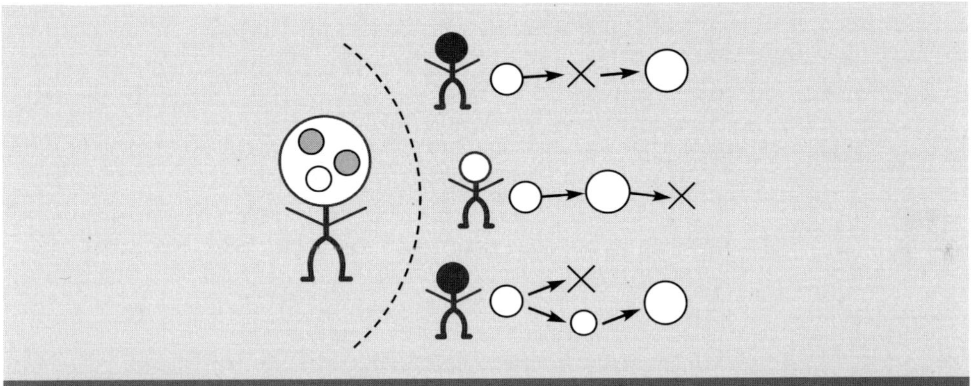

[그림 3.42] 과제설정을 앞당기라 : 타인이 대신 실험해준다

그러나 그렇다고 해서 그 사람이 아무것도 하지 않는다는 것은 아니다. 「자기라면 어떻게 할까」, 「무엇이 과제일까」를 충분히 잘 깨달아 생각해 가면 누가 자기와 같은 과제의식을 갖고 행동하고 있는지가 이상하게 잘 보이게 된다. 그러면 「저 사람은, 저런 일을 했다면 넘어졌을 텐데 다시 고쳐서 이런 식으로 딱 맞게 했구나」, 「저 사람은 좋은 상황에서 했는데도 넘어졌구나. 아아, 그런가. 저런 식으로 하면 안 되는구나」라고 알아간다. 결국 자기는 아무것도 안하지만 타인의 행동을 관찰하는 것만으로 마치 자기가 직접 행한 것과 같은 만큼의 경험, 식견을 획득할 수 있다는 것이다.

이것을 거꾸로 말하면, 먼저 자기가 과제를 확실히 깨달아 놓지 않으면 안 된다는 것이다. 무엇이 과제인지를 자기 자신이 알아차리고 있지 않으면 누가 자기와 같은 의식을 갖고 움직이고 있는지를 볼 수 없다. 그러니까 과제설정을 앞당기지 않으면 안 되는 것이다.

첨기

설계자가 직접 스스로 행하는 데는 한도가 있다. 그러나 그「한도」를 자기 능력의 한계라고 생각하면 안 된다. 그렇게 생각하면 마지막에 체념하는 기분이 생겨 사고정지(思考停止)가 되어버린다. **설계자는 절대로 사고정지를 해서는 안 된다**. 설계자는 계속 생각하고 있지 않으면 안 되는 것이다. 스스로 직접 행할 수 있는「한도」이상의 것은 한계라기보다 오히려 자기 능력을 높일 수 있는 중요한 씨앗이 된다. 이것은, 사고연산에서 설명한「교환・역전」의 사고 바로 그것이다. 그리고 그 씨앗을 생기게 하기 위해서도 자기 안에서 과제설정을 가능한 한 앞당기고 타인의 행동을 계속 관찰할 필요가 있는 것이다.

그럼「과제설정」이란 어떤 동작인지 [그림 3.43]을 보기 바란다. 지금 가정하여 "자동차가 담벼락에 충돌하는" 장면을 보았다고 하자. 이럴 때 본 사람의 머릿속에는 많은 것이 떠오른다.「왜 충돌했을까」,「위험하다. 돕지말까」,「저 자동차 고쳐지겠나」,「비싼 자동차 같은데 대부금은 남아있나」,「결함차가 되어 버리지 않겠나」,「내가 충돌했다면 어떻게 할까」 등등 완전히 아무래도 상관없는 것들이 순간적으로 동시에 떠오르는 것이다.

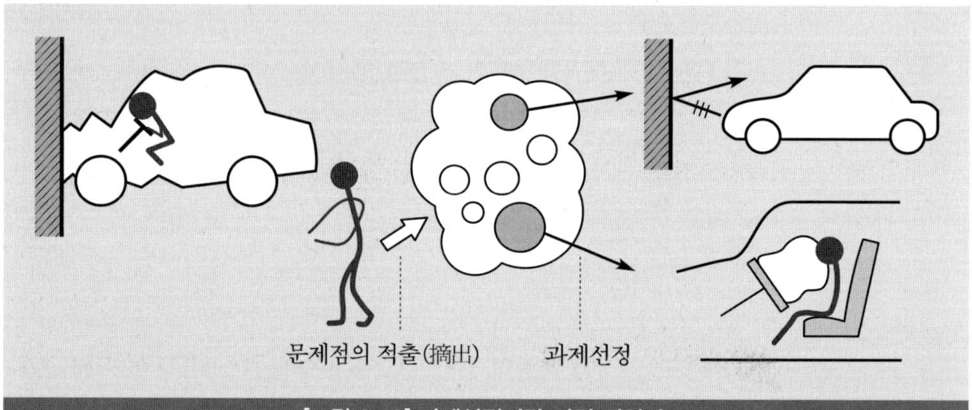

[그림 3.43] 과제설정이란 어떤 것일까

다만, 기술자는 거기서 머리를 멈춰서는 안 된다. 그런 아무래도 상관없는 것들 중에서 **문제점의 적출**을 하는 것이다. 그리고 그 문제점을 해결하기 위한 **과제의 선택과 결정(선정)**을 행하는 것이다. 이 2개의 동작을 행할 때 비로소 기술자의 일이 시작되는 것이다. 이것이 과제설정이다.

지금의 자동차 예로 말하면, 「담벼락에 충돌했다」, 「타고 있는 사람이 죽었다」라는 문제점이 적출될 수 있을 것이다. 그리고 그 문제점으로부터 「담에 충돌하지 않는 자동차를 만든다」, 「혹시 부딪쳐도 피해를 최소한으로 억제한다」는 과제가 선정될 수 있다. 또한 2개의 과제를 1개로 묶어 상위개념에까지 밀어 올리면, 「자동차의 충돌에 의한 피해를 최소한으로 한다」는 과제로 정리된다. "안전한 자동차를 만든다"든지 "쾌적한 자동차를 만든다"든지 하는 모호한 표현으로는 과제가 되지 않는다. 과제란, 구체적인 사물이 있는 곳까지 들어가 정해지는 것이다.

첨기

과제설정은 다음 제4장에서 설명하는 「사고전개도(思考展開圖)」의 시점(始點)이 되는 중요한 동작이다. 과제설정이 없으면 아무것도 시작하지 않는 것이다. 그러므로 제4장은 지금 설명한 「문제점의 적출」, 「과제의 선택 · 결정」을 언제나 염두에 두고 있으면서 읽도록 하기 바란다.

(5) 머리에 서랍을 만들라

획득한 지식을 축적하는 것, 언제나 활성화된 상태로 유지하는 것, 바꿔 말하면 **머리에 서랍(인출기)을 만드는 것**도 설계능력을 높이는 데 중요하다.

예를 들어 1그루의 나무가 자라고 있는 것을 봤다고 하자. 필자는 이럴 때 지면(地面) 아래에는 얼마만큼 뿌리가 뻗어 있을까를 생각한다. 뿌리는 지면 아래에서 나무의 높이와 같은 정도로 깊게 뻗어 있는 것이다. 「나무」라고 하면, 사람은 지면 위에 자라고 있는 부분만을 떠올린다. 그러나 그것은 나무의 일부에 지나지 않는다. 「나무」라고 하는 것은, 잎이나 가지, 줄기, 그리고 지면 아래에 묻혀있는 뿌리까지를 포함해야 비로소 「나무」라고 불리는 것이다. 그러므로 1그루의 나무를 본다면 흙 속에도 같은 길이의 뿌리가 뻗었다고 생각하여 전체의 모습을 떠올릴 필요가 있다.

여기서 [그림 3.44]를 보기 바란다. 나무 1그루의 전체 모습을 떠올리면서 뿌리, 줄기, 가지, 잎의 구성요소로 발기발기 분해한다. 그 한편으로 머릿속에 서랍을 준비하는 것이다. 서랍의 각 단에는「뿌리」,「줄기」,「가지」,「잎」이라는 글자를 써서 라벨을 붙인다. 그리고 아까 발기발기 분해한 나무의 각 요소를 대응하는 서랍 안에 넣는 것이다. 1그루의 나무를 보면 머릿속에서 이런 분류작업을 먼저 행한다.

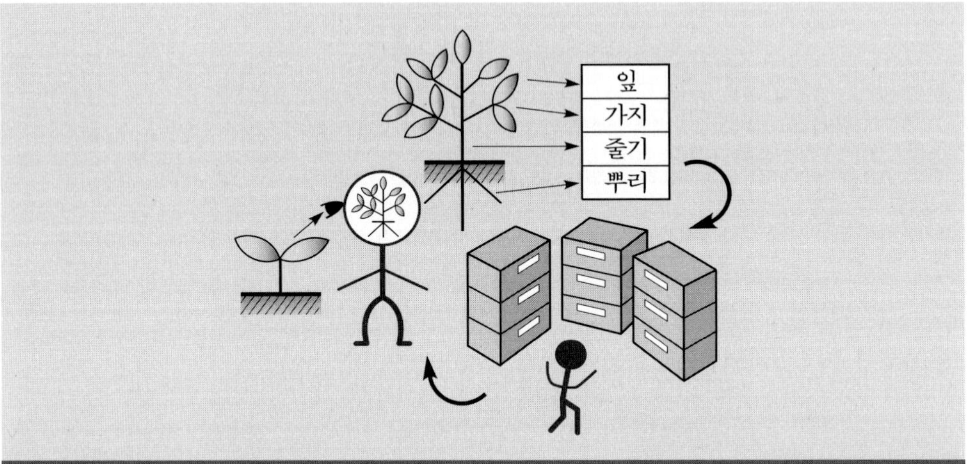

[그림 3.44] 머리에 서랍을 만들라.

다른 나무를 보아도 똑같이 구성요소로 분해하여 서랍 안에 넣는다. 다음의 나무도 또 똑같이 넣는다. 이런 동작을 몇 번이나 행해가는 중에 어느 사이엔가 각각의 서랍 안에는 분해된 구성요소가 정확히 분류된 모습으로 채워져 있다.

다만, 정확히 채워져「아, 안심」이 되면 안 된다. 그러면 애써 만든 서랍도 사장(死藏)되어 버린다. 서랍은 정적(靜的)인 상태가 아니라 계속 동적(動的) 활성화(活性化) 상태로 유지될 필요가 있는 것이다. 무슨 말일까. 예를 들어「이 잎과 이 가지, 이 줄기와 이 뿌리를 조합한다면 어떤 나무가 될까」라고 생각하여 언제나 서랍 안을 잡아 흔들어줌으로써 머릿속에서 나무 전체를 구축해보는 것이다. 즉,「가상연습」이다. 그러면 자기가 원하는 나무를 구축하는 데 충족시키지 못하는 요소가 반드시 나온다. 뭔가 부족함을 알면, 어떤 요소를 취하는 것이 좋을지를 알게 된다. 이와 같이 가상연습을 반복해가는 중에 서랍 안에는 기존 1그루씩의 나무와는 다른, 매우 생생한 사용요소가 저장되어가는 것이다. 즉, 가상연습을 하면서 새로운 것을 조립함으로써 자기 나름의 사용식견이 축적되어 가는 것이다.

자, 이렇게 되면「뭔가 좋은 나무는 없나」라고 접근해 오는 사람에 대하여「네, 이런 나무가 있습니다」라고 바로 제시할 수 있게 되는 것이다. 그리고 또한 그런

「사용식견」이 저장된 서랍은 놀랄만한 작동을 한다. 서랍 안에 있는 요소를 이리저리 바꿔가며 늘 동적 활성화 상태로 유지시키고 있으면 마지막에는 웬걸, 작은 떡잎을 보는 것만으로 그것이 어떤 나무로 커갈지를 아는 정도로 되는 것이다. 즉, 설계자가 가장 필요로 하는, 미래를 내다보기 위한 최고의 자료가 머릿속에 상시 준비되어 있게 되는 것이다. 이것은 **진정한 리더에게 필수 자질인「선견성(先見性)」** 바로 그것이다.

첨기

이런 재빠른 대응이 가능하여 적확하게 앞을 내다보는 사람은 이상하게도 일에도 돈에도 곤란을 겪지 않게 된다.

우수한 설계자가 되고 싶다면 활성화한 서랍을 최소 세 단은 가져야 한다. 기계기술자라면 전문인「기계 서랍」외에「전기 서랍」과「경제 서랍」을 꼭 가질 필요가 있다. 가능하면 그런 정해진 서랍만이 아니라 일과는 직접 관계가 없는 서랍도 갖도록 하기 바란다. 예를 들면「영어 외의 외국어 서랍」,「취미 서랍」이다. 업무만으로 제한하고 있으면 생각의 범위가 좁아지는 것이다. 한 사람의 인간으로서도 뭔가 맛이 없는, 매력이 약한 사람이 되어 버린다.「취미 서랍」과 같이 오랜 시간에 걸쳐 저장되어 온 것은 생각을 풍성하게 하고, 일생의 보물이 된다. 그런 서랍이 있으면 자기와는 다른 세계의 사람과 교제하게 되었을 때 살아나온다.

첨기

일본의 기술자가 손해를 보고 있는, 매우 아까운 일이 있다. 그것은 Ph. D.를 갖고 있는 사람이 적다는 것이다. 그와 동시에 이과계(理科系)의 사람은 이과계의 것밖에 배우지 않고 대학을 나온다는 것이다. 유럽이나 미국의 참으로 기술자 레벨이 높은 사람들은 Ph. D., 또는 Dr.의 학위를 갖고 있다. 그런 사람들과 천**천히 술이라도 마시면서 토론을 하면, 그 사람이 인생의 어느 시기에 얼마만큼 사물을 폭넓고 깊게 사고(思考)했는지가 전부 표출되어 온다**. 이쪽이 깊게 생각하고 있지 않으면 금세「막힌다」고 생각되어 그때부터 이야기가 진행되지 못한다. 말하자면, 실로 유감스럽고 아까운 일이다. 그러므로 인간으로서의 폭을 넓히는 서랍을 만드는 일은 매우 중요한 것이다. 가능한 한 젊은 시절부터 마음에 두어야 할 것이라 생각한다.

(6) 인생을 설계하라

여기서 [그림 3.45]를 보기 바란다. 인간의 기억능력은 5년에 반분(半分)이 된다는 것이다. 말하자면 25세 때의 기억능력을 1로 하면, 60세에는 1/128까지 떨어진다. 25세인 사람이 1일이면 기억하는 것이 60세인 사람은 1년 가까이 걸리지 않으면 기억하지 못한다는 것이다.

설계자로서의 능력을 높이는 데는 이런 사람의 두뇌 특성을 생각해 둘 필요가 있다. 결국 우수한 설계자를 지향하면서 자기 인생 설계도 견고하게 하고, 착실히 능력을 높여가는 노력을 하지 않으면 안 된다는 것이다.

필자의 경험에서도 젊을 때 해두는 것이 좋은 것은, 조금 무리가 되어도 그 때 철저하게 해두어야 한다. 특히 기초적인 공부가 그렇다. 그런 것을 염두에 두고 매일을 진지하게 사는 것이 중요하다. 젊을 때는 특히 그렇다고 하겠다.

한편 나이 들어 경험을 쌓지 않으면 안 되는 것도 있다. [그림 3.46]을 보기 바란다. 사람을 속이는 기술, 사람을 그 마음에 들게 하는 기술은 노력을 하면 연수(年數)와 함께 느는 것이다. 대체로 5년에 5배가 된다. 가령 25세에 10억 원의 회사를 움직이게 했다고 하면, 그 사람은 60세에 78조 원의 회사를 운영할 수 있다.

단, 나이를 먹는다고 누구나 그렇게 되는 것은 아니다. 실은 여기서도 가상연습이 중요한 것이다. 자기 일에 현명하게 임하는 한편으로 상사, 동료, 후배, 다른 회사의 사람들과의 업무나 행동을 자세하게 보고 「나라면 이렇게 한다」, 「그럴 때는 이렇게 한다」라는 가상연습을 언제나 의식하여 행해가는 것이다. 그러면 그 사람은 큰 규모의 일을 갑자기 맡아도 확실하게 할 수 있다. 이런 사람은 과제설정을 앞당기고, 늘 사람의 행동을 관찰하면서 배우고 있기 때문에 직접 경험하여 얻는 것 이상의 능력을 몸에 익히고 있다. 그것을 가령 장악 가능한 사업규모라는 형태로 수량화(數量化)하면 그림과 같이 지수관계(指數關係)가 된다. 이런 지식은 인생 설계에 쓸모가 있을 것이다.

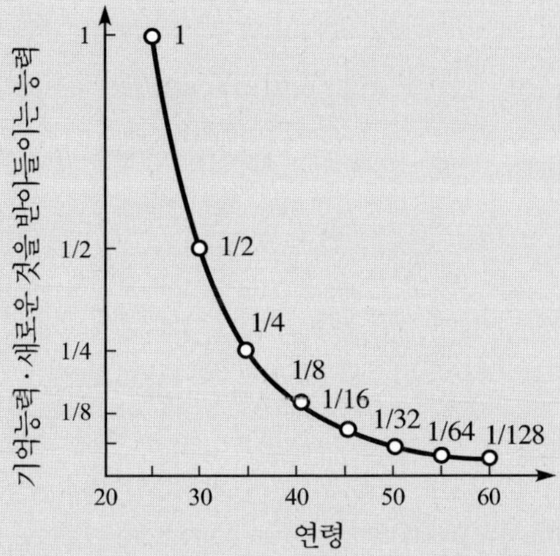

[그림 3.45] 연령과 기억능력의 관계

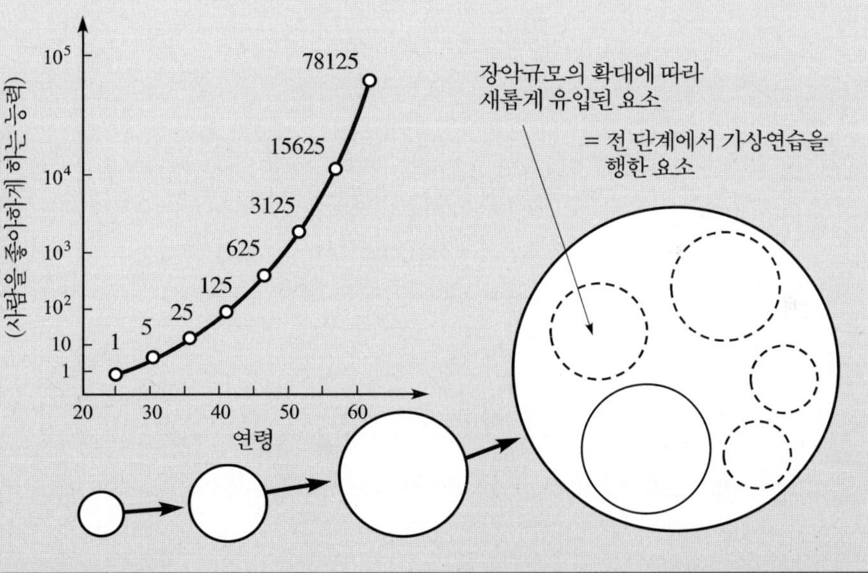

[그림 3.46] 연령과 장악 가능한 사업규모의 관계

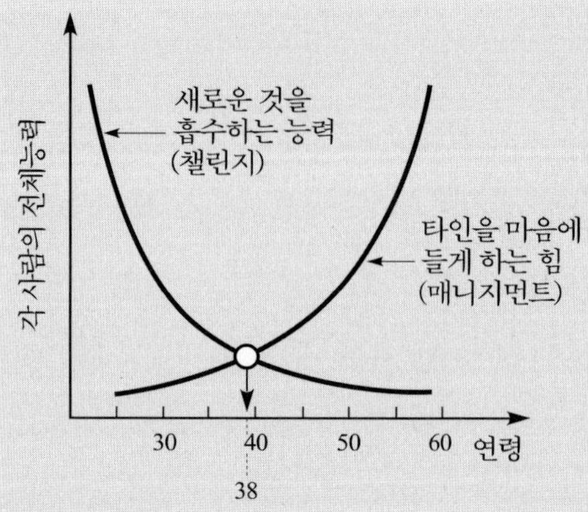

[그림 3.47] 연령과 능력의 관계 : 전혀 새로운 직종으로의 전직한도는 38세

첨기

[그림 3.47]을 보기 바란다. [그림 3.45]와 [그림 3.46]을 중첩시키면 양쪽 곡선은 38세 정도에서 교차한다. 실은 이것이 「전직(轉職)의 한도(限度)」가 되고 있다. 38세 이전이라면 전혀 다른 업종으로의 전직도 가능하다. 그런데 38세 이후에는 사람을 그 마음에 들게 하는 기술만이 늘고 새로운 것이 흡수될 수 없게 된다. 말하자면 38세 이전이라면 전혀 다른 분야로 전직해도 뭔가 해야 한다는 것이다. 그런데 38세 이후에는 전직을 한다면 자기가 그때까지 해온 일과 비슷한 분야를 선택하여 사람을 움직이는 쪽으로 업무의 축을 옮기는 것이 현명하다. 그렇지 않으면 실패이다. 큰 빚을 얻어 미지 분야의 사업으로도 흥하겠지 하면, 반드시 파멸이다.

(7) 착상노트를 작성하라

토론을 하고 있을 때 「문득 떠오른 생각은 말하지 마라!」고 화를 내는 사람이 있다. 문득 떠오른 것은 대단치 않다거나 논리적이지 않다면서 싹둑 잘라 생각을 멈추게 해 버리는 사람도 꽤 있다. 매우 어리석은 짓이다. 설계자에 따라서는 정말로 그 착상이야말로 소중하고 중요하게 다루어야 할 것이다.

사람의 머릿속에 처음으로 떠오른 많은 착상들은 서로 전혀 관계없거나 모순이기도 하다. 그러나 그 착상을 똑바로 자각하여 소중하게 다루는 중에 그것이 바르게 성장하여 모순이 없는 코스를 통한 기술적인 상념이 되어간다. 따라서 **설계자는 착상을 중요하게 여기지 않으면 안 된다는 것이다.**

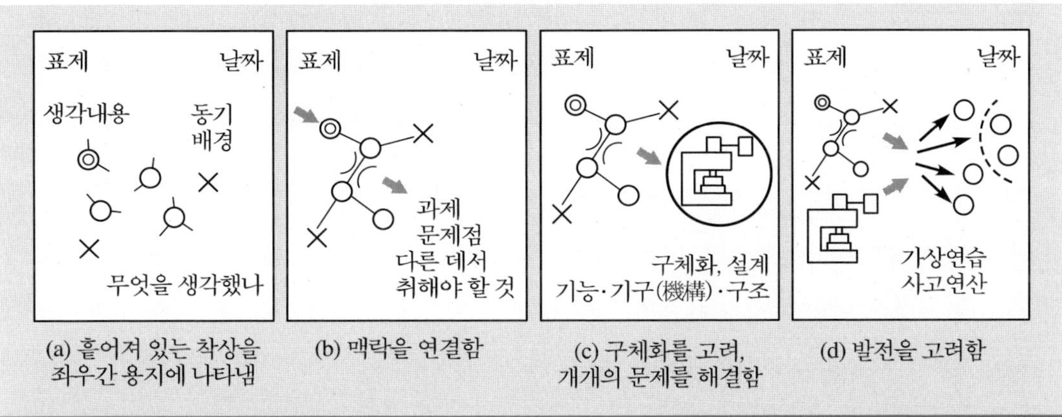

[그림 3.48] 착상노트

그러기 위해서는 항상 메모지와 필기구를 갖고 다니며 자기 머릿속에 떠오른 것을 기록해 두는 것이 좋다. 그리고 착상노트라는 것을 만들어 기록한 메모를 첨부하거나 옮겨 적는 것이다. 그렇게 하면 착상은 확실히 보존되고, 다음의 사고(思考)를 탄생시키는 씨앗이 된다. 거꾸로 말하면, 그렇게 기록을 남기지 않은 착상은 이슬과 같이 사라져버린다는 것이다. 한 번 사라져버린 착상은 두 번 다시 떠오르지 않는다. 그런 아까운 짓을 해서는 안 된다.

[그림 3.48]을 보기 바란다. 이것은 필자의 경험에서 추출한 착상노트를 정리하는 방법이다. 요점은 4개이다. 즉,

1) 흩어져 있는 착상을 좌우간 용지에 나타냄
2) 맥락을 연결함
3) 구체화를 고려하여 개개의 문제를 해결함
4) 발전을 고려함

이다. 머릿속에 떠오른 착상을 이 4개의 내용을 기준으로 발전시키면 매우 큰 효과가 있다.

실제의 착상노트에는 이 4개를 각각 1장의 종이에 대응시켜 쓰기로 한다. 이와 같이 쓰는 방법을 순서대로 구체적으로 설명하기로 하자.

1) 첫 번째 용지 : 흩어져 있는 착상을 좌우간 용지에 나타냄

첫 번째는 흩어져 있는 착상을 좌우간 용지에 써서 나타낸다. 문자로도 그림으로도 좋으니까 아무것으로나 쓰는 것이다. 그리고 자기가 무엇을 생각했는지의 내용을 쓰고 나면 반드시 우측 상단에 날짜를 적는다. 이 날짜는 「몇 월 몇 일」이라고만 하지 않고,

「2006-7-9」와 같이 「몇 년」부터 적어야 한다. 그렇게 하지 않으면 해가 바뀌었을 때 언제 것인지 모를 수 있기 때문이다.

이상의 것을 모두 적었다면 **용지의 좌측 상단에 「표제」를 적는다.** 표제는 그 용지에 적혀 있는 내용을 짧은 문장으로 기록한다. 훗날 이것을 검색할 때 중요한 색인이 될 수도 있다.

표제를 정하는 작업은 매우 중요한 일이다. 왜냐하면 **표제를 붙인다는 동작은 곧, 지금 여기서 생각한 모든 착상을 포함한 상위개념을 찾는다는 동작이기 때문이다.** 이상하게도 상위개념인 표제와 용지에 적힌 내용을 보면, 한참 지난 후에도 내용의 구조성(構造性)까지 전부를 입체적으로 생각해낼 수가 있다. 그리고 날짜를 순서대로 추적해감으로써 자기가 어떤 것을 어떤 식으로 생각해 왔었는지를 완전히 알게 되는 것이다.

여기까지 써냈다면 똑같은 1장의 용지에 왜 이런 것을 생각하게 되었는지의 「동기(動機)」와 이 착상이 떠오른 「배경(背景)」을 반드시 적어둔다.

2) 두 번째 용지 : 맥락을 연결함

다음으로 두 번째 용지에 첫 번째 용지에 쓴 내용의 맥락을 적는다. 첫째 용지에서 생각해냈던 다양한 씨앗으로 시점부터 종점까지의 맥락을 이어, 사용하는 것과 사용하지 않는 것을 구별하고 무엇이 제약조건이 되는지를 분명히 하여 1개의 기술로 일단 완결시킨다. 그러면 이후 대처하지 않으면 안 되는 문제, 생각하고 있는 내용의 문제점, 또 다른 데서 취해와야 할 것 등이 분명해진다. 물론 첫째 장과 똑같이 용지의 우측 상단에는 날짜, 좌측 상단에는 표제 붙이는 것을 잊지 말아야 한다.

3) 세 번째 용지 : 구체화를 고려, 개개의 문제를 해결함

세 번째 용지에는 생각해냈던 것의 구체화를 고려하여 개개의 문제를 해결하는 과정과 결과를 기록한다. 여기서는 개개의 내용을 묶어 붙인 맥락을 구체화, 즉 설계를 행하게 된다. 3.3절(1)의 「착상을 얻다」에서 설명한 바와 같이 「기능 → 기구 → 구조」를 고려하여 대략적인 구조에까지 끌고 가는 것이다. 이렇게 함으로써 가공(加工) 상의 문제점 등 그 착상의 구체화에 직접 관련되는 새로운 것이 보이기 시작한다. 이 용지에도 물론 상단 우측에 날짜, 우측에 표제 붙이는 것을 잊지 말아야 한다.

4) 네 번째 용지 : 발전을 고려함

그리고 마지막 네 번째 용지에는 발전을 고려하여 그 결과를 기록한다. 이 마지막 용지는 설계 전의 기획과 설계 후의 후처리 단계에 상당하는 것이다. 여기서는 착상에 맥락을 붙여 실물로 했다고 가정하여 가령 사업전개를 한다면 어떤 일을 해야 할지까지를 생각한다. 이 때 충분한 가상연습과 사고연산에 의한 검토를 행하여 사고의 내용을 확대하고 심화시킨다. 그렇게 하면 다음에 해야 하는 사항이 명확해져 온다. 예를 들면, 특허처리를 어떻게 할까, 외부 기업과의 제휴를 어떻게 할까, 고객에 대하여는 어떻게 홍보할까, 발표를 어떻게 할까, 만들기 위한 조직이나 자금은 어떻게 할까 등이다. 이 용지에도 날짜와 표제를 잊어서는 안 된다.

이상이 착상노트의 작성방법이다. 그런데 착상노트를 작성한다는 것은 어떤 의미를 갖고 있는 걸까. 간단하다. 사람의 두뇌활동을 소중하게 여긴다는 것이다. 한 번 철저하게 생각한 것을 재차 생각하는 것은 낭비이다. 사람은 모처럼 생각난 사항이라도 반드시 곧 잊어버린다. 그건 정말 아쉬운 일이다. 그렇다면 사람의 그러한 머리 특성을 잘 이해하여, 머릿속에 떠오른 것을 소중하게 여겨야겠다고 하는 것은 당연한 일이다. 필자가 「착상노트를 작성해야 한다」고 말할 수 있는 것은 그 때문이다.

그런데 좀 전의 설명에서는 「날짜와 표제 적는 것을 잊지 말아야 한다」고 집요하게 썼다. 거기엔 근거가 있기 때문이다. 기억이라고 하는 것은 뇌 속에서 오래될수록 깊숙이 저장되어 있고 가장 새로운 것이 표면에 있도록 겹쳐 쌓이는 구조로 보존되고 있다. 따라서 무언가 기억을 살려낼 때는 우선 겹겹이 쌓여 있는 구조의 가장 윗부분부터 끄집어내는 식으로 되어 있다. 만일 생각해내고 싶은 것이 불선명, 불분명하면 기억의 겹겹을 점차 깊은 쪽으로 캐 들어가는 것같이 머리를 쓰게 된다.

결국 머릿속에 떠오른 것은 반드시 시계열적(時系列的)으로 보존되어 있지 않으면 알 수 없다는 것이다. 착상노트와 같이 날짜를 확실히 붙여 시계열적으로 보존하는 것은 사실 사람 뇌의 활동과 완전히 일치한 기록을, 구체적인 물체의 형태로 표현한다는 것이다. 이와 같이 사람의 머리 특성을 고려하여 한 번 생각해낸 것은 절대로 소멸되지 않도록 연구하는 것이 중요하다.

그렇게 하면 노트를 책 하나로 묶어, 생각해낸 순서대로 적어나가는 것이 가장 좋다는 것을 알 것이다. 그러나 노트를 붙이는 것은 귀찮고, 그런 짓은 하고 있을 수 없고, 갖고 다니는 것도 불편하다고 말하고 싶은 사람이 있을 것이다. 그렇다면 쓰는 것은 메모장에도, 갱지에도, 이면지에도, 아무데라도 좋다. 그러나 적은 것은 반드시 뜯어내어 책 한 권으로 묶은 착상노트에 첨부해야 한다.

첨기

노트는 스프링식이 아니라 풀로 붙이거나 실로 확실히 묶여있는 대학노트가 좋다. 스프링식이면 용지가 떨어져나갈 염려가 있기 때문이다. 노트의 크기는 필자의 경험으로는 A4 사이즈가 제일 좋다. 페이지를 열면 2배인 A3 사이즈가 되어 크게 쓸 수 있기 때문이다. 한편 노트작성이 습관이 되면 책 수가 금방 늘어난다. 여기서 중요한 것이 노트 크기를 전부 가지런히 해 두는 것이다. A4 사이즈로 정하면 어쨌든 쭉 그걸로 하는 것이다. 노트 메이커는 어디라도 상관없지만 사이즈는 1개로 통일해 두는 것이 요긴하다.

착상노트는 다른 사람에게 보이기 위한 것이 아니라 자기 혼자만 아는 것이 좋다. 자기 노트를 타인에게 보여줄 필요도 없고, 타인의 노트도 볼 필요가 없다. 개인의 머릿속에는 들어있어야 할 필요가 없기 때문이다. 만일 나중에 다른 사람이 볼 것이라고 예상하여 노트를 작성했다면 기록의 내용은 타인을 향한 기술(記述)이 되어버린다. 그러면 자기 머릿속의 것을 솔직히 표현하지 않게 된다. 착상노트는 스스로 바라봄으로써 자기 생각을 발전시키는, 창조를 위한 수법이다. 그 근간을 무너뜨려버리면 참된 창조는 이루어지지 않는 것이다. 이는 독자 여러분이 꼭 주의해야 할 점이다.

머리에 떠오른 생각을 구체화하고, 개개의 문제를 해결하며 그 발전을 고려할 때 착상노트는 정말 유효하다. 자기 생각을 보존하고 또한 자기 생각을 재발견하여 한 번 더 사용하는 것이 착상노트를 작성함으로써 가능하게 되는 것이다.

첨기

생각난 것은 가능한 한 손으로 써서 남겨야 한다. 최근에는 노트북 컴퓨터나 휴대전화를 메모장 대신 쓰고 있는 사람이 많은데 필자는 그런 기록 방법은 전혀 신용하지 않는다. 한 번 생각한 것을 도망가지 않게 하는 데는 역시 연필을 사용하여 손으로 종이에 써두는 것이 최고이다. 아무리 지저분하게 써도 자기 손을 사용하여 쓴 것이라면 한참 뒤에도 자기 손의 움직임이 기억됨과 함께 그것을 썼을 때의 광경이 떠오르게 된다. 그리고 용지 상에 쓰인 자기 글자가 하나의 풍경이 되어 머릿속에 정착하는 것이다. 이상하게도 이런 일은 워드프로세서로는 일어나지 않는다. 키보드를 눌러 쓴 것은 어딘가로 흘러가버리는 것이다.

(8) 속(裏)도면을 작성하라

설계자 및 설계조직이 설계능력을 높이며, 설계능력을 유지하고 또 높은 설계능력을 전달할 때 중요한 것은 **속(裏)도면**을 그리는 것이다.

통상의 설계에서 설계조직으로부터 외부로 나가는 것은 제작 지시도(指示図)로서의 「부품도」와 「조립도」이다. 지금 이것을 가령 「겉(表)도면」으로 표현한다고 하자. 기업에 의한 설계에서는 보통 설계 전부를 담고 있는 원(元)도면(설계도)이 존재한다(단, 만들지 않는 기업도 있다. 이런 기업은 대개 어떤 일에도 많은 낭비를 하고 있다). 겉도면은 그 원도면으로부터 그린 것이다.

그러나 원도면의 이면(裏面)에는 사실 겉으로 표현하지 않은 「속도면」이 있다. 겉도면에 그려져 있는 것을 이해하거나 사용하기 위해서는 속도면이라는 것이 필요하게 되는 것이다. 속도면은 공식적으로 사용하는 것은 아니나 그 설계에 관한 진정한 것이 쓰여 있는 중요한 도면이다. 속도면이라는 용어는 닛산(日産)자동차가 쓰기 시작한 용어이다.

여기서 [그림 3.49]를 보기 바란다. 속도면에는

- 결과도(結果図)
- 미망도(迷妄図)
- 결정이유도(決定理由図)
- 성찰도(省察図)
- 전승도(傳承図)

등이 있다(또한 이들 명칭은 필자에 의한 것으로 일반적으로 통용되는 것은 아니다). 간단히 설명해보자.

결과도는 제작한 물건의 결과를 나타낸 그림으로 반드시 그려야 하는 것이다. 결과도에는 「만들어보니 어떠했다」, 「사용해보니 어떠했다」라는 것을 코멘트 형태로 써 놓은 속도면 중에서도 가장 중요하다. 결국 결과도는 지식의 전달, 기술의 전달이라는 점에서 매우 중요한 의미를 갖고 있는 도면이다. 그런데 많은 경우 설계조직은 이것을 조직으로 흡수 보존해두지 않고, 또 설계자는 자신의 파일 안에 철해 넣는 정도로 하고 있다. 이것은 지식의 공유, 지식의 유효활용, 지식이 전달 등에서 생각하면 대단한 손실이다 조직운영에 있어서는 결과도의 흡수 보존을 꼭 시스티매틱(systematic)하게 행해야 한다.

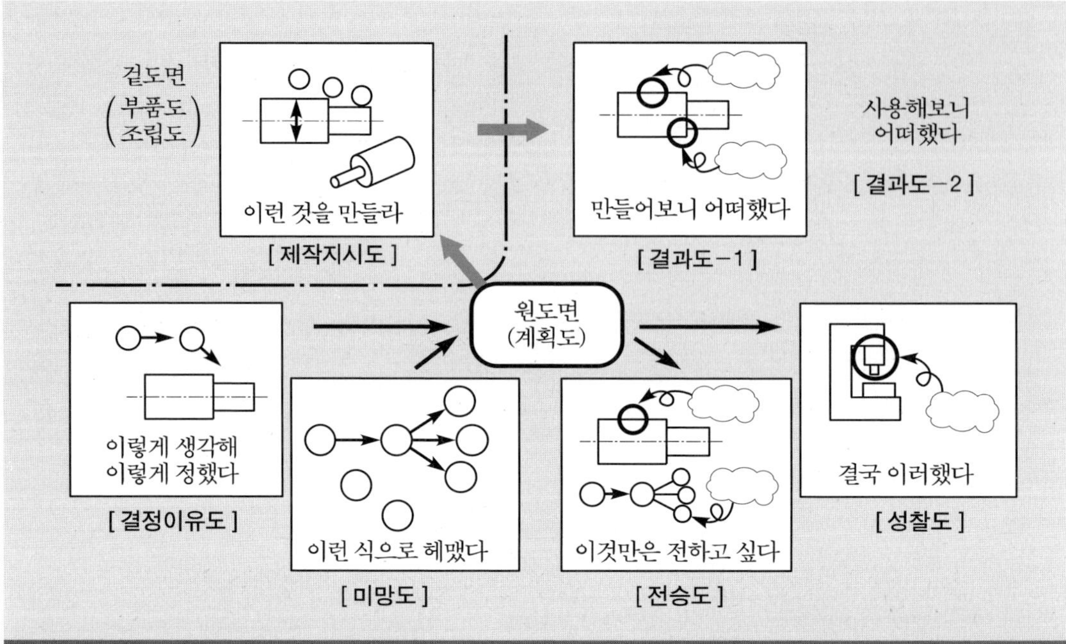

[그림 3.49] 걸도면과 속도면의 예

한편 속도면으로는 이 밖에 기획이나 설계에서 「어떤 식으로 헤맸나」를 나타낸 미망도, 「이렇게 생각해 이렇게 정했다」를 나타낸 결정이유도, 제작 · 판매 · 사용 후에 전 과정을 살펴 「만들어보니 결국 이러했다」를 나타낸 성찰도, 설계를 비롯한 전체 안에서 「이것만은 전하고 싶다」를 나타낸 전승도가 있다.

이상의 모든 속도면은 설계나 기술의 내용을 정확히 전달하는 데 불가결한 것으로 설계조직은 반드시 이것을 작성하도록 조직운영을 해야 한다. 또, 속도면은 설계자나 설계조직의 설계능력을 높일 뿐만 아니라 개인 혹은 설계조직이 책임 추궁을 당할 때 설계의 정당성을 주장하여 신변 보전을 꾀하는 데도 불가결한 것이다.

그런데 사실 속도면을 경원(敬遠)하는 조직, 설계자가 많다. 「그런 것을 그리고 있으면 업무가 지체되어버린다」, 「필요한 것은 알지만 귀찮다」고 이러니저러니 하며 핑계를 대어 결국 만들지 않고 끝내는 것이다. 이것은 중대한 문제이다. 속도면을 작성하지 않으면 좋지 않은 일이 많이 생긴다. 현재 그런 일에 의해 쓸데없이 노동력, 시간, 돈을 소비하고 있는 조직이나 사람이 매우 많은 것이다. 예를 들면,

- 나중에 트러블이 일어났을 때 원인규명이 불가능하다
- 옛날 사람의 설계사상을 모르므로 어디에 어떤 변화가 적당한지, 어디를 바꿔야

할지를 알지 못한다

- 만든 물건이 사고를 일으켜 제조물 책임(PL : Product Liability)을 추궁당해도 거기에 대항할 자료가 없다

등으로 우왕좌왕하고 있는 것이다.

이들 오류를 방지하고 또 불행히 일어난 사고 등에 바르게 대처하기 위해서는 속도면에 의지할 수밖에 없는 것이다. 따라서 속도면을 작성하는 것을 당연히 여길 뿐만 아니라 누구라도 바르게 사용하는 형태로 하지 않으면 안 된다. 속도면은 타인에게도 알 수 있도록 하는 표현방법으로 묘사하고 또, 사정을 모르는 훨씬 뒤의 사람이 볼 것을 예상하여 의식적으로 그려야 한다.

3.5 창조적 설계 지원

필자는 「창조적 설계 지원」이라는 문제에 관해 오랫동안 생각해왔다. 이미 꽤 오래되었으나 당시의 통산성(通産省)에서 거액의 자금 지원을 받아 대규모로 「창조설계엔진」이라는 것을 만들어본 적이 있다. 사람이 제로로부터 설계할 때 생각하는 것을, 컴퓨터의 시스템으로 지원할 수 없을까를 생각했기 때문이다. 그리고 그 때 「이런 것이 요구되는가」, 「이런 것이 있으면 좋은가」라고 생각하여 그에 가까운 물건을 실제로 만들어보았다(단, 아직 실용적으로 사용하는 데까지는 미치지 못하고 있다). 이 절에서는 그 때 생각한 시스템의 내용에 관해 설명하도록 하자.

(1) 설계지원 시스템이 갖춰야할 것

우선은 「설계지원시스템이 갖춰야할 것」에 관해 생각해보자.

앞의 3.2절에서도 설명하는 바와 같이 설계의 순서는 일반적으로

1) 밑그림	2) 계획도
3) 최종계획도	4) 부품도
5) 조립도	6) 제작사용

의 순서로 진행되어 간다. 여기서 [그림 3.50]을 보기 바란다. 설계지원시스템이 갖

취야할 것은 무엇일까 생각하면, 그 설계순서의 각 단계에서 설계자의 생각을 지원할 수 있어야 할 것이다.

예를 들어 지금 밑그림을 그리고 있다고 하자. 이 단계에서 선행 설계자가 쓴 메모가 척 하고 나와 「어떤 것을 생각했을까」, 「어떤 것에 헤매었을까」를 알 수 있다면 대단한 참고가 될 것이다. 또 계획도를 그리고 있을 때 「어떤 것을 참조했을까」를 안다면

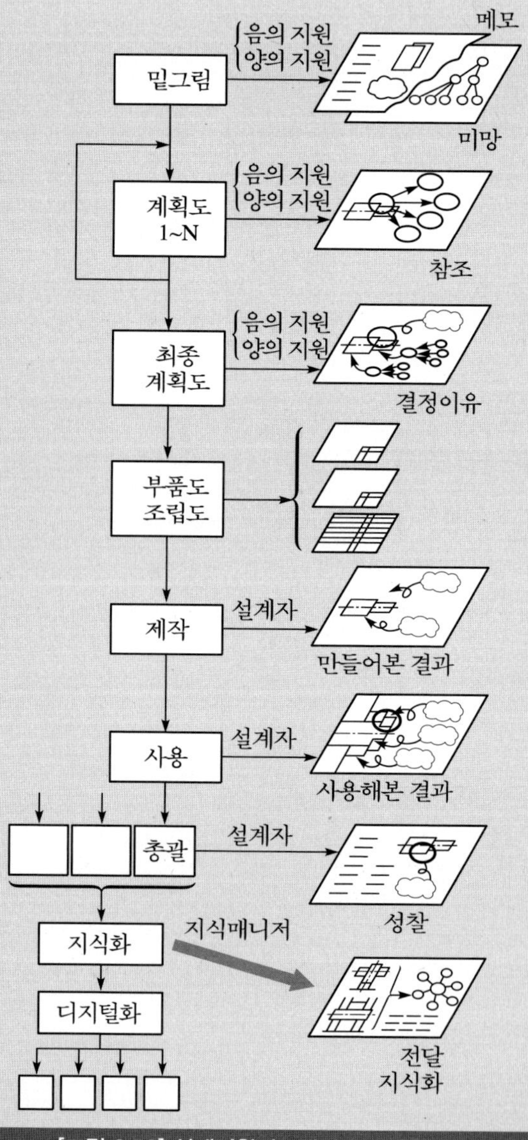

[그림 3.50] 설계지원시스템이 갖춰야할 것

상황이 좋다. 최종계획도일 때는 「어떻게 결정했을까」, 「왜 그것을 그렇게 정했을까」라는 결정이유가 쓰여 있는 것이 있기를 참으로 바라게 된다. 또한 설계자는 「만들어 본 결과는 어땠을까」, 「사용해본 결과는 어땠을까」라는 정보를 정말 원하게 된다.

그런 것을 모두 총괄하여 설계담당자가 마지막에 여러 가지 생각을 하면 「역시 이런 것을 생각해야 했다」, 「이것을 생각하지 않으면 안 된다」라는 성찰이 나온다. 최종적으로는 그 성찰을 조직 전체로 통합하여 전달할 것, 지식화할 것을 바라게 된다.

이와 같이 설계자에게는 설계의 각 단계에서 「바라는 것」이 많다. 설계지원시스템은 그 「바라는 것」을 적절하고 정확하게 제공할 수 있는 것이 되어야 한다. 그러나 현재의 컴퓨터에 의한 설계지원시스템은 그런 것은 거의 실현할 수 없다. 실패사례와 링크시키거나, 종래 만들어온 물건이 어땠을까 하는 것은 간신히 서포트할 수 있게 되었으나 여기서 설명한 「바라는 것」을 만족하는 시스템은 아직 이루어지지 않고 있다.

(2) 설계자에게 제시해야 할 도면과 정보

설계를 하고 있을 때 도대체 사정이 안 좋고 기분이 나쁜 것은 「옛날부터 뭔가 없는 것 같다」, 「말로 이렇게 전해졌다」, 「기술도입 시의 치수가 이랬다」, 「인치를 센티로 환산하면 이랬다」, 「잘 모르겠다」라는 것들이다. 그런데 설계의 세계에서는 이런 「의미는 불명해도 이렇게 되어 있다」고 하는, 애매한 채로 통하는 것이 많은 것이다.

그런 애매한 것을 애매한 채로 사용하면 치명적인 실패를 야기한다. 실제로 후속 설계자가 「큰 의미는 없을 것이다」고 생각하여 마음대로 바꿔서 그대로 양산(量産)을 하면 엉망진창이 되어 아무 데도 쓸 수 없는 물건이 되어버린다는 것인데 지금의 일본에서는 어느 곳에서나 일어나고 있는 일이다. 가령 자동차산업과 같이 생산대수가 매우 많은 산업에서 이런 일을 한다면 대번에 망가질 것이다.

이런 어이없는 일이 일어나는 요인의 하나는 현재의 CAD시스템에 있다. 지금의 CAD시스템은 설계자가 「바란다」고 생각하는 것을 바라는 형태로 제시할 수 있게 되어 있지 않다.

여기서 [그림 3.51]을 보기 바란다. 이것은 설계자가 바라게 되는 도면과 그 정보를 제시한 예이다. 중요한 것은, 결정・선택의 이유 예가 바랄 때 바라는 형태로 제시되는 것이다. 설계자가 가장 바라는 것은 선택결정이유이다. 설계자는 「이얏 하고 정했다」, 「내 어림짐작으로 정했다」, 「상대 부품의 형상으로부터 이렇게 되었다」, 「공구의 축적이 베껴져 남아있다」, 「가공의 제약으로 이렇게 되었다」, 「강도(强度)가 요구되어 이렇게 되었다」, 「기능의 요구로부터 이렇게 되었다」 등 그렇게 되어있는 진정한 이유를 알고 싶은 것이다. CAD시스템은 설계자에게 그것을 제시하지는 못한다.

다만, 정보의 제시방법에는 연구가 필요하다. 설계자가 바라는 것은 계층성을 가진 데이터의 표시이다. 컴퓨터의 안에는 설계도의 정보가 전부 들어 있다. 그러나 그 전부를 한 번에 화면에 나타낸 것에서는 어디를 어떻게 보아야 할지 모르고, 번잡하여 볼 수가 없다. 설계자는 정보를 자기 머릿속에서 계층적으로 재구축하고 있지 않으면 상당히 부담스럽다. 여기서 CAD시스템에 바라는 정보를 바랄 때 간결하게 보여주는 표시기능이 필요하게 되는 것이다.

예를 들어 CAD화면상에 [그림 3.51]의 중앙에 있는 것 같은 도면이 처음에 제시되어 있다고 하자. 여기서 어느 부분에 관하여 「좀 더 상세하게 알고 싶은데」라고 생각한다. 이럴 때 외형과 치수의 관계, 외형과 각・모서리의 관계, 외형과 표면조도(粗度), 맞춤, 공차(公差), 재질 등의 상세사항이 부분마다 계층성을 갖고 표시되어 보이게 할 수 있다면 매우 편리할 것이다. 또, 앞서 설명한 바와 같이 코멘트가 붙은 밑그림이 대응하여 나오면 좋겠다. 정해진 순번을 알 수 있도록 작도(作圖)의 진행을 시계열로 나타낸 도면(사람 손으로 그린 그림)도 있기를 바란다. 기능마다 같은 계통의 색

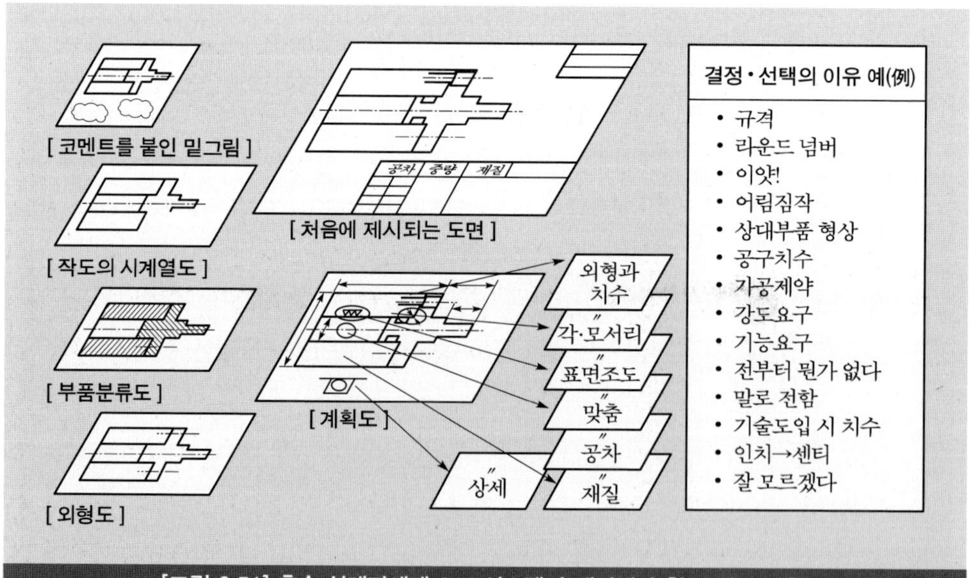

[그림 3.51] 후속 설계자에게 CAD시스템이 제시해야 할 도면과 사항

으로 부품을 표시하여 식별할 수 있는 도면(색깔 분류도)도 요구된다. 외형과 치수만의 도면이나, 외형과 재질만을 나타내는 것 같은 도면도 있으면 좋겠다.

설계지원시스템의 중요한 일부로서 CAD시스템을, 이런「설계자가 바라는 것」에 대응할 수 있도록 변경시켜야 한다는 것이다.

(3) 머릿속과 링크시키라

한편 설계지원시스템의 구축에 있어서는 설계자의 머릿속과 3차원 CAD의 정보를 링크시키는 것이 중요하다.

예를 들어 유압실린더를 생각해보자. [그림 3.52]를 보기 바란다. 이것은 유압실린더의 속도면에 쓰여 있는 코멘트와 3차원 CAD의 정보를 가상으로 결부시켜본 것이다. 설계자의 입장에서 보면 이 도면에 표시된 것 같은 것이 바라는 바이다.

속도면에 쓰여 있는 것은 설계자가 머릿속에서 생각한 바로 그것이다. 그것이 3차원 입체정보와 링크되어 여러 각도에서 조망할 수 있으면 매우 편리하다. 후속 설계자는 이로부터 많은 것을 배울 수 있을 것이다.

[그림 3.52]를 한 번 더 보기 바란다. 이 그림으로부터는 이 유압실린더를 설계한 설계자의 생각을 더듬을 수가 있다. 예를 들어 그림의 1번은 미망도 부분이다. 설계자

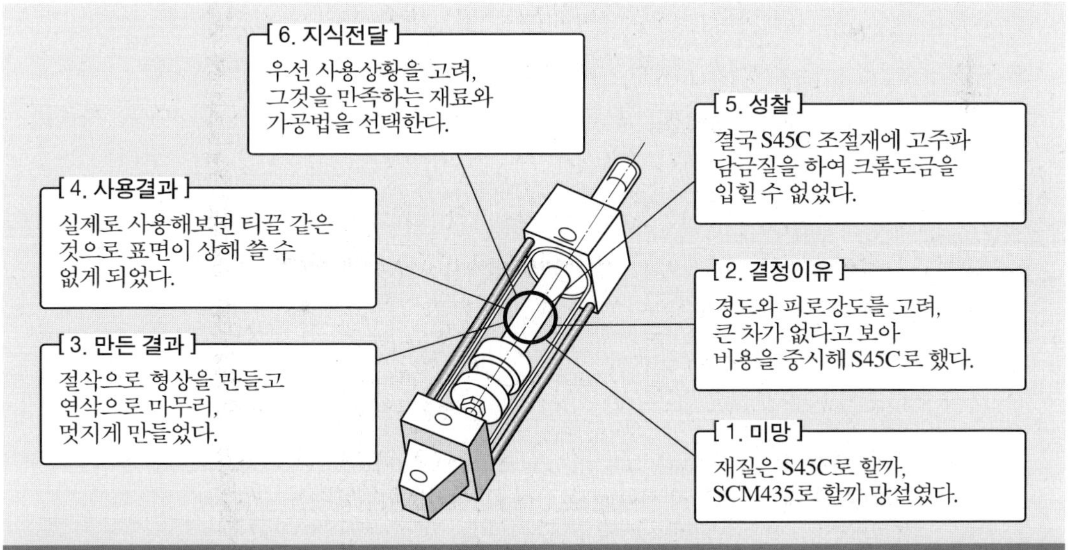

[그림 3.52] 설계자에게 제시된 속도면 코멘트의 예 : 유압실린더

는 여기서 실린더의 축(cylinder rod)의 재질을 S45C로 할지, SCM435로 할지를 망설인 것이다. 2번 부분에는 결정이유가 적혀있다. 즉, 경도와 피로강도를 고려하여 큰 차이가 없으니까 비용을 중시하여 S45C로 했다는 것이다. 그리고 실제로 그렇게 만들어본 결과가 3번이다. 절삭으로 형상을 만들고 연삭으로 마무리했더니 멋지게 만들어진 것이다. 그런데 4번에서 예상과 다른 일이 일어났다. 사용한 결과이다. 실제로 사용해봤더니 티끌 같은 것으로 표면이 상하게 되어 쓸 수 없게 된 것이다. 이런 일은 자주 일어난다. 여기서 5번의 성찰이 나온다. 결국 S45C 조절재에 고주파를 적용하여 크롬도금을 입힐 수 없었다. 이렇게 되면 본격적이다. 그리고 최후의 6번 부분이 지식의 전달이다. 먼저 사용상황을 고려하여 그것을 만족하는 재료와 가공법을 선택하고, 그렇지 않으면 반드시 실패한다는 것이다.

이와 같이 머릿속과 CAD시스템을 링크시키면 설계를 입체적으로 파악할 수 있게 된다. 그리고 이런 시스템을 구축하는 것이 설계자의 능력을 높이고, 나아가서는 기술전달의 역할도 하는 것이다.

지금 세상에서는 기술의 전승이 중요하다고 말하면서 완성된 것만을 열심히 전하고 있다. 그렇게 하면 훌륭해질 수 없다. 왜일까. 간단하다. 바라는 것이 아니기 때문이다. 후속 설계자가 정말로 바라는 것은 선행 기술자가 어떤 것을 생각하고, 어떤 식으로 머리를 쓰고, 어떤 것에 헷갈려서 그것을 어떻게 극복하여 최종적인 물건을 만들었는지를 직접 전하는 것이다. 바라는 것을 바라는 형태로 전하지 않으면 아무것도 전하지 않는 것과 같다. 설계지원시스템은 설계자들의 요구를 충분히 만족시키고 실현하는 것이어야 한다. 바라지도 않는 것은 아무리 사용한다고 해도 누구도 사용하는 것이 아니기 때문이다.

CHAPTER 04

생각을 만들다

CHAPTER

04

생각을 만들다

전혀 새로운 것을 만들어 낸다고 할 때 사람의 머릿속에는 「생각씨앗(상념)」이 스미어 나온다. 「생각씨앗」이 어디에서 스미어 나오는지는 제각각이나. 그것은 지식이나 경험이기도, 취미일 수도 있다. 아니면 그 사람의 생활방식의 주장일지도 모르고, 혹시 어림짐작일 수도 있다. 그런데 그런 것에서부터 나오는 「생각씨앗」 자체도 내용은 전혀 제각각이고 다양하다.

그러나 어쨌든 새로운 것을 만들어 내겠다고 하면 그런 제각각이고 다양한 「생각씨앗」에 맥락을 이어 전체 구조를 만들어가야 한다. 그리고 그것이 「생각을 만든다」고 하는 것이다.

이 장(章)에서는 제3장에서 조금 설명한 「사고전개도(思考展開圖)」라는 것을 사용하여 생각을 만드는 방법을 배워보도록 하자. 후반에서는 취지를 살려 주변의 예를 소재로 하여 실제로 생각을 만들어보기로 한다. 구체적으로는 「즐거운 꽃놀이를 기획・실행한다」는 과제를 설정하여 그 실현방법을 사고전개도로 탐구해본다.

4.1 새로운 생각을 구축하는 방법

제3장에서도 말했지만 설계에 있어서는 「정한다」고 하는 것이 매우 중요하다. "될 대로 돼라", "좋게 조처하라", "임기응변"으로는 절대 설계는 될 수 없다. 페이지가 꽤 많이 넘어왔으므로 반복되지만 그림을 한 번 더 그린다. [그림 4.1]을 보기 바란다. 「정한다」고 하는 동작은 이 사고과정 전체 단계에서 반드시 행하게 되는 동작인 것이다. 바꿔서 말하면 「정한다」란 "형태가 없는 것"을 "형태가 있는 것"을 바꿔갈 때 반드시

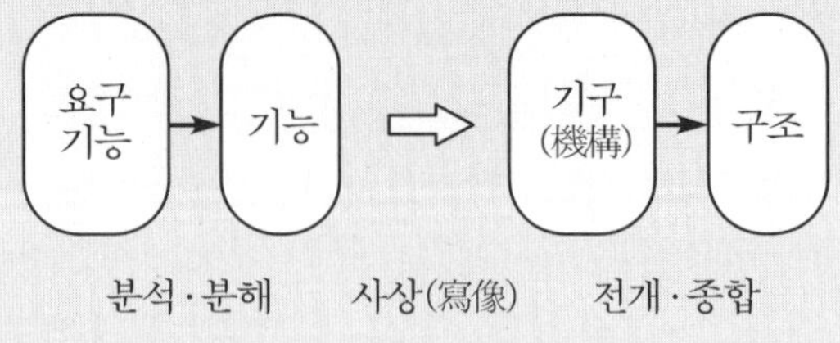

[그림 4.1] 설계에 있어서 사고의 기본과정

필요하게 되는 동작이다. “이것을 바란다”고 하는 머릿속의 생각은 「정한다」는 동작을 통해 비로소 형태를 갖출 수 있는 것이다.

다만, 앞에서 말한 바와 같이 「정한다」는 동작은 처음부터 딱 들어맞게 될 수는 없다. 「정한다」에는 정하기 위한 방법, 다시 말하면 정하는 과정을 표현하는 방법이 필요한 것이다.

그럼 「정하는 과정을 표현한다」란 어떤 것일까. 그것은 사고(思考)의 맥락을 아웃풋(out-put)한다는 것이다. 사람은 머릿속 깊은 데서 몽롱한 상념을 하고 있는 것만으로는 자기 생각을 확실히 붙잡을 수 없다. 그래서 생각을 확실히 하기 위해서는 자기가 생각하고 있는 것을 구조적으로 조립하여 눈에 보이는 형태로 표출하는 것이 필요하게 된다. 이것이 생각을 만든다고 하는 것이다.

첨기

「생각을 만든다」고 하는 용어를 이상하다고 느끼는 사람이 있을지도 모르겠다. 그런 느낌은 아마 「생각」이라는 것을 그대로의 형태로 사용한다고 생각하고 있기 때문에 드는 것이다. 그러나 그렇지 않다. 「시시한 생각은 생각하지 않는 것과 같다」라는 말이 있을 것이다. 「생각」은 「만든다」, 「구축한다」는 동작을 가하지 않으면 「쓸모있는 생각」이 되지 않는다. 결국 필자가 말하는 「생각을 만든다」란 「새로운 생각을 만든다」는 것뿐만 아니라 「쓸모있는 생각을 만든다」고 하는 것이다.

그러면 자기가 생각하고 있는 것을 눈에 보이는 형태로 표출하려면 어떻게 하는 게 좋을까. 어떤 수단을 써서 나타내면 될까. 문자일까, 그림일까, 표일까, 아니면 수식일까. 여기서 [그림 4.2]를 보기 바란다. 이것은 필자가 오랜 기간 시행착오 끝에 찾아낸 생각을 만드는 프로세스이다. 다른 식으로 말하면 새로운 생각을 구축하는 방법이다.

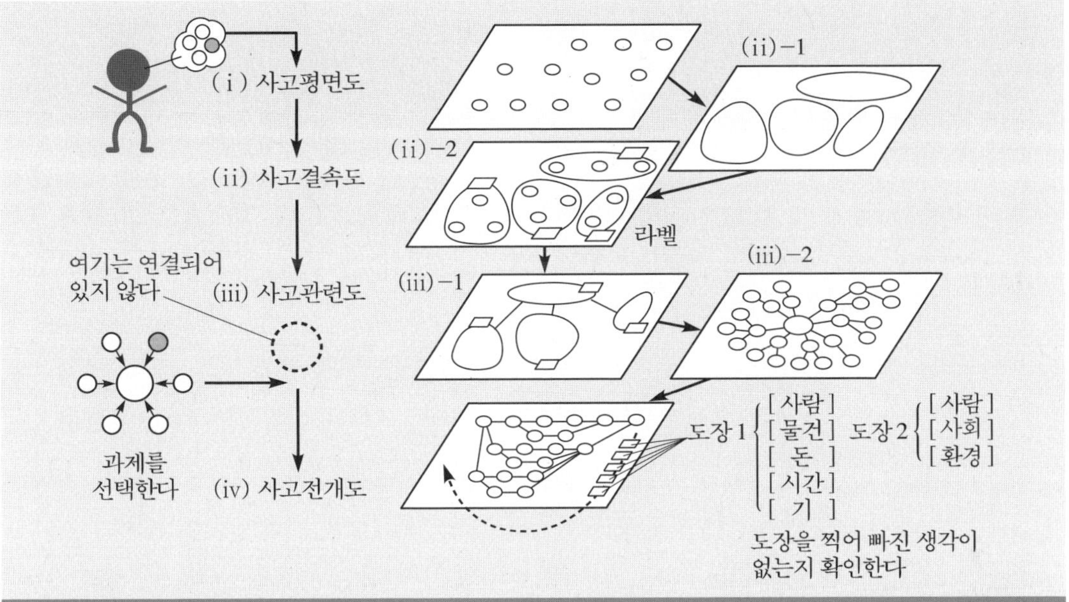

[그림 4.2] 새로운 생각을 구축하는 방법

이 그림을 잘 보면 각각 다른 4종류의 그림이 있음을 알아차릴 것이다. 즉,

① 사고평면도(思考平面図)

② 사고결속도(思考結束図)

③ 사고관련도(思考關聯図)

④ 사고전개도(思考展開図)

이다. 이 4개의 그림은 모두 머릿속 생각을 표출하기 위한 목적으로 그린 그림이다. 어떤 그림이나 다 생각을 만드는 프로세스 중에 반드시 필요하게 되는 그림이다. 다만, 여기서는 먼저 만드는 방법이나 주의사항을 이야기만으로 설명한다. 완성하면 어떤 그림이 될지 알고 싶은 독자는 4.3절「즐거운 꽃놀이를 기획・실행한다」에 필자가 작성한 도면을 나타냈으므로 참조하기 바란다. 그 예시된 도면을 보면서 읽어준다면 대개 이런 식으로 그리면 되지 않을까 알게 될 것이다.

(1) 사고평면도

이 그림은 3.2절(8)의 「머릿속에서 실제로 생기는 설계의 기본과정」에서 설명한, 각종 상념원(想念源)으로부터의 패턴 전사(轉寫)를 실제 방법에까지 구체화한 것이다.

어느 과제가 설정되고, 그것을 실현하고자 생각하면 머릿속에는 여러 가지의 「생각씨앗」이 뿔뿔이 흩어져 떠올라온다. 그것은 말도 문자도 아닌, 머릿속 깊은 데서 아롱거리고 있는 상념이다. 「생각의 씨앗」이 머릿속 어디에서 나오는지는 지식이나 경험, 취미, 어림짐작, 생활방식 등 사람에 따라 제각각이다. 그 「생각씨앗」들이 나오는 장소를 소위 「상념원」이라고 부르기로 하자. 사고평면도를 그리는 데는 문자나 그림, 숫자 등 뭐로도 괜찮으니까 그런 각자의 상념원에 떠오른 「생각씨앗」을 어쨌든 전부 토출(吐出)해내는 것이다. 토출하고, 토출하여 1장의 용지(사고평면) 위에 아무래도 상관없으니까 모조리 써내는 것이다.

30분 정도 진지하게 생각하면 한 사람이 대개 50개 정도의 씨앗을 내놓게 된다. 또한 조금 시간을 두고 끈질기게 생각해가면 최종적으로는 1인이 100개의 씨앗을 낸다. 이정도 씨앗을 내놓으면 나중에 고생하지 않게 된다. 만일 어떻게 해도 씨앗이 나오지 않아 고생하게 되면 떠오른 씨앗과 반대의 것을 생각해보는 수도 있다.

그런데 씨앗내기를 할 때 중요한 것은, 씨앗과 씨앗의 관련성을 생각해두거나, 깔끔하게 정리하거나, 형식에 구애받거나 하지 않는 것이다. 아무런 가공도 하지 않고, 아무런 맥락도 생각지 않고 좌우간 흩어져 있는 채로 써내는 것이다. 그렇지 않으면 머리에 브레이크가 걸려 갑자기 씨앗이 나오지 않게 되어버린다. 불필요한 것에 머리를 쓰지 말고 머리에 떠오른 대로 하나씩 써낸다. 있는 대로 몽땅 씨앗을 토출시키는 것이 긴요하다. 씨앗의 수가 적으면 나중에 만드는 「사고전개도」가 매우 빈약하고 깊이가 없는 것이 되어버린다.

첨기

포스트잇(뒤에 점착제가 붙은 종이 묶음)에 써서 A3 용지에 차닥차닥 붙이는 수도 있다. 포스트잇을 사용하면 뒤의 「사고결속도」를 작성할 때 떼었다 붙였다 자유롭게 할 수 있어서 편리하다. 이 때 기록한 순서대로 포스트잇에 번호를 매기면 좋을 것이다. 「생각씨앗」이 스미어 나온 순서를 알 수 있기 때문이다. 한편 조금 시간을 두고 다시 생각을 하면 또 다른 「생각씨앗」이 떠오른다. 이때는 전과 다른 색깔의 포스트잇을 사용하는 것이 좋다. 전에 나온 씨앗과 함께 평면도 전체를 보면 자기 생각의 방향이나 부족했던 것이 일목요연하게 되어 씨앗내기를 더욱 풍성하게 하는 효과가 있다.

(2) 사고결속도

이 그림은 3.3절(5)의 「착상을 정리한다」에서 조금 설명한 「공통개념으로 묶는다」를 실제 방법으로 구체화한 것이다.

결속도는 사고평면도에 기록된, 제각각 흩어져 있는 씨앗을 잘 관찰하여 만든다. 씨앗 간의 미세한 차이는 신경 쓰지 않고, 뭔가 공통성을 느끼면 동그라미를 그려 1개의 그룹으로 정리해보는 것이다. 그다지 엄밀하게 생각하지 않고, 감각적으로 척척 묶어가는 것이 요령이다. 이 단계의 그림을 **결속도1**이라 부르기로 하자.

일단 묶는 일이 끝나면 이번에는 각 묶음마다에 표제(라벨)를 붙인다. 이때의 표제는 각 묶음에 포함된 씨앗 전부를 하나의 말로 표현할 수 있는 상위개념으로 하는 것이 중요하다. 이 단계의 그림을 결속도2라 부르기로 하자.

첨기

예를 들어, 뒤에 상세하게 설명하겠지만 필자가 작성한 「즐거운 꽃놀이를 기획・실행한다」의 결속도에는 「맥주」, 「일본주」, 「하이사워(칵테일)」, 「소주」라는 구체적인 씨앗묶음에 대해 『마실 것』이라는 표제를 붙였다. 「맥주」, 「일본주」, 「하이사워(칵테일)」, 「소주」라는 구상(具象) 집단을 보고 1단계 위의 『마실 것』이라는 추상(抽象)을 표제로 한 것이다.

그런데 이 「결속도2」에서 재미있는 것은 한 번 묶음에 표제를 붙여보면 그 묶음 안에는 "아직 나오지 않은 씨앗"이 있는 것같이 느껴지는 것이다. 예를 들면 4.3절에서 소개하는 필자가 작성한 "즐거운 꽃놀이를 기획・실행한다"의 「결속도」에서는 "마실 것"이라는 표제를 붙인 직후에 「아, 기다려. 술을 마시지 않는 사람도 있잖아」하고 퍼뜩 정신이 들었다. 거기서 새롭게 「주스」, 「우롱차」, 「콜라」, 「물」이라는 씨앗을 추가한 것이다. 이와 같이 결속도에는 스스로에게 서제스천(suggestion, 시사)을 주게 되는 좋은 효과가 있는 것이다.

(3) 사고관련도

이 그림은 결속도에 붙은 각 묶음의 표제를 보고 묶음끼리의 결부를 공간적인 선으로 표현, 상호 관련을 나타낸 그림이다. 「생각씨앗」은 스미어 나온 당초부터 "관련을 자각할 수 있는 것"과 "관련을 자각할 수 없는 것"이 있다. 실제로 선을 이어 관련도를 작성해보면 "이것과 이것은 사실 관련되어 있나"라고 알아차리는 일이 종종 있는 것이다. 그런 **무자각(無自覺)의 링크**가 많이 나타나주면 생각을 만드는 정도(精度)가 높아진다. 필자의 경험에서 보면, 「무자각 링크」가 적을 때나 거의 없을 때는 사고평면도에서의 씨앗내기가 풍족하지 않을 때이다. 그러므로 이럴 때는 최초의 씨앗내기로 되돌아가서 다시 생각할 필요가 있다.

그런데 사고관련도도 2매로 나누어 작성하면 그리기 쉬워진다.

처음에는 「결속도2」에 붙인 표제만을 추출하여 표제끼리의 관련을 생각해 선으로 연결해본다. 이 단계의 그림을 **사고관련도 1(표제관련도)**이라 부르기로 하자. 이 그림을 작성할 때의 포인트는 과제를 실현하는 데 제일 중요한 표제를 중심으로 해서 거기에 대한 각 묶음의 관련을 고려하여 선으로 연결하는 것이다.

첨기

예를 들어 이런 과제로 생각해보자. 어느 회사에서 가령 고객이 원한다고 말해왔을 때 제품을 즉석에서 공급할 수 없는 트러블이 자주 일어났다고 한다. 당신은 그걸 어떻게든 개선하고 싶다고 생각하고 있다. 여기서 「생각씨앗」을 내어 「사고결속도」를 작성해보니 아무래도 사내의 커뮤니케이션 부족에 연결된 묶음이 중요한 것으로 생각하게 되었다. 당신은 그 묶음에 『정보』라는 표제를 붙였다고 하자. 이런 경우 「사고관련도 1」을 작성하는 데는 그 『정보』라는 표제를 정중앙에 놓고 거기에 대한 관련을 생각해가는 것이다.

다음으로 이 「사고관련도 1」을 기초로 **사고관련도 2(포자도)**를 작성한다. 이것은 「사고결속도 2」의 묶음을 풀어 씨앗끼리의 직접관련을 고려해 선으로 연결하는 그림이다. 「포자도(胞子図)」라는 명칭이 붙는 것은 완성된 그림 전체를 보면 마치 식물의 포자 같이 보이기 때문이다. (풍선이 연결되어 있는 것같이도 보이므로 「풍선도」라고 부르기도 한다)

표제보다도 하위 구상(具象)의 연결 상황을 생각하게 되므로 이 그림을 그리는 것은 좀 어렵다. 따라서 표제 상호관련을 고려해서 「사고관련도 1」을 작성해두는 것이 중요해진다. 「사고관련도 1」을 가이드로 삼으면 훨씬 작성하기 쉽기 때문이다.

이상과 같이 생각을 만들어 가면 개개의 「생각씨앗」이 어떤 구조 속에 들어있는지 대략 보이게 된다. 그러나 이 단계에서는 아직 구체적인 물건을 만들어낼 정도의 「생각」이 되지는 않는다. 여기까지의 동작으로 분명해지는 것은, **각각의 상념이 다른 모든 상념과 어떤 관계로 되어 있는지로서, 자기 생각을 만드는 데 사용되는 모든 씨앗이 표시되었다**

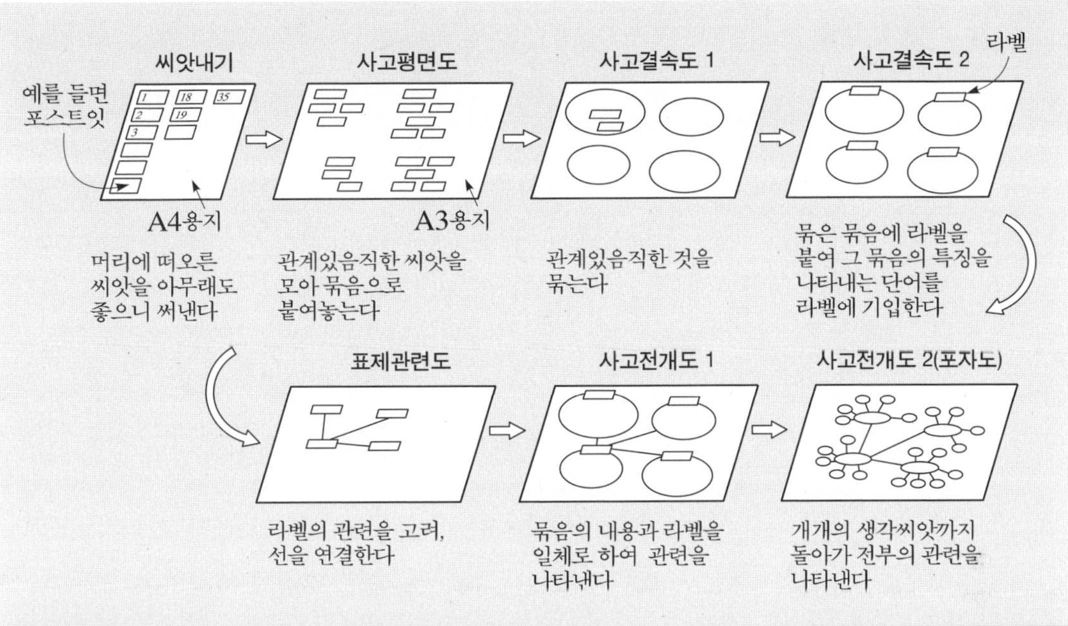

[그림 4.3] 씨앗내기부터 사고전개도에 이르는 씨앗 관련을 분명하게 하기 위한 일련의 그림

는 것이다. 이렇게 하여 겨우 이제부터 행하는 "생각을 만들기" 위한 재료의 준비는 다 된 것이다. 이를 요약하여 [그림 4.3]에 씨앗내기부터 사고관련도에 이르는 씨앗의 관련을 분명하게 하기 위한 일련의 그림을 나타내었다.

그럼 다음으로 자기가 실현하고자 하는 과제를 다시 검토하여 목적을 재차 명확하게 설정하는 것이 필요하게 된다. 즉, 「과제설정」이다. 그리고 그 과제를 다음에 작성하는 「사고전개도」의 시점에 두는 것이다. 자, 이제부터 「생각을 만들다」의 완성인 사고의 전개가 시작되는 것이다. 단, 이 이야기는 매우 중요하므로 절을 바꾸어 설명하도록 하자.

4.2 사고의 전개

「사고평면도 → 사고결속도 → 사고관련도」라는 작도(作圖)의 흐름은 자기 생각을 파악하는 프로세스이다. 「생각의 씨앗」을 전부 토출하여 상호 관련을 찾음으로써 그때까지 머릿속 깊게 아롱거리기만 했던 상념이 분명한 상(像)으로 맺히게 된다.

그러나 자기 생각을 파악하는 것만으로는 구체적인 물건은 만들 수 없다. 그래서 「사고평면도 → 사고결속도 → 사고관련도」의 순서로 다듬어 온 생각에 대하여 보다 구체적인 속성을 부여해 전개하고, 구조적으로 조립하는 작업이 필요하게 되는 것이다. 그 작업이 **사고전개도**를 그리는 일이다. 이 절에서는 그 「사고전개도」에 관하여 설명하도록 하자.

단, 처음에 무슨 일이 있어도 주의해야 할 것이 있다. 여기서 앞의 [그림 4.2]를 보기 바란다. 주의 깊은 독자는 눈치 챘을지도 모르나 「사고전개도」는 「사고평면도 → 사고결속도 → 사고관련도」라는 작도(作圖)의 흐름과는 단절되어 있는 그림이다. 잘 보기 바란다. 「③ 사고관련도」와 「④ 사고전개도」 사이에는 화살표가 없을 것이다. 처음으로 사고전개도를 그리는 사람은 이 점을 자주 오해하므로 주의하기 바란다. 「사고평면도」, 「사고결속도」, 「사고관련도」를 그리면 그대로 흘러 자동적으로 「사고전개도」가 작성되는 것은 아니다.

그렇다고 서로 전혀 관계가 없는가 하면 그렇지는 않다. 머리 쓰는 것이 전혀 별개인 것이다. **「사고평면도 → 사고결속도 → 사고관련도」라는 흐름은 자기 머릿속에 있는 생각을 명확하게 파악해가는 흐름이다.** 한편 **「사고전개도」는 그 흐름을 통해 파악한 자기 생각을 구조화하는 작업이다.** 「사고전개도」까지를 확실히 만들어 거기서 새삼스럽게 과제의 선택·결정을 행하고, 그 과제를 시점으로 두어 새롭게 만들어가는 것이다. 이 구별은 매우 중요하므로 아무쪼록 주의하기 바란다.

(1) 사고전개도의 필요성

그림 설명에 들어가자. 도대체 왜 사고전개도를 그릴 필요가 있을까. 그것은, 사고전개도를 그리면 자기 머릿속에 있는 사고 전체를 바라다볼 수 있게 되기 때문이다. "전체를 본다"고 하는 것은 "전체의 구조를 안다"는 것이다. 사고전개도는 **자기가 생각한 것 전체를 아웃풋(out-put)한 것이다.**

그러면 실제로는 어떤 그림이 되는 것일까. 여기서 [그림 4.4]를 보기 바란다. 이것은 필자가 작성한 "즐거운 꽃놀이를 기획 · 실행한다"의 사고전개도이다. 자세한 설명은 4.3절에서 하므로 여기서는 1개의 완성 예로 생각하기 바란다. 실제로 그려보면 대체로 이렇게 되는 것이다.

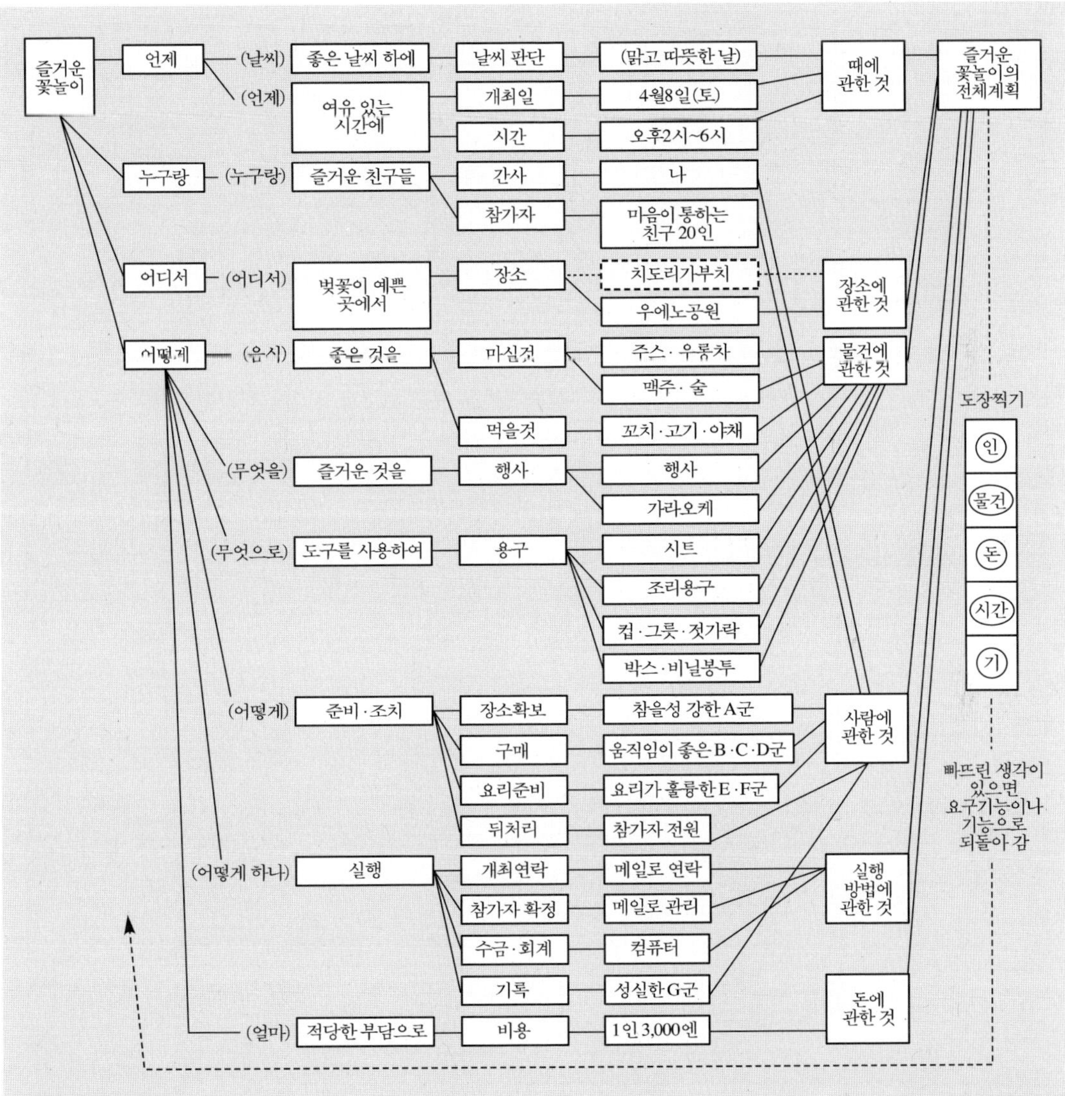

[그림 4.4] 「즐거운 꽃놀이를 기획 · 실행한다」을 과제로 한 사고전개도의 예

그런데 사고전개도가 중요한 것은 이것이 「설계에 있어서의 사고의 기본과정」 그 자체가 되어 있다는 것이다. 여기서 [그림 4.5]를 보기 바란다. 사고전개도를 그리려면 먼저 처음에 정해진 「요구기능」을 분석하여 기능을 명확히 한다. 다음으로 그 기능을 분해하여 「기능요소」에 넣는다. 그리고 개개의 기능요소를 실현하는 수단으로서의 「기구(機構)요소」를 몇 개든 생각해낸다. 여기서 몇 개 있는 기구요소 중에서 최적이라고 생각하는 것을 선택・결정한다. 그렇게 선택・결정한 기구요소에 구체적인 속성을 부여하여 전개, 「구조요소」로 한다. 최후에 구조요소를 모두 종합하여 「전체구조」로 한다.

첨기

여기서 [그림 4.6]을 보기 바란다. 이것은 제3장에서도 보인, 기능요소에서 기구요소로 넘어갈 때의 선택・결정 과정을 표현한 그림이다. [그림 4.5]의 사고전개도에서는 기능요소에서 기구요소로의 선은 한 줄밖에 그어져 있지 않은데 그것은 선택・결정을 행한 후의 상태를 나타내고 있기 때문이다. 실제로는 [그림 4.6]과 같은 선택・결정 동작을 행하고 나서 하나의 길로 연결되는 것이다.

결국 사고전개도는 「요구기능 → 기능요소 → 기구요소 → 구조요소 → 전체구조」로 진행함으로써 머릿속에 있는 생각을 하나의 구조성을 갖춘 템플릿으로 구축하는 것이다. 이것은 앞의 [그림 4.1]에서 본 「설계에 있어서의 사고의 기본과정」 그 자체인 것이다.

첨기

사고전개도는 설계과정에 국한하지 않고, 어떤 과제를 해결하는 사고결정과정에서도 사용할 수 있다. 그 경우에는 [그림 4.5]에 나타낸 바와 같이 과제 → 과제요소 → 해결안 → 구체안 → 전체계획이라는 흐름으로 사고를 전개한다.

여기서 [그림 4.5]를 한 번 더 보기 바란다. 사고전개도는 가운데 있는 「기능요소 → 기구요소」의 부분을 경계로 2개 영역으로 구분할 수 있다. 즉, 좌측이 「추상영역(기능영역)」이고 우측이 「구상영역(물리영역)」이다. 어려운 철학용어를 쓰면 좌측은 형이상 영역, 우측은 형이하 영역이다.

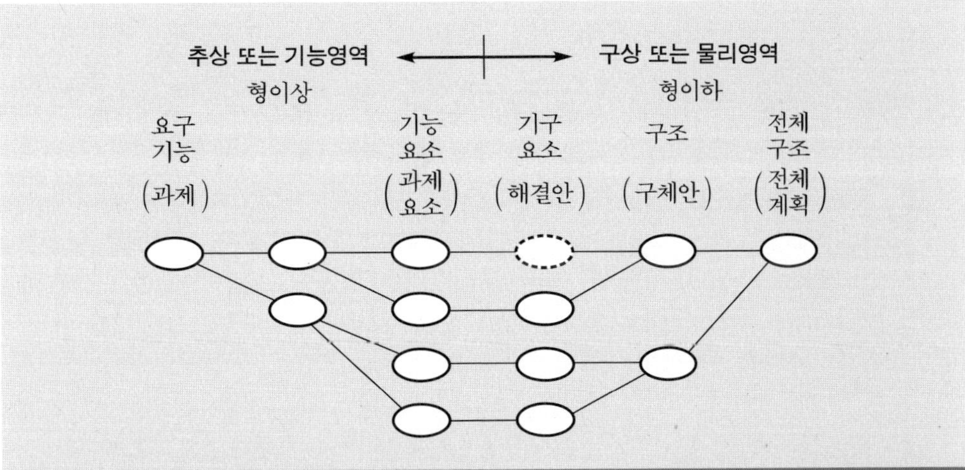

[그림 4.5] 사고전개도의 기본구성

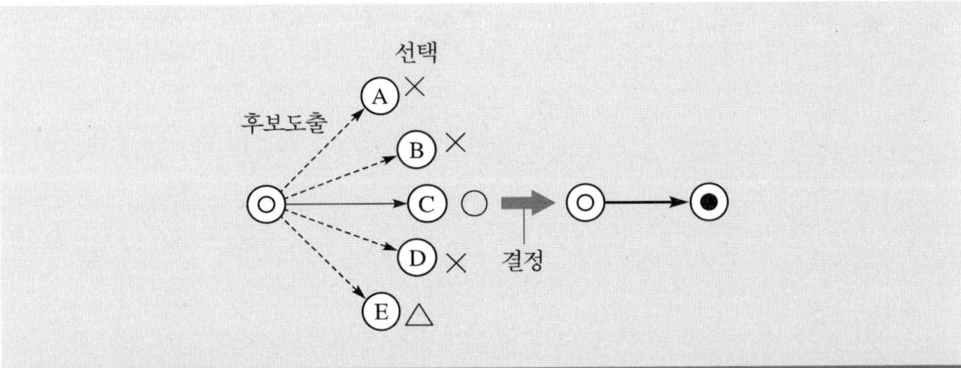

[그림 4.6] 기구요소의 후보도출과 선택 · 결정

이것을 기계설계로 생각해보자. 1개의 기능을 실현하는 기구에는 보통 몇 개쯤의 선택지(肢)가 있다. 말하자면「기능 → 기구」라는 프로세스에서는 요구기능을 실현하는 몇 개쯤의 기구(기구요소) 후보 중에서 단 1개만을 취하는 것이 필요해진다. 결국 선택 · 결정이라는 동작을 할 필요가 있는 것이다. 그리고 그 선택 · 결정이라는 동작을 행하면「기능」이라는 추상을,「기구」라는 구상으로 만들 수 있는 것이다.

사고전개도를 그리면 머릿속의 생각이 구조적으로 조립되므로 이 선택 · 결정이라는 동작이 보다 명쾌하게 확실한 근거를 바탕으로 수행되게 할 수 있다. 생각없는 벼락치기로는 이런 일은 할 수 없는 것이다.

첨기

「헤매고 있으면 안 되는 것 아닌가」, 「그저 탁 하고 결정하면 되지 않나」라거나 불안해하고 있을 때, 설계자는 그저 그런가 생각하는 것이다. 그러나 그런, 그런가 하는 것은 안 되는 것도 부끄러운 것도 아니다. 그럴 때는 철저하게 그래, 아무려면 어떤가 하는 것이 괜찮은 것이다. 단지 안 되는 것은 그런 구질구질하고, 아무려면 어떠냐 했던 것을 기록하지 않고, 전하지도 않고 그때 그냥 지나가도록 하는 것이다. 지금의 교육이 뭐가 문제냐고 한다면 그 구질구질하고 멋대로인 것을 전부 없애버린다는 점이다. 대학이나 회사나 모두 가르치는 것은 모두 깔끔하게 완성된 결과뿐이다. 결과만으로는 아무것도 알 수 없고, 만들어내지 못한다. 그런데 구질구질하고 아무려면 어떤가 하는 것까지 써내어 눈에 보이는 형태로 하면, 뒤에 오는 사람은 「당신은 구질구질 헤맨 것 같다고 해도 이것만은 아무려면 어떠냐고 한 끝에 나아간 것 아니냐는」 것이다. 결국 사고의 결정과정을 추적할 수 있는 것이다. 이 추적이 되면, 나중에 온 사람은 압도적으로 좋은 선택・결정이 가능하게 된다. 앞의 사람이 헤맨 것이나 생각한 내용을 전부 알고 난 다음에 선택・결정을 하기 때문이다. 그리고 결과적으로 다음 세대에게 「전하는」 것도 되는 것이다. **뒷사람이 알고 싶은 것은 선택·결정의 이유만은 아니다. 선택·결정을 한 프로세스도 알고 싶은 것이다.** 「구질구질, 아무려면 어떤가 하는 것을 표출하는 것은 다음 사람이 나아가기 위한 씨앗이 된다」는 의식이 필요하다.

(2) 사고전개도의 이점

사고전개도의 최대 이점(利點)은 이 그림을 그리면 자기의 빠뜨린 생각을 알아챌 수 있다는 점으로, 이것은 사고전개도의 구조에 대칭성이 있기 때문이다.

앞에서 설명한 바와 같이 사고전개도는 중앙에 있는 「기능요소 → 기구요소」부분에 기축(基軸)이 있다. 여기서 [그림 4.7]을 보기 바란다. 이 기축을 중심으로 패턴을 둘로 접어보는 것이다. 그러면 도중에 필요한 생각이 들어있지 않은 경우 「나는 이 부분에서 생각을 빠뜨렸구나」를 알아차릴 수가 있다. [그림 4.7]의 왼쪽 그림은 페이지를 경계로 마치 패턴으로 접는 것같이 그린 것이다. 시험 삼아 이 페이지를 접어보기 바란다. 혹시 빠뜨린 부분이 일목요연하게 드러날 것이다.

실제의 사고전개도는 더 복잡다기(複雜多岐)하게 이어져 있으므로 어딘가에 빠진 생각이 있어도 척 하고 보이지는 않는다. 그러나 사고전개도의 구조는 거의 좌우 대칭형을 되어 있기 때문에 대칭패턴으로 접어보고 좌우가 정확하게 겹치지 않는 부분이 있으면 바로 알 수 있는 짜임새로 되어 있다. 그렇게 하여 빠뜨린 생각을 알게 되면 새롭게 잘 생각하여 그 부분에 보충하여 이으면 되는 것이다.

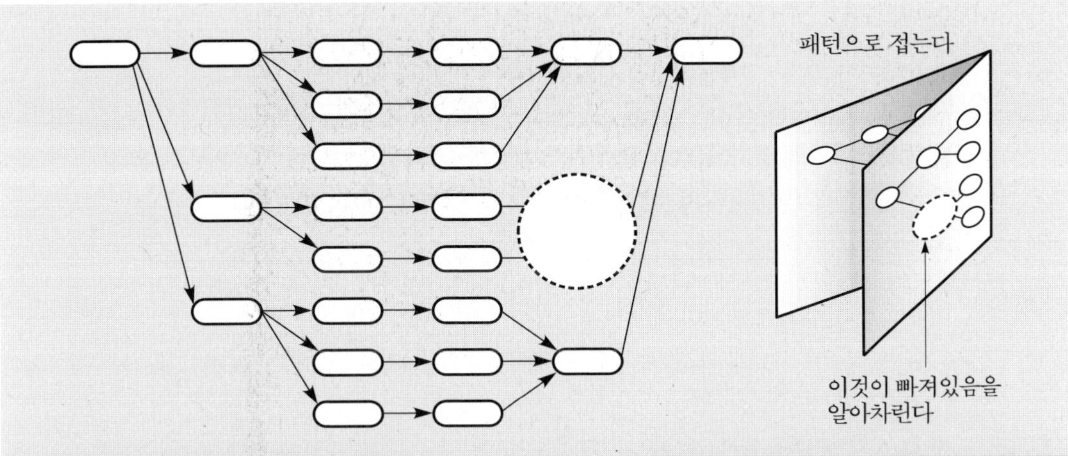

[그림 4.7] 패턴으로 접다.

사고전개도가 이와 같이 대칭성을 갖추고 있는 것은, 이 도면이 확실한 논리성을 갖고 있다는 증거이다. 말하자면 사고전개도는 자기 생각을 사람들에게 전하는 수단으로서 유효하다는 것이다. 이는 거꾸로 말하면 누군가 그린 사고전개도를 보면 그 사람의 지혜가 자기에게 이전되어 온다고도 하겠다. 결국 사고전개도는 쌍방향의 것이다.

첨기

논리는 중요한 것이나 사람의 반발을 가져오기도 한다는 점에 주의가 필요하다. 자기 생각이 어떻게 초지일관하고 있으며 논리적이라 해도 논리만으로 사람을 납득시킨다고 생각하면 안 된다. 「논리, 논리」하면서 논리만 내세우는 사람은 실로 곤란한 사람이다. 논리는 부록이며 구실이라는 걸 꿈에라도 잊어서는 안 된다. 논리는 그것을 충분히 자각한 위에 사용하는 것이 긴요하다.

그런데 「쌍방향」이라고 한다면, 사고전개도(사고평면도, 결속도, 사고관련도도 포함하여)는 4 ~ 5인 그룹으로 작성해도 된다. 반드시 혼자서 작성하는 것은 아니다. 「세 사람이 모이면 문수보살의 지혜가 나온다」는 속담도 있다. 독자 여러분도 자기가 작성하고자 할 때 꼭 동료들에게 건하여 같이 해보기 바란다. 그룹을 만들어 작성하면 그만큼 풍부한 씨앗내기가 가능하여 효과 최고이다. 사고전개도는 브레인스토밍의 도구로도 유효한 것이다.

첨기

그룹으로 작성할 때 시행하면 좋은 것이 「각자가 한 가지씩 자기가 쓰는 색을 갖는」 방법이다. 예를 들면 A씨는 황색, B씨는 분홍색, C씨는 녹색, D씨는 청색이라는 식으로 각자가 자기만의 색을 정해 그 색의 포스트잇으로 하거나 색연필을 사용하는 것이다. 이렇게 하면 도면을 봤을 때 빠뜨린 생각을 알아차릴 뿐만 아니라 각자의 생각 방향이 눈에 보이게 된다. 그리하여 「아아, 나는 이 방향이 약하구나」를 알아 「그럼 그 약한 방향을 더 생각해 보충하자」라는 기분이 된다. 그룹의 모두가 이런 기분이 되면 사고전개도(사고평면도, 사고결속도, 사고관련도도 포함)는 점점 연마되어 좋은 작품이 되는 것이다.

(3) 사고전개도를 마무리하다

그런데 도면을 대강 전부 그렸다고 하여 「어휴, 이걸로 안심」이라고 머리를 쉬게 하면 안 된다. 그리기만 한 사고전개도는 아직 불완전한 것이다. 그 위에 가일층의 확인과 마무리를 실시해야 한다.

그려 놓기만 한 사고전개도는 대개의 경우 빠뜨린 생각이 있다. 따라서 대강 그렸으면 우선은 생각이 빠진 것이 없는지를 확실하게 확인하여 만일 빠진 게 있으면 필요한 생각을 보충해야 한다.

빠진 생각이 없는지 체크하는 데 좋은 방법은

1) 사람 2) 물건 3) 돈
4) 시간 5) 기

라는 5개의 관점에서 전체를 다시 보고 도장을 찍는 것이다. 이 5개의 관점이 전체에 정확하게 들어맞아 있으면 빠진 생각이 없다고 봐도 된다. 그렇다면 거기에 도장을 찍는다. 거꾸로 전체를 잘 봐서 5개 중 어느 1개라도 도장이 찍혀있지 않으면 모자란 것의 관점에서 다시 전체를 봐서 빠진 것을 보충한다. 이와 같은 식으로 한 번 그렸다고 끝내지 않고 깐깐하게 확인하여 도면을 마무리하는 작업이 필요하다.

그런데 「기(氣)」라는 관점은 특히 중요하므로 주의하기 바란다. 「기」란 자기가 거기에 둘러싸여 있는데 둘러싸여 있는 자체를 의식하지 못한 채 자기 판단에 영향을 주고 있는, 보이지 않는 지배요소를 말한다. 회사로 말하면 그 회사의 독자적인 문화, 혹은 사풍(社風)이라고도 하겠다.

이 「기」를 알지 못한 채로 있으면 때때로 터무니없는 잘못을 간과하게 된다. 따라서 사고전개도를 그릴 때는 자기가 뭔가의「기」에 둘러싸여 있음을 자각하여 전체를 잘 고쳐보는 것이 중요하다.「기」라고 하는 항목은 특히 주의를 기울여 체크해 두어야 한다.

이상과 같이 5개의 관점에서 체크를 하여 만일 아직 빠진 생각이 있다면 제일 처음의 요구기능으로까지 되돌아 가서 다시 한 번 생각을 전개시키는 것이다. 생각 빠뜨림은 대개의 경우 요구기능이 명확하지 않을 때 일어나기 때문이다.

첨기

사고전개도에는 선택・결정이라는 동작이 포함된다. 이것은 다른 관점에서 보면 선택・결정의 결과 제외된 항목(기구요소, 해결책)이 있다는 것이다. 사실은 그런 제외된 항목에도 착안하여, 적용하지 않은 해결책에 관해 생각한 사고전개도도 요구되는 것이다. 이런「햇빛을 보지 못한」생각씨앗도 틀림없이 유효하다. 용지의 우측 하단에 구름테두리 모양으로 둘러쳐 두는 것이 좋다. 한 번 생각한 것은 절대 그냥 버려지지 않도록 최후까지 물고 늘어지는 것이 중요하다.

(4) 나선사고(螺旋思考)의 형성

그러나「사람」,「물건」,「돈」,「시간」,「기」의 5개 도장을 전부 찍어「이걸로 완성이라」고 생각해도 본서의 독자 여러분은 그걸로 끝내지 않는 집요함을 갖기 바란다. 이제부터의 한 수가 보다 레벨이 높은 사고전개도를 낳기 때문이다.

그럼 어떻게 할까.「사람」,「사회」,「환경」이라는 더욱 큰 관점에서 전체를 다시 보고 도장을 찍는 것이다.

여기서 [그림 4.8]을 보기 바란다. 일단 그려놓은 사고전개도를 중앙에서 뿌지직하고 찢어서 90°로 세워보는 것이다. 그러면 최후의 하나로 통일된 전체구조(전체기획)가 1개의 상위개념으로 되어있음을 알 수 있다. 그리고 이 상위개념에는, 눈에는 보이지 않으나 주위에「분위기」라는 것이 휘감겨 있다.

한편 [그림 4.9]를 보면 아까 필자는「"기"에는 특히 주의를 기울여 체크하라」고 썼으나「기」라는 것은 그 상위개념을 에워싸고 있는「분위기」 안에 있는 것이다.「분위기」는 많은 경우 상위개념의 배경이 되는 사회나 문화를 반영하고 있기 때문이다. 그리고 그 분위기 안에 있는「기」를 추출하여 새로운 과제로 설정하여 한 번 더 생각을 조립해간다. 결국 상위개념에 올라가 다시금 사고를 전개시켜「사람」,「사회」,「환경」이라는 관점에서 도장을 찍는 것이다. 이와 같은 작업을 반복해가면 시야가 매우 넓어져 일반성이 가장 높은 사고가 형성되어 간다.

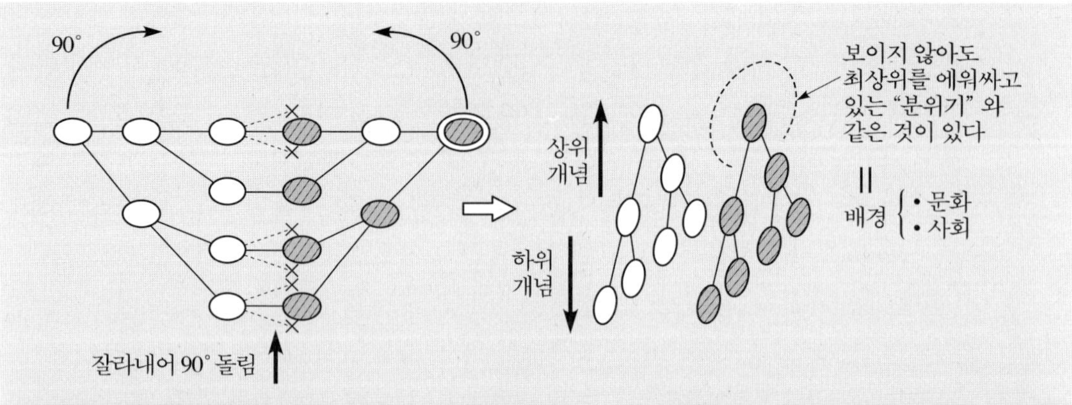

[그림 4.8] 사고전개도의 구조

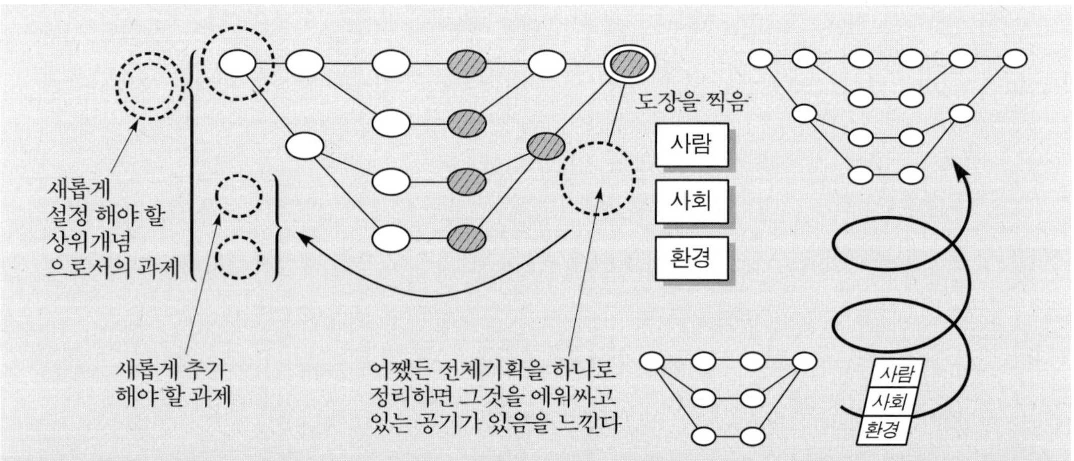

[그림 4.9] 도장에 의한 나선사고의 형성

이 모양을 그림으로 그리면 마치 사고(思考)가 나선을 그리며 발전・형성되어 가는 것처럼 보인다. 이것은 3.2절(5)에서 설명한「설계의 사고과정이 따라가는 이중나선(二重螺旋)」과 동일하다. 시간에 따라 사고전개도가 나선궤도를 절커덩 절커덩 돌면서 발전해가는 것이다.

이와 같이 최후에 도달한 전체구조(상위개념)를 새로운 다음 과제로 하면 더욱 상세하고 또한 레벨이 높은 사고전개도가 점차 그려진다. 정확하게 그리면 금방 알 수 있을지도 모르나 사고전개도는 1개의 그림을 A4 사이즈 용지에 꽉 차게 그리도록 해도 최소 3~5매는 필요하게 된다. 그렇게 그린 다음에 전체의 사고전개도를 보면 매우 입체적이고 다층적인 구조로 되어 있다. 과제에 따라서는 10층 구조로 되는 경우도 있다. 정말 복잡하고 정확하게 한 토탈시스템을 작성한다고 하면 이런 일이 발생하는 것이다. 거꾸로 말하면 이렇게 작성하지 않으면 진정한 시스템은 만들어지지 않는 것이다.

첨기

「마이너스 사고전개도」라는 것도 있다.

- 잘 되지 않은 것, 잘못된 것
- 일어나버린 최악의 사고(事故)

를 과제로 설정하여 그리는 사고전개도이다. "어떻게 하면 잘못될 수 있을까", "무엇을 하면 최악이 될까"를 생각한다는 의미에서는 「악의(惡意)의 사고전개도」라고 불러도 된다. 나쁜 쪽으로 나쁜 쪽으로 점점 철저하게 생각하여 마이너스의 레벨을 올려 가면 「역방향의 나선사고(螺旋思考)」가 된다. "그런 것을 생각하는 것은 사람으로서 잘못된 것 아닌가"라고 생각할지도 모르나 그런 약하고 미적지근한 생각으로는 진짜 최악의 사고는 막을 수 없고, 잘못된 일은 영원히 없어지지 않는다. **"잘 되어 가는 것", "좋은 것"만이 아니라 "잘못되는 것", "최악의 것"을 생각하는 것도 필요한 것이다**. 다만, 자기의 마이너스 사고(思考)에 빠져들어 인생을 비관하거나, 인간사회를 혐오하거나, 그렇지 않으면 혹 떼러 갔다가 혹 붙이고 온다고, 생각을 잘못하지 않도록 하는 주의가 필요하다.

[대첨기(大添記)] : 사고전개도 그릴 때의 주의점

그럼 마지막으로 첨기(添記) 중 첨기, 「대첨기」를 쓰고 이 절(節)을 마무리해보자.

「대첨기」이니까 글자도 보통 첨기보다 크다.

필자는 오랜 기간 대학 강의에서나 "하타무라(畑村)숙(塾)"과 같은 사숙(私塾)을 열어 지금까지처럼 「생각을 만들다」라는 얘기를 해왔다. 거기서는 반드시 "과제발표"라고 하여 참가자에게 자기가 그린 사고전개도를 모두의 앞에서 발표하도록 하고 있다. 여기까지 몇 사람분의 사고전개도를 보아왔는지 기억할 수 없으나 어쨌든 셀 수 없을 만큼 본 것은 확실하다.

이 「대첨기」에서는 필자가 강의나 하타무라숙을 하면서 깨달은 사고전개도를 그릴 때의 주의사항을 몇 개 열거하여 독자에게 참고가 되도록 하겠다.

1) 주의 1 : 사고전개도에는 답이 없다

사고전개도는 마지막에 나오는 돈가스이다. 중요한 것은 씨앗내기부터 시작하여 사고평면도, 사고결속도, 사고관련도, 사고전개도를 1매씩 전부 고지식하고 우직하게, 정확히 그려가는 프로세스이다. 이 우직한 프로세스에 의미가 있다고 생각하면 사고전개도에는 답이 없음을 알 것이다. 그런 프로세스의 결과로 나온 돈가스이다. 사고전개도 작성을 마치기까지 자기 머릿속에 저장되어 가는 것이 실은 진정한 보물인 것이다.

2) 주의 2 : 가르친 대로 하지 않아도 된다

고지식이나 우직은 중요하나 필자가 가르친 대로 그릴 필요는 전혀 없다. 너무 융통성 없게 생각하면「가르친 대로, 정확하게 했으니까 됐겠지」하고 머리가 뻔뻔해지기 시작한다. 그것이 가장 해서는 안 될 일이다. 멋지고 훌륭한 것을 그리려고 하지 않아도 된다. 아등바등 씨름하여「나라면 이런 걸 그려야지」라는 것을 스스로 찾아내기 바라는 것이다. 그것이 누구의 것도 아닌, 자기만의 진정한 지식이 되기 때문이다. 감히 말하자면「가르친 대로 하면 안 된다」는 것이다.

3) 주의 3 :「나라면」을 처음에 말하라

"과제발표"를 듣고 있으면 자기가 생각한 것에 무언가 남의 일처럼 느끼며 말하는 사람이 있다. 중립에서 객관적인 발표를 신경 쓰는 것이라고 생각하나 그것은 약간 잘못된 것이다. 사고전개도에서는 최초의 시점(始點), 즉「과제의 선택」이 가장 머리를 쓰는 부분이다. 그리고 과제를 선택하는 사람은 다른 그 누구도 아니라 자기 자신인 것이다. 자기는 왜 그 과제를 선택한 걸까. 그 과제를 선택한다면 자기는 어떻게 할까, 자기라면 어떻게 하고 싶은가. 그것을 먼저 처음에 말하는 것이 중요하다. 자기 생각을 다른 사람의 일인 것처럼 만들면 안 된다.

4) 주의 4 : 모든 도면을 한 번은 작성하고 나서 사람들에게 보이라

「사고평면도」,「사고결속도」,「사고관련도」,「사고전개도」는 반드시 한 번은 그리지 않으면 안 된다.「사고평면도」를 그리지 않고 느닷없이「사고결속도」를 그리거나「사고평면도」로부터 돌연「사고전개도」를 그리는 사람이 있는데 필자가 보기에는 그건 좀 위험하다. 각각의 도면 그리는 방법은 각인각양이어도 좋으나 어느 1개라도 빠뜨리는 순간 도면 작성이 곤란해지는 것이다. 각 도면은 서로 밀접하게 연계되어 있기 때문이다. 머리가 점점 앞으로 나아가 한 달음에 그리고 싶어

도 거기서 자제를 하여 순서에 따라 전부 하나씩 우직하게 그려가는 것이 결국은 지름길인 것이다. 또 그리고 나면 반드시 사람들에게 보이고 설명을 한다. 그렇게 하면 자기 머리에 피드백이 걸려, 보다 레벨이 높은 도면을 그리게 된다. 이것은 3.3절(1)에서 설명한 「대화법」 바로 그것이다.

5) 주의 5 : 도출된 씨앗을 전부 써넣지 않아도 된다.

사고평면도에서 써낸 「생각의 씨앗」을 사고전개도에 전부 채워 넣으려고 애쓰는 사람이 있다. 필자의 설명이 충분치 않았기 때문인지, 보고 있으면 안타까운 것이다. 거기까지 꼼꼼하게 생각할 필요는 없다. 「멋지게 들어맞지 않네」라고 느끼면 그 씨앗은 일단 전체를 구름테두리 모양의 곡선으로 둘러쳐서 옆으로 치워놓으면 된다. 다만 도출된 씨앗은 절대로 버려서는 안 된다. 그림 안에 써넣어 두는 것이다. 나중에 「나선사고(螺旋思考)」를 만들었을 때 그 옆에 치워놓았던 것 중에 뜻밖의 "보석"이 숨어있기도 하기 때문이다.

6) 주의 6 : 기능 ⇔ 기구에서 왔다갔다하라

사고전개도에서 가장 중요한 부분은 한 가운데의 「기능요소 → 기구요소」이다. 여기서는 추상(抽象)에서 구상(具象)으로의 극적인 변화를 일으킬 필요가 있다. 그런데 어떻게 변화시키면 때때로 기능과 기구가 어수선하게 혼합하고 있는 사람이 있다. 이런 사람은 필자의 눈으로 보면 추상세계와 구상세계 사이에 있는 애매한 경계에서 어중간하게 되어 있는 것처럼 보인다. 이것은 대단히 불안한 일일 것으로 생각한다. 이럴 때는 추상과 구상을 확실하게 하여 어쨌든 두 세계를 나누어버리는 것이다. 어디가 기능(추상)이고, 어디가 기구(구상)인지의 판단을 하여 「기능요소」와 「기구요소」의 1대1 대응(대칭성)을 기초로, 자기 생각으로 누락되어 있는 요소를 보충해 줄 필요가 있다. 그러기 위해서는 「기능」과 「기구」의 사이를 늘 왔다갔다하여 추상과 구상의 구별과 대응을 끊임없이 확인하는 것이 중요하다.

7) 주의 7 : 우(右)에서 좌(左)도 많이 있다

구체적인 「기구요소(해결책)」를 앞서서 씩씩하게 쓰는 사람이 때로 있다. 그건 참으로 멋진 일이다. 다만 그런 사람의 경우는 반드시 「기구요소」보다도 한 수 앞인(좌측의) 「기능요소(과제요소)」가 누락되어 있다. 그렇다고 그런 묘사방법이 나쁘다는 말은 아니다. 우(구상)에서 좌(추상)로 사고전개도에는 대칭성이 있기 때문에 좌(추상)에서 우(구상)로도 쓰고, 우(구상)에서 좌(추상)로도 쓴다. 여기서도 고지식하게 생각할 것은 아니다.

내친 김에 말해두자면 「기능요소」를 쓰고 끝내는 전혀 거꾸로 하는 사람도 있다. 이런 사람은 1개 하위인(우측의) 「기구요소」를 생각하여 더욱 구체적으로 해 갈 필요가 있다.

이상으로 「생각을 만들다」라는 것의 설명은 끝났다. 다음 절에서는 그걸 구체적으로 실행해본 예(例)를 소개하기로 한다. 목적과 과제는 「즐거운 꽃놀이를 기획・실행한다」이다.

4.3 즐거운 꽃놀이를 기획・실행한다

필자는 매년 봄이 되면 동료들과 모여 왁자지껄 꽃놀이 가는 것으로 정하고 있다. 멤버는 주로 필자가 주재하는 「실제설계연구회」의 사람들이다. 여기서는 그 동료들 20인이 모여 꽃놀이를 가는 걸 상정하여 「즐거운 꽃놀이를 기획・실행한다」를 과제로 하여 생각을 구축해 가기로 한다.

(1) 꽃놀이의 사고평면도

먼저 [그림 4.10]을 보기 바란다. 이것은 「즐거운 꽃놀이를 기획・실행한다」를 과제로 하여 필자가 그린 사고평면도이다. 그림을 그리는 데 있어서 최초로 생각하는 것은 「어디서 할까」이다. 이 도면을 그렸을 때는 도쿄대에서 선생으로 있었으므로 우선 처음에 "우에노(上野)공원이 좋겠지"라고 머리에 떠올랐다. 거기부터 연상하여 "제일 예쁜 건 치도리(千鳥)가부치인데"라거나, 「분쿄(文京)구 한 가운데 있는 벚나무도 좋지 않나」라거나 생각의 씨앗이 차차 제각각 흩어져 나왔다.

한편 그런 식으로 씨앗내기를 하고 있으면 "그렇다고 하면"이라고 해서 나오는 생각도 있다. 도쿄대 의학부 식당 앞에 있는 벚나무는 대단히 크고 훌륭하여 꽃이 피면 굉장히 예쁘다. 거기는 마치 외딴 마을 같은 장소이다. "그렇다면 저곳도 좋지 않나"라는 식으로 「도쿄대 의학부 식당 앞」을 추가하기로 하였다.

그런데 꽃놀이라고 하면 술을 잊어서는 안 된다. 필자가 간사를 맡으면 주류는 「맥주」, 「일본주」, 「소주」, 「하이사워」가 기본이다. 그래도 꽃놀이라고 해서 술만 있을 수는 없다. 먹을거리도 조달해야 한다. 여기서 별스러운 것을 생각했다. "하나하나 사 모으는 것은 번거롭지 않나"라고 생각했으므로 그래, 「주점과의 제휴(tie-up)」를 생각한 것이다. 실현성은 나중에 생각하기로 하고, 여기서는 어쨌든 씨앗으로 써 내놓았다. 여기부터의 연상으로 「컵」, 「그릇」, 「젓가락」, 「주점」, 「편의점」, 「정육점 크로켓」이라는 씨앗도 나왔다.

첨기

정육점의 크로켓은 사실 맛있다. 필자는 전에 우에노(上野)에서 꽃놀이를 하는데 네즈(根津)의 정육점에서 크로켓과 커틀릿을 사갔다. 그랬더니 그것이 거짓말처럼 맛있었던 것이다. 그 후로 우에노에서 꽃놀이를 할 때는 반드시 그 정육점의 크로켓과 커틀릿을 사는 것으로 하고 있다. 우에노의 산이라고 하는 곳은 꽃놀이 시기에는 어디 할 것 없이 믿기 어려울 만큼 사람이 모인다. 잘 보고 있으면 모두 제각각 연구를 하여 꽃놀이를 즐겁게 하고 있으므로 흥미롭다.

(2) 꽃놀이의 사고결속도

이런 식으로 뿔뿔이 흩어져 있는 씨앗을 토출하여 "대충 이런 것인가"라고 하는 데까지 써내는 것이 [그림 4.10]의 사고평면도이다. 다음으로 이 도면을 기초로 사고결속도를 작성해보았다. 그것이 [그림 4.11]이다.

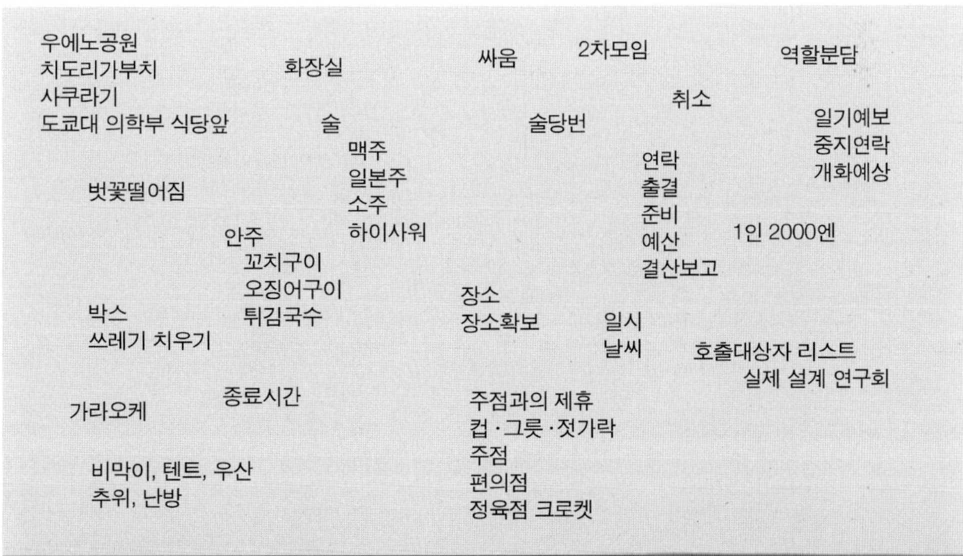

[그림 4.10] 「즐거운 꽃놀이를 기획 · 실행한다」의 사고평면도

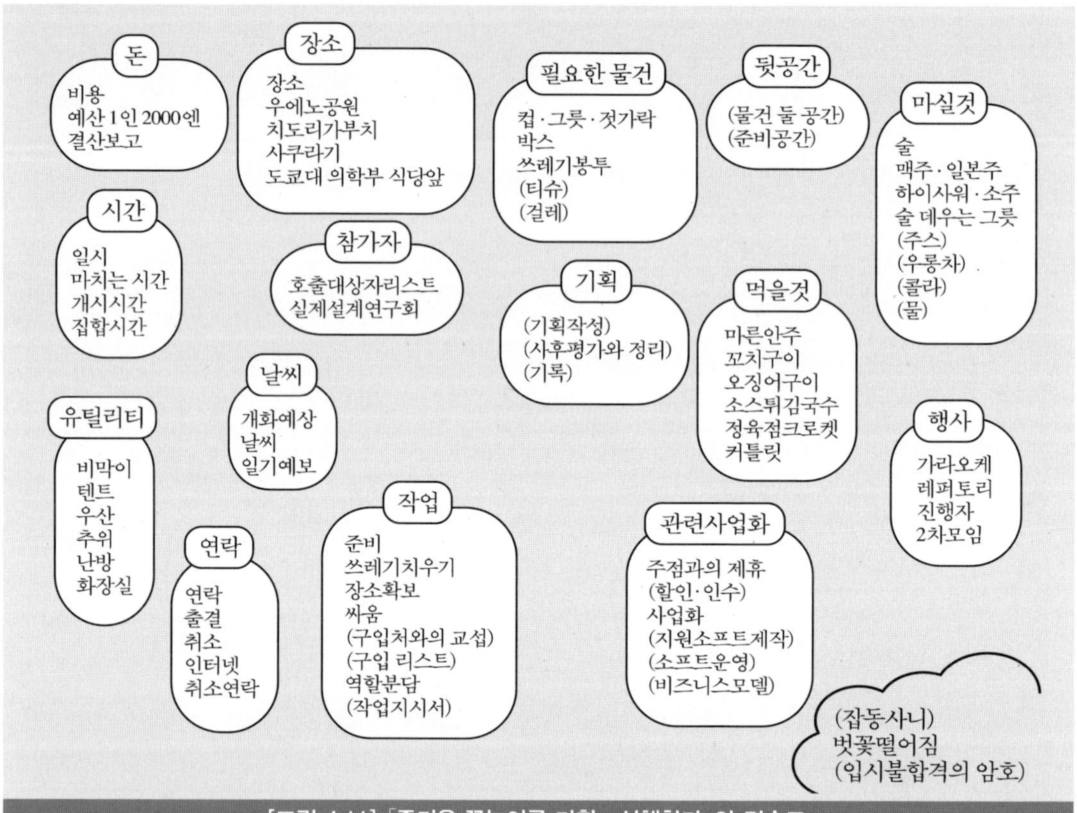

[그림 4.11] 「즐거운 꽃놀이를 기획 · 실행한다」의 결속도

「마른안주」, 「꼬치구이」, 「오징어구이」, 「소스튀김국수」, 「정육점 크로켓 · 커틀릿」. 이들 씨앗은 "먹을 것"으로 함께 묶을 수 있다. 그런 식으로 어쩐지 공통인 것 같은 것을 모아 1개로 묶어보면 『참가자』나 『날씨』, 『장소』, 『시간』, 『돈』, 『작업』과 같은 묶음이 차례차례 만들어진다.

또한 그렇게 하여 씨앗을 묶어가면 빠뜨린 생각이 있음을 알아차리게 된다. [그림 4.11]에서는 사고평면도 단계에서 빠져있던 씨앗을 ( )안의 글자로 표현하고 있다. 이것은 뒤에서 보충한 씨앗이다. 예를 들어 필자는 처음에 「맥주」, 「일본주」, 「소주」, 「하이사워」에 『마실 것』이라는 표제를 붙였다. 그러나 거기서는, "뭐야, 주스도 없고 우롱차도 없잖아!"라고 여성으로부터 불만의 소리가 나오는 것을 볼 수 있다. 현실적으로 자기가 마시지 않는 물건에는 전혀 머리가 쓰이지 않는 것이다. 그런 까닭으로 「주스」, 「우롱차」, 「콜라」, 「물」을 추가해 두었다.

이렇게 하여 차례차례 묶어가고 있는 중에 「주점과의 제휴」라는 씨앗을 발견한 데서 또 별스러운 생각을 하였다. 주점에 잘 주문을 하고, 그것이 순조롭게 꽃놀이 장소에 도착하면 이건 비즈니스가 되는 게 아닐까. 이른바 「할인」, 「인수」, 「사업화」, 「지원소프트 제작」, 「소프트 운영」, 「비지니스 모델」이라는 엉뚱한 씨앗이 새롭게 머리에 떠올랐다. 그렇게 하여 사업관련의 씨앗이 늘어남에 따라 이것들을 전부 묶어 『관련사업화』라는 표제를 붙여본 것이다.

첨기

『관련사업화』라는 묶음은 다소 농담 반으로 생각한 것인데 어느 소프트웨어 회사에서 이 얘기를 했을 때 큰 호평이 있었다. 사실 소프트웨어 업계의 사람들은 이것을 진지하게 실행하고 있는 것이다. 농담 반이기는 커녕, 이와 같이 생각해가는 것이 소프트웨어의 구축에는 가장 공부가 되는 것이라고 할 정도이다.

그런데 「벚꽃 떨어짐」이라는 씨앗은 필자가 도쿄대 입시에서 1회 떨어졌을 때 받은 전보의 문장이다. 45년도 더 지난 일이지만 당시의 분한 생각이 아직까지 남아있으므로 느닷없이 떠오른 것이다. 다른 것과는 조금 성질이 다른 씨앗이므로 『잡동사니』라는 표제를 붙여 구름테두리 표시 안에 넣기로 했다.

(3) 꽃놀이의 단계진행도

이런 방식으로 씨앗을 무언가 공통성에 착안하여 1개로 묶어 "대충 이런 것일 거야"라고 정리한 것이 [그림 4.11]의 결속도이다. 보통은 이것을 사고관련도로 발전시키게 되는데 이번에는 그 앞에 단계진행도라는 것을 만들어보기로 했다.

단계진행도는 반드시 그리지 않아도 된다. 그러나 스텝을 밟아 무언가를 실행할 때는 「단계의 진행」이라는 사고방식이 아무래도 필요해지는 것이다. 「스텝」이란 실행하는 질적인 내용의 것이다.

여기서 다음 [그림 4.12]를 보기 바란다. 횡축에 시간, 종축에 스텝(단계)을 설정하고 결속도의 각 그룹을 플롯해본 것이다. 이것이 단계진행도이다. 단계진행도에는 시간적 요소가 포함되어 있으므로 절차가 중시되는 꽃놀이 같은 기획에 적합한 사고정리(思考整理)가 가능하다. 꽃놀이의 기획・실행은 그림 내의 사선(斜線)의 방향으로 대략 이와 같은 단계를 따라간다고 생각하면 된다.

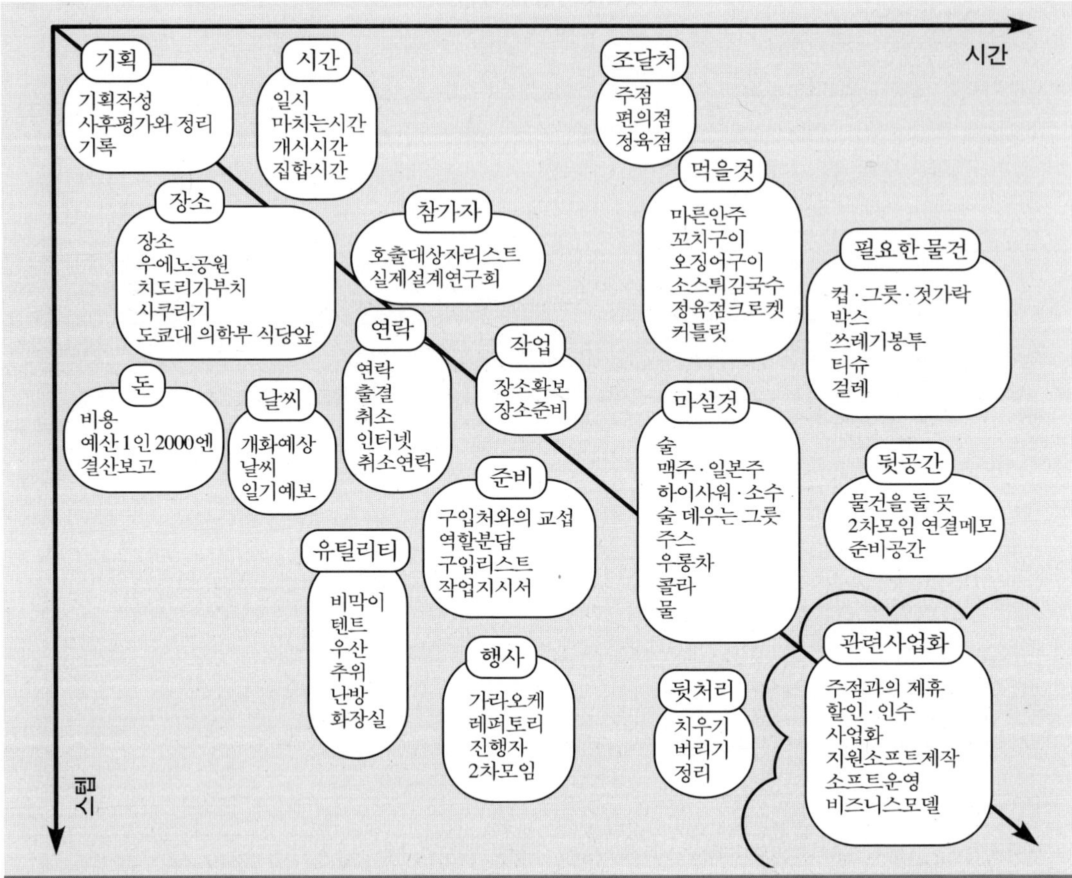

[그림 4.12] 즐거운 꽃놀이 기획의 단계진행도

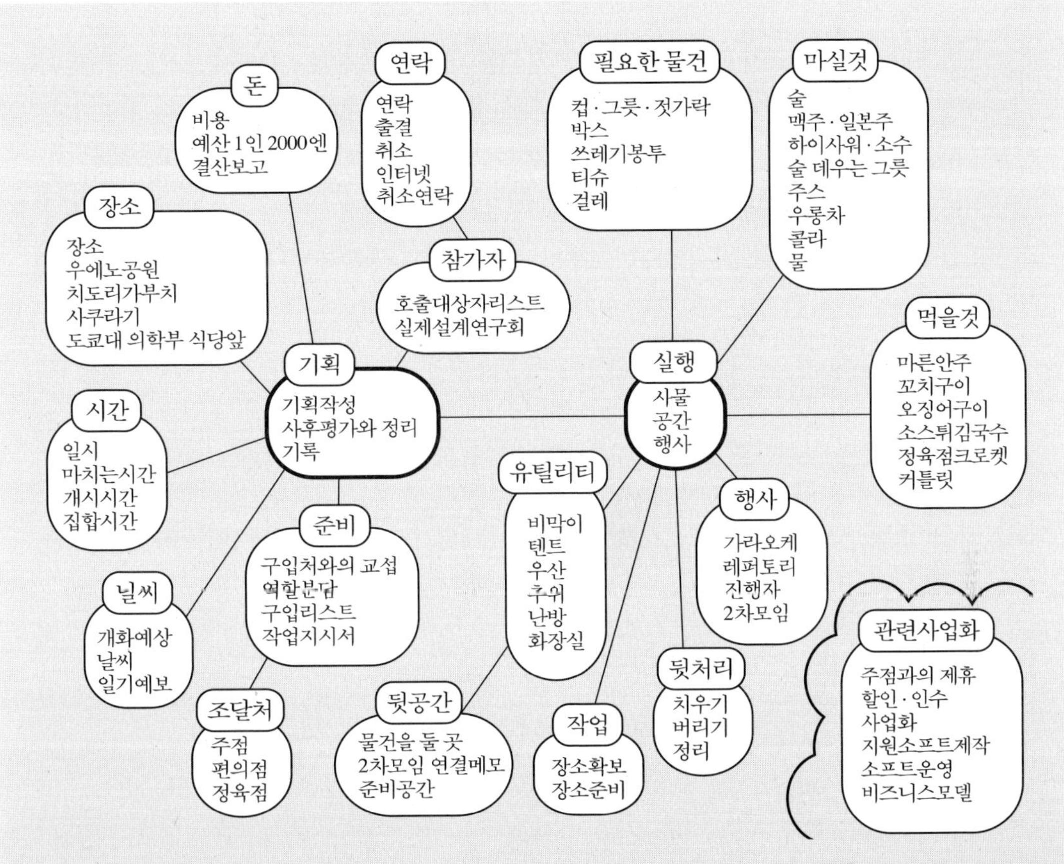

[그림 4.13] 「즐거운 꽃놀이를 기획 · 실행한다」의 사고관련도1

(4) 꽃놀이의 사고관련도

「단계진행도」를 보고 대강의 절차를 머리에 넣었으면 이번에는 묶은 그룹끼리의 관련을 보기 위해 사고관련도를 작성한다. 과제는 「즐거운 꽃놀이를 기획 · 실행한다」이므로 『기획』과 『실행』의 2개 그룹을 중심으로 짜기로 했다.

여기서 [그림 4.13]을 보기 바란다. 『기획』쪽 관련을 찾아가니 『참가자』, 『연락』, 『돈』, 『장소』, 『시간』, 『날씨』, 『조달처』, 『준비』의 각 그룹과 관련되어 있음을 알았다. 한편 『실행』쪽은 『필요한 물품』, 『마실 것』, 『먹을 것』, 『행사』, 『작업』, 『유틸리티』, 『뒷공간』과 관련되어 있음을 알게 되었다.

그러나 빠진 생각은 아직 있으므로 작성하는 중에 뒷정리에 대한 것을 잊었음을 알았다. 술을 마시고 왁자지껄 즐거운 것에만 머리가 가 있었던 것이다. “그렇게 무례한 건 유감”이라 생각하여「치우기」,「쓰레기 버리기」,「정리」라는 씨앗을 내어『뒷정리』라는 표제를 붙여 정리했다. 이것은 또『실행』과 관련되어 있으므로『실행』과 선으로 연결하기로 했다.
그런데『관련사업화』는 유일한 모양의 그룹이다. 예외로 하여 이것만 구름테두리 표시 안에 넣어 한쪽에 두기로 했다.

첨기

꽃놀이에서 중요한 것은 화장실의 확보이다. 배설문제를 확실히 생각해두지 않으면 즐겁게 마음 놓고 놀 수가 없다. 그 곳에서 대혼란이 빚어져 모처럼의 즐거움이 사라져버리는 일이 종종 일어나는 것이다. 따라서 간사를 맡은 사람은 이런 세부적인 것까지 확실히 고려하여 사전에 손을 써서 준비해두지 않으면 안 된다.

그런데 지금의 사고관련도는 내가 봐도 작성된 모양이 좋고, 그 정도로 됐다고 하나 무언가 하나 부족하다. 여기서 그룹의 묶음을 해체하여 하나씩 씨앗의 관련까지 살펴보기로 생각했다. 그 관련을 나타낸 것이 [그림 4.14]이다.

여기서 중요한 것은 그룹의 묶음을 해체하면 그림의 중심부에 상위개념이 찾아가게 된다는 점이다. 예를 들어『장소』라는 그룹을 보자. 이것의「유명」,「꽃이 예쁘다」,「교통 편리」,「외딴 마을」이라는 씨앗(seed)은 전부터 머릿속에는 있었지만 아직 표출되지 않았던 상위개념이다. 이들 상위개념은 그룹의 묶음을 해체하여「우에노공원」,「치도리못」,「사쿠라기」,「도쿄대 의학부 식당 앞」의 관련을 살펴보기로 생각함으로써 비로소 나온 것이다. 이 같은 상위개념이 바라고 있었던 것이다. 이와 같이 사고관련도에 계층성을 갖게 해두면 다음의 사고전개도를 그릴 때 도움이 된다.

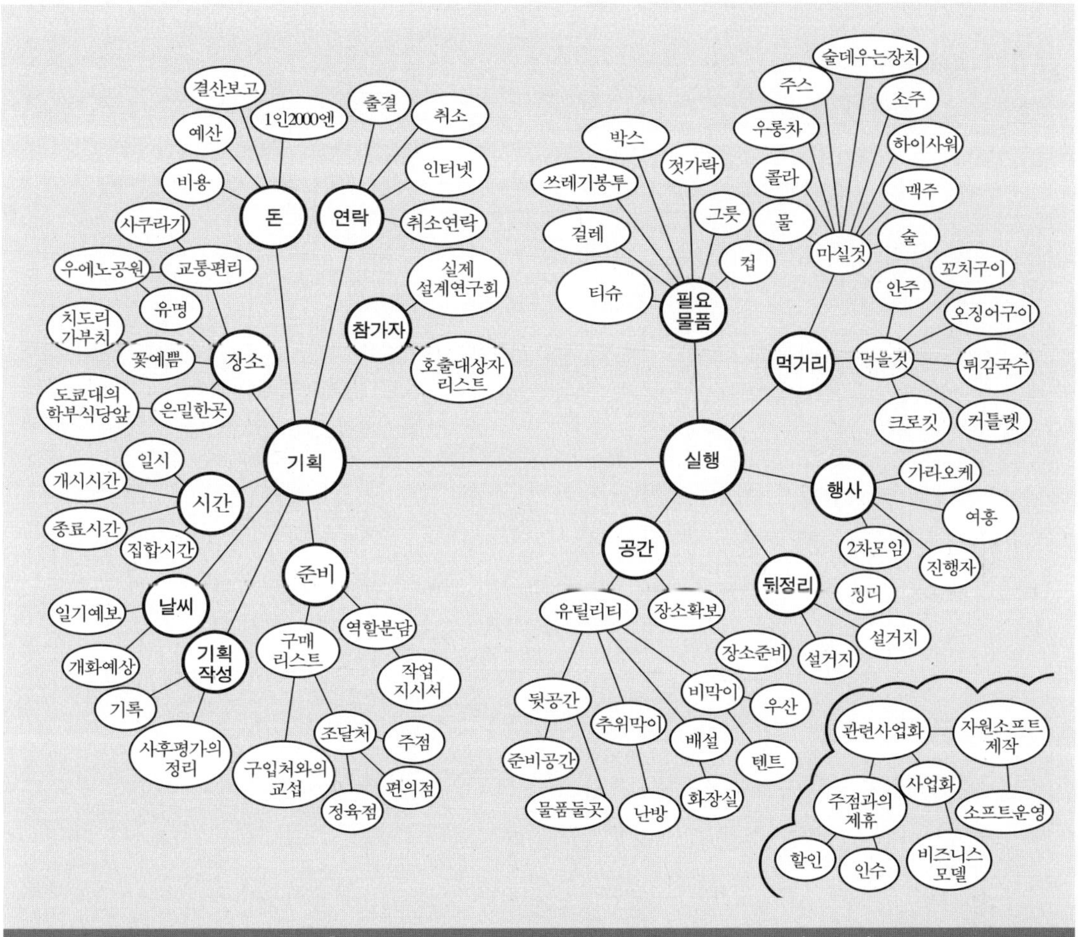

[그림 4.14] 「즐거운 꽃놀이를 기획 · 실행한다」의 사고관련도2(포자도)

(5) 꽃놀이의 사고전개도

이상과 같이 철저하게 씨앗을 도출하고 상호관련성을 찾아 자기 생각을 완전히 파악해 놓는다. 그리고 최후의 마무리로 자기 생각을 구조적으로 조립하기 위해 사고전개도를 작성한다. [그림 4.15]를 보면서 설명하기로 한다.

1) 목적의 명확화

우선 처음으로 해야 할 것은 목적(요구기능)의 명확화이다. 이것은 「즐거운 꽃놀이를 한다」이다. 그래서 이것을 도면의 시점(始點)에 놓는다.

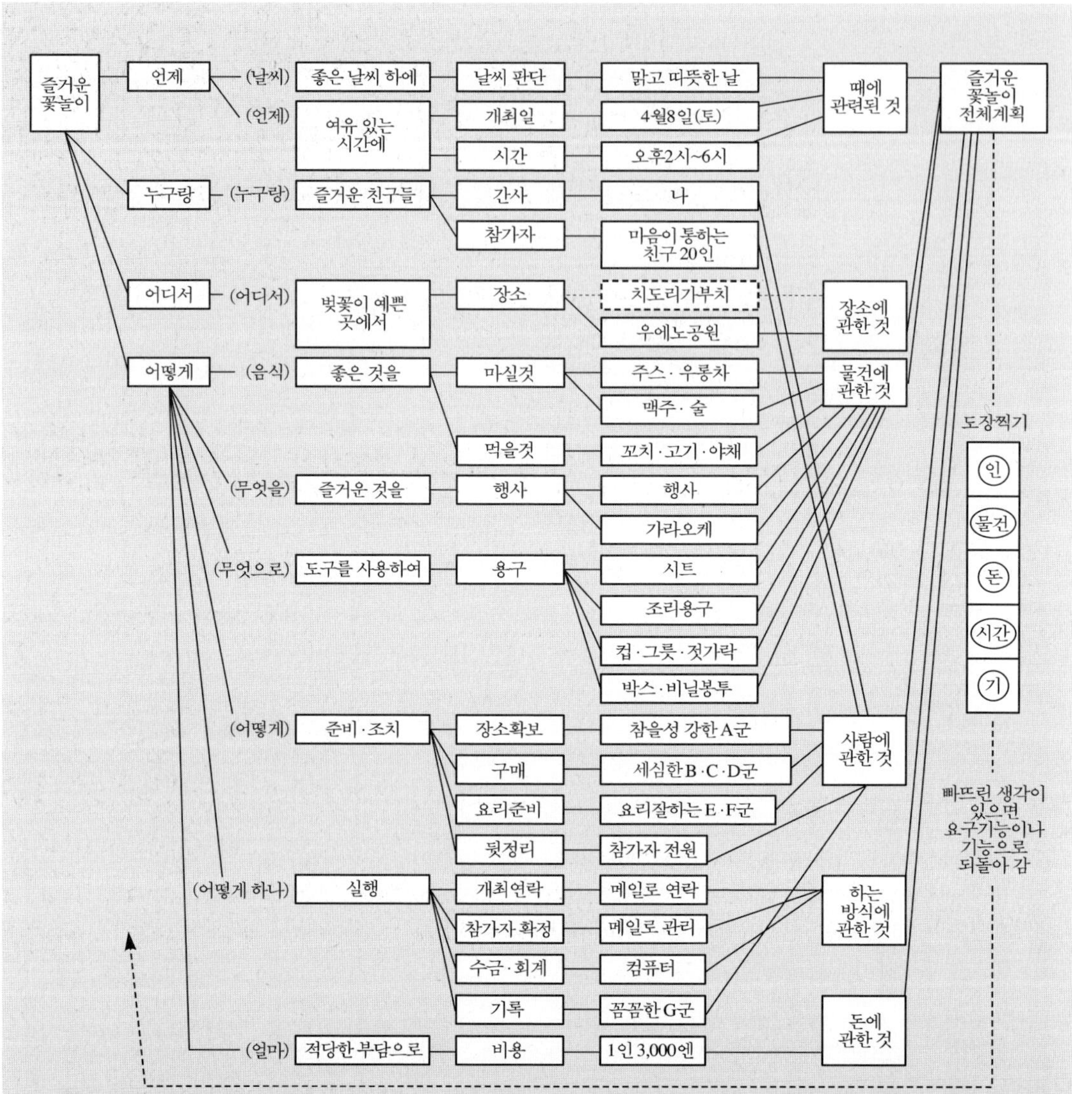

[그림 4.15] 즐거운 꽃놀이 간사를 맡았을 때의 사고전개도

2) 과제의 설정, 해결책의 선택 · 결정

다음으로 목적을 실현하기 위한 과제(기능)를 생각한다. 여기서는「언제」,「누구와」,「어디서」,「어떻게 하나」를 설정하고, 과제요소(기능요소)를 분해한다. 그 위에 각 과제요소의 해결책(기구요소)을 선택 · 결정한다. 순서대로 살펴보자.

① 언제 : 꽃놀이는 따뜻하고 일기가 좋은 날에 하고 싶은 것이다. 그러나 일기만은 자기가 결정할 수 없다. 그래서 일기의 판단이 필요하게 된다. 한편 시간은 충분히 두고, 여유있게 즐기고 싶다. 그러면 토요일이나 일요일이 후보가 된다. 말하자면 날씨는 청명하고 따뜻한 날에, 개최일은 4월 8일 토요일, 시간은 오후 2시부터 6시로 설정한다.

② 누구와 : 참가자는 마음이 통하는 동료 20인. "실제설계연구회"의 동료들이다. 단, 「누구와」의 이면에는 실은 「누가」라는 과제요소가 있다. 즉, 간사, 총무 역은 누군가이다. 방법이 없으니까 간사는 필자가 한다. 총무 역은 물자 조달의 문제 등으로 매어 있으므로 「어떻게 하나」의 과제로서 생각하기로 한다.

③ 어디서 : 간사인 필자로서는 "벚꽃이 가장 예쁜 장소에서 하고 싶다"고 생각하므로 실은 치도리가부치가 제일로 희망하는 곳이다. 그러나 모두의 교통 편의를 생각하면 우에노공원이 제일이다. 그래서 장소는 우에노공원으로 한다.

이상은 「기획」에 관한 과제이고, 이하는 「실행」에 관한 과제이다.

④ 어떻게 하나 : 꽃놀이는 뭐니 뭐니 해도 「먹고 마시는 것」이 중요하다. 따라서 물자의 조달지원(로지스틱스)을 어떻게 합리적이고도 효율적으로 행하는가가 「즐거운 꽃놀이」의 성패를 결정한다. 다만 간사인 필자로서는 그 위에, 무슨 일이 있어도 「좋은 것을」 마시고 먹게 하고 싶다고 생각한다. 될 수 있으면 좋은 장소를 확보하고, 모든 준비가 차질 없도록 하여 왁자지껄 즐겁게 먹고 마시게 하고 싶다. 그래서 적합한 담당자가 필요하게 된다.

자, 이제부터 이야기가 흥미로워진다. 먼저 장소확보는 참을성 있는 A군에게 맡기고 아침부터 차지하도록 한다. 주류의 구입은 몸이 빠른 B군, C군, D군에게 하게 한다. 요리 준비는 요리를 잘하는 E군과 F군에게 맡긴다. 개최연락, 참가자의 확정연락은 비서인 I씨에게 맡긴다. 연락방법은 메일로 하게 한다. 비용은 1인당 3000엔. 모금과 회계에는 컴퓨터를 사용한다. 연회의 기록은 꼼꼼한 G군에게 시킨다. 뒷정리는 참가자 전원이 하도록 한다.
이런 식으로 「먹고 마실 것」, 「무엇을」, 「어디서」, 「어떻게」, 「어떻게 하나」, 「얼마」라는 과제요소에 집어넣어 구체적인 해결책(기구요소)을 선택・결정했다.

첨기

누구에게 어떤 일을 맡기면 스무드하게 갈까, 그 인선(人選)과 판단은 「기」를 읽지 않고는 절대 불가능하다. 「인사가 만사」라는 말이 있는데 계획 중에 「기」의 요소를 끼워 넣어 전체를 구축하는 것이 진정한 리더의 일이고, 임무이다.

3) 구조화

여기까지는 정리하는 단계이다. 입안된 해결책을 구조화하여 하나 위의 상위개념에 올리는 것이다. 구체적으로는 전체 해결책을 내다보고 그 관련성에 착안한다. 그리고 각 해결책을 묶는 상위개념을 추출하는 것이다. 그러면 「때에 관한 것」, 「장소에 관한 것」, 「물건에 관한 것」, 「사람에 관한 것」, 「방법에 관한 것」, 「돈에 관한 것」이라는 계획요소(구체책)가 분명해진다. 그리고 그 계획요소를 종합하여 최종적으로 「즐거운 꽃놀이를 한다」의 전체 계획으로 정리되었다.

이상과 같이 생각을 구축하고 있을 때, 「사람」, 「물건」, 「돈」, 「시간」, 「기」의 관점에서 보고 빠진 것 없이 하여튼 무리가 없는 좋은 계획이 완성되었다. 실제로 필자는 이 계획에 근거하여 매년 꽃놀이를 개최하고 있었다. 동료는 모두 기술자이기 때문에 뭔지를 안다. 일은 실로 스르르 운영되어 모두가 만족하는 즐거운 연회가 반드시 되는 것이다.

고작 꽃놀이라고 하지 말라. "일사(一事)가 만사"라고 하지 않는가. 이런 사고방식을 어떤 일에나 적용하고 실행하여 단련해가는 것이 설계자로서의 능력을 높이는 것이다.

CHAPTER

05

긴급제언

CHAPTER

05

긴급제언

3현(現)으로 배우다

이것으로 본서도 마지막 장(章)이다. 여기서는 제1장에서 제기한 문제를 해결하기 위하여 필요한 것을 필자의 「긴급제언」으로 기술하고자 한다.

필자는 최근 40년 이래 일본 전국의 생산 현장이나 프로젝트 현장을 방문해서 내 눈으로 직접 보아왔다. 방문한 현장에서는 반드시 책임자와 의논을 하고 왔다. 그리고 실제로 보고 들은 것의 인상이나, 그 현장에서 얻은 지식을 자세히 기록함과 함께 그 현장에서 무슨 일이 행해지고 있는지를 철저하게 생각해 왔다.

과장으로 생각될지도 모르나 필자는 스스로가 일본 산업이 산 증인이라고 생각하고 있다. 필자만큼 일본의 온갖 생산 현장을 직접 보고, 토론하고, 생각해온 사람은 어디에도 없다고 자부하기 때문이다. 앞 장(章)까지의 「실패학」과 「창조학」은 그런 활동 중에서 시작된 것이다. 그리고 한편으로 필자의 몸에는 고도성장 이후의 일본 산업의 역사가 들어있었다는 것이다.

그런 필자의 눈으로 보면 지금의 일본에 필요한 것은 다음의 8개이다.

1) 현지(現地) · 현물(現物) · 현인(現人)(3현)
2) 암묵지(暗黙知)의 표출(表出)과 공유(共有)
3) 꾸준한 작업을 싫어하지 않는 우직함, 고지식함
4) 역연산사고(逆演算思考)
5) 아웃풋형(out-put 型) 학습
6) 개인의 독립
7) 보지 못하게 하기 · 지껄이지 않기 · 만지지 못하게 하기(신3원; 新3猿)
8) 기술을 뽑아내는 분위기

이들 각 사항은 모두 책이나 신문을 읽어서 알거나 사람들로부터 들은 말이 아니다. 필자가 40년에 걸쳐 일본 전국의 여러 현장을 직접 보고, 느끼고, 생각한 것으로부터 도출된 구체적인 대응책이다. 일본의 생산 현장은 지금 큰 기로(岐路)에 서 있다. 기술 세계를 진지하게 살아온 한 사람이 내는 제언이니, 부디 귀 기울여 주었으면 한다.

5.1 현지 · 현물 · 현인

제1장의 「문제제기-지금 일본에서 무슨 일이 일어나고 있는가」에서는 일본의 모든 생산 현장에서 지금 보지 않음 · 생각지 않음 · 가지 않음이라는 「3무」가 진행되고 있다고 지적했다. 그럼 그 「3무」에 대처하려면 어떻게 하면 될까, 해결하려면 어떻게 하면 좋을까. 답은 하나이다. 「3현」을 실행하는 것이다. 「3현」이란 현지(現地) · 현물(現物) · 현인(現人)이다.

여기서 [그림 5.1]을 보기 바란다. 이것은 「3현」을 그려서 나타낸 것이다. 일어나고 있는 진짜 실정은 이 「3현」을 통해야만 아는 것이다. 실패나 사고라는 것을 확실히 보겠다고 생각한다면 좌우간 먼저 자기 발로 「현지」에 가는 것이다. 그리고 실패를 한 사람이나 관계자인 「현인」과 만나 직접 이야기를 하고 토론을 하는 것이다. 또한 현장에 가서 현물을 직접 보고, 만지는 것이다. 그렇게 하면 어디를 봐도 전혀 쓰여 있지

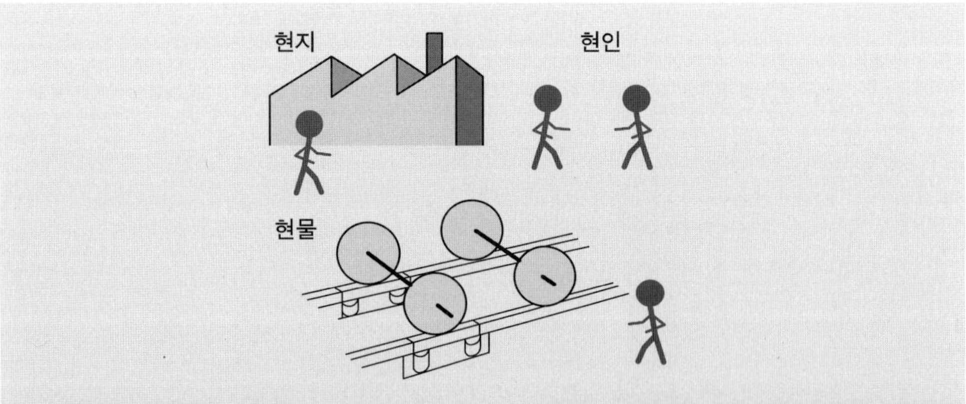

[그림 5.1] 현지 · 현물 · 현인
– "3현"을 통해야만 실정을 알 수 있다 –

첨기

3현을 하며 살아가겠다고 해도 머릿속에 아무것도 구축하지 않은 채로 현지에 가는 것은 단지「관광유람」일 뿐이다.「뭔가 얘기를 들려주십시오」등의 미적지근한 말로는 정말로 중요한 것은 절대 들을 수 없다. 그것을 마음속 깊이 새겨야 한다.「저는 이렇게 생각하는데 어떻습니까?」라든가「제가 당신의 입장이라면 이렇게 판단하여 이렇게 하겠는데 어떨까요?」라고 상대와 같은 레벨로 얘기를 하고, 같은 눈높이로 사물을 보지 않으면 안 된다. 또한 중요한 것은 실패한 사람을 책망하면 안 된다는 것이다.「나도 같은 잘못을 했을지 모른다. 그러니까 들려주기 바라는 것이다」라는 겸허함을 갖고 임하지 않으면 안 된다는 것이다.

않은 것, 간접정보로는 절대 알 수 없는 분위기나 배경 등이 손바닥을 보듯이 알 수 있게 되는 것이다.

그럼 1개의 실례(實例)를 소개하면서「3현」의 중요성을 설명하기로 하자. [그림 5.1]에「헌물」이라고 쓰여 있는 그림을 보기 바란다. 이것은 모 철도회사의 정비공장 안에 있는 축중(軸重) 측정장치를 묘사한 것이다. 이 철도회사에서는 십 수년 전부터 전 차량에 대하여 측정장치를 사용한 축중 검사를 철저하게 행하고 있다. 만일 축중의 좌우 불균형(unbalance)이 10% 이내에 들지 않으면 주행하지 못하도록 정비체제를 갖추고 있다.

왜 이런 엄격한 정비체제를 갖추고 있는 걸까. 독자 여러분도 기억하고 있을 텐데 2000년, 도쿄의 나카메구로(中目黑)역 부근에서 지하철 히비야(日比谷)선(線)이 탈선사고를 일으켰다. 사고의 요인 중 하나는 차량의 축중 불균형이라고 생각된다. 전차(電車)의 차량이라는 것은 원래 축중이 좌우로 정확하게 균형이 맞도록 설계되어 있다. 그런데 기기(機器) 등의 관계로 축중이 언밸런스 되어 있는 경우가 있다. 사고를 일으킨 히비야선(線)의 차량은, 이 언밸런스가 하나의 요인이 되어 레일에 올라앉아 탈선, 마주오던 차량과 충돌한 것이다.

사고가 일어난 지 한참 후에 필자는 어느 철도인과 얘기할 기회가 있었다. 그런데 이 사람은「매우 유감스럽다」고 말하는 것이다. 다른 회사의 사람인데 무엇이 유감이라는 걸까. 사실 이 사람은 히비야선 사고가 나기 10년 이상 전부터 축중 언밸런스의 위험성을 지적하고 다른 철도회사로 전직(轉職)해 있었던 것이다. 당시에 이 사람은 새 차량의 도입에 맞춰 신형 차대(車臺)의 시험을 충분히 했다고 생각하고 있었으나, 영업운전 개시 후에 탈선이 일어났다. 현장은 역시 S커브 구간이었다고 한다. 역을 발차한 전차가 레일에 올라타 탈선하여 폼에 부딪친 것이다. 잘 조사해보니 비슷한 메커니즘의 탈선이 다른 데서도 일어난 것을 알 수 있었다. 그래서 이 철도회사는 탈선요인이 되는 요소를 철저하게 배제하기로 하여 차대, 차륜을 개량하고 곡선에는 탈선방지 가드를 설치한 외에 축중의 언밸런스를 철저하게 고치는 정비체제를 구축하였다. 이후 유사 탈선은 1건도 일어나지 않고 있다.

또한 이 철도회사는 다른 철도회사에 자기들의 대처를 알려줬다고 한다. 정비공장에 동업자가 견학하러 방문했을 때도 설명을 계속했다. 그러나 이 탈선에서는 다행히 다친 사람이 나오지 않았기도 해서 아무도 귀를 기울이지 않았고, 그러는 중에 히비야선에서 사고가 일어나 희생자가 나오고 말았다.

「선생님, 세상을 향하여 확실하게 얘기해 주지 않겠습니까」라고 그 사람은 필자에게 말하는 것이다. 실패지식에서 고립되어 있는 데서 사고가 일어나 사람이 죽는다는 것을 이 사람은 알고 있는 것이다. 그것이 너무나 억울하고 죄스러운 일로 생각하여 필자가 있는 곳에 와주었던 것이다. 그게 인연이 되어 필자는 이 철도회사의 정비공장을 견학하게 되었다. 그리고 실제로 축중이 언밸런스한 차량의 현물도 볼 수 있었다. 그 언밸런스를 철저하게 고치고 있는 모습도 보았다. 현장의 정비사들과도 얘기하고 왔다.

검찰이나 경찰은 사고를 형사사건으로 취급하여 관계자의 책임을 추궁하는 방향으로 움직인다. 그러나 기술자는, 남의 지식일지라도「현지・현물・현지」에 따라 자기에게 받아들여 겸허하고 감도 좋은 활동을 하지 않으면 안 된다. 그렇게 하지 않는 한 사고는 반드시 또 일어나는 것이다.

첨기

실패나 사고에서 정말로 배우기 위해서는, 제2장에서도 말했지만「동태보존(動態保存)」을 하는 수밖에 없다. 실제로 사고를 일으킨 물건을, 적어도 30년은 동태보존을 하고 기술자가 언제라도 배울 수 있는 상태로 해놓지 않으면 안 된다. 필자는 기업의 책임자로부터 상담요청을 받는 일이 많았는데 그 때는 반드시 동태보존을 실행하도록 강하게 권하고 있다. 그리고 최근 들어서 점차 그것을 실제로 실행하는 기업이 나오고 있다. 예를 들면, 산와(三和)타지마는 롯본기(六本木)힐스에서 사고를 일으킨 자동 회전문을 동태보존하는 시설을 만들었다. 니혼(日本)항공은 오소타카(御巣鷹)산 사고로 추락한 기체(機體)가 일부를 보존 전시하는「안전계발센터」를 개설했다. 어느 곳이나 기술자만이 아니라 일반인도 견학할 수 있다. 다만, 미리 견학신청을 미리 할 필요가 있음은 물론이다. 본서의 독자 여러분은 꼭 실제로 보러 가기 바란다.

5.2 암묵지를 표출하고 공유하라

2003년은 일본 각지에서 여러 가지의 화재사고가 일어난 해이다. 미에(三重)현에서는 쓰레기 고형연료 발전소의 고형연료 탱크가 폭발, 나고야(名古屋)시에서는 엑손모빌의 가솔린 탱크가 폭발, 도카이(東海)시에서는 신니테쯔(新日鐵)의 코크스가스 탱크가 폭발, 구로이소(黑磯)시에서는 브릿지스톤의 타이어 공장이 전소(全燒), 도마코마이(苫小牧)시에서는 이데미쓰(出光)정유소의 석유 탱크가 불탔다.

왜 그런 사고가 연달아 일어날까. 그것은, **현장의 사람들이 암묵지를 공유할 수 없게 되어 있기 때문이다.** 예를 들어 탱크 화재를 생각해보자. 여기서 [그림 5.2]를 보기 바란다. 이것은 탱크를 설계하는 사람, 탱크를 취급하는 사람이라면 누구라도 갖고 있는 암묵지를 나타낸 것이다.

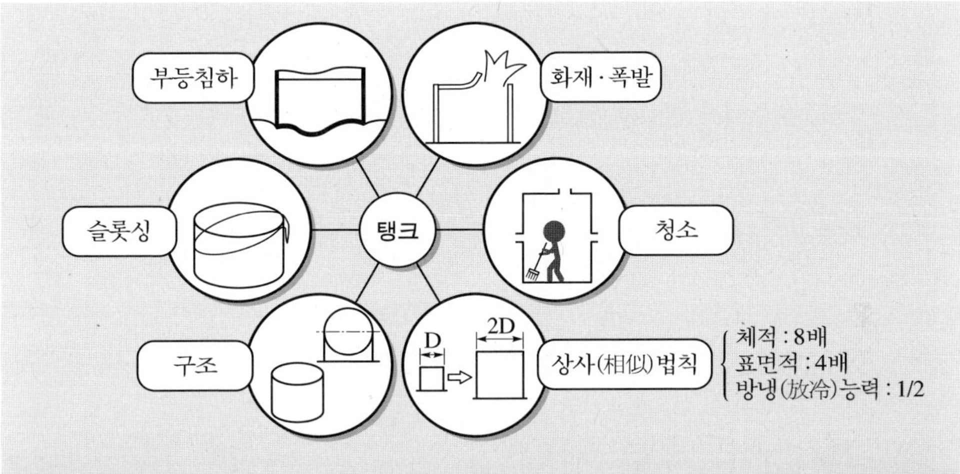

[그림 5.2] 관계자라면 누구라고 갖고 있는 암묵지 : 탱크는 탱크

탱크실의 암묵지로는 먼저 「구조」가 있다. 탱크의 구조로는 크게 나누어 원통형과 구형이 있다. 다음으로 「슬로싱」이 있다. 지진의 흔들림에 탱크의 내용물이 공진(共振)하여 출렁출렁하고 움직이는 것을 슬로싱(sloshing)이라 한다. 도마코마이의 탱크 화재에서는 직전에 발생한 도카치오키(十勝沖)지진이 슬로싱의 원인이 되었다.

첨기

미쓰흥산(興産)의 사장이 「그것은 몰랐다」고 말해 세상의 분노를 샀으므로 기억하고 있는 독자도 있을 것이다. 그렇다. 분명히 「몰랐다」로는 통하지 않는다. 왜냐하면 그 30년 전의 니가타(新瀉) 지진에서도 슬로싱으로 대화재가 일어난 것이기 때문이다. 「같은 석유실인데 "몰랐다"는 아닐 것이다」라는 것이다.

또, 「부등침하」라는 암묵지도 있다. 이것은 지반(地盤)에 문제가 있으면 탱크가 움푹 꺼져버리는 그런 현상이다. (토목계의 전문용어로는 「부동(不同)침하」라고 쓴다는데 필자는 「부등(不等)침하」가 바르다고 생각하므로 「부등침하」로 쓰기로 한다.) 한편, 「화재・폭발」이라는 암묵지도 있다. 탱크 화재는 대개의 경우 탱크 모서리 부분부터 일어난다. 모서리 부분은 가장 응력이 집중되어 약해지기 때문이다. 또한 「청소」라는 암묵지가 있다. 탱크 안에서 사람이 죽는 것은 언제나 청소 시로 정해져 있다. 같은 사고가 끊이지 않는 것은 이 암묵지가 공유되어 있지 않기 때문이다.

그런데 암묵지 중에는 그것을 공유하고 있지 않으면 특히 중대한 사고가 되는 것이 있다. 탱크실의 암묵지에서는 「상사법칙」이 거기에 해당된다. 「상사법칙」이란 「탱크 직경을 N배로 하면 방냉능력은 1/N이 된다」는 것이다. 이것은, 모르면 매우 무서운 일이 되므로 실례(實例)를 들어 좀더 자세하게 설명해보자.

미에현의 쓰레기 발전소 화재가 있었던 시점에 일본 내에는 전부 130개의 고형연료 탱크가 있었다. 그 중 70기 이상에서 같은 트러블이 일어났다고 한다. 이것의 무엇이 이상한가 하면 수가 많은 것이 이상한 게 아니라 이런 탱크를 만드는 자체가 이상하다는 것이다. 이 탱크는 외부에서밖에 냉각시키지 못하게 만들어져 있었다. 만일에 같은 고형연료 탱크를 만들고자 한다면 탱크 내에서 제열(除熱), 방열(放熱)시킬 수 있는 것을 제작했어야 한다는 것이다.

왜 그럴까. 예를 들어 직경 1m짜리 고형연료 탱크를 만들었다고 하자. 열은 표면으로밖에는 방출시키지 못하는 것으로 한다. 탱크 안에서는 산화반응이 일어나 끊임없이 발열(發熱)하고 있다. 이 탱크를 어떻게 냉각시킬까. 이 정도 크기라면 자연 방냉(放冷)으로는 식히지 못할 것이다. 그런데 탱크 직경을 10배로 하여 10m짜리로 만들었다면 어떻게 될까. 여기서 「상사법칙(相似法則)」이 유효한 것이다. 발열하는 체적은 1000배로 되는데 냉각에 쓰이는 표면적은 100배로 밖에 늘지 않으므로 이 탱크의 방냉능력은 1/10까지 떨어진다. 결국 물을 퍼붓는 것 같은 뭔가를 해도 결코 식힐 수 없는 것이다.

미에현 사고에서는 어찌해도 방법이 없다고 판단하여 나 참, 탱크에 구멍을 내어 밖에서 물을 퍼부었다. 이렇게 해서 무슨 일이 일어났나. 수성(水性)가스가 발생하여 대폭발을 일으킨 것이다. 800℃ 이상으로 과열된 탄소에 물을 부으면 수성가스가 발생한다. 부어진 물이 산소와 수소로 분해되기 때문이다. 수성가스는 대단한 인화성(引火性)을 갖고 있어서 열에 닿으면 금세 날아간다. 그 정도로 위험한 물질이다. 이것은 현장 사람이라면 최소한의 지식, 그야말로 암묵지로 갖고 있어야 할 지식이다. 그런데 그런 줄도 모르고 「탱크에 구멍을 내어 물을 퍼부어라」고 지시를 내려 소방사가 2명 날아가 사망한 것이다.

첨기

이 반응은 「수성반응(水性反應)」으로 불리는 것으로서, 방화(防火)나 소화(消火)에 종사하는 사람이라면 누구나 교육을 받아서 알고 있는 내용이다. 그리고 예전 사람들은 코크스에 물을 가해 가스를 만들어서 사용하고 있었다. 이 반응현상을 잘 알아 거꾸로 이용하고 있었던 것이다.

왜 이런 일이 일어나는 걸까. 그것은, 탱크를 취급하는 사람이 「탱크는 다 똑같다」고 생각하고 있었기 때문이다. 요는, 「내용물이 기체이든지 액체이든지 고체이든지 탱크는 탱크, 취급방법은 다 똑같다」고 생각하고 있었던 것이다. 그런데 고체가 들어있는 탱크는 이미 달라져 있는 것이다. 만일 내용물이 기체나 액체라면 안에서 열이 발생해도 대류(對流)가 일어나 표면으로부터 열이 발산되므로 탱크는 바로 식어갈 것이다. 그런데 내용물이 고체일 때는 유동(流動)하지 않으므로 대류가 일어나지 않는다. 그렇기 때문에 기체나 액체의 경우와 같은 표면으로부터의 방냉 메커니즘이 작용하지 않는 것이다. 따라서 만일 「고체 탱크」를 설계하여 만들고자 한다면 방냉에 관해서는 별도의 연구가 더 필요한 것이다.

첨기

이 사고에 또 하나의 숨겨진 요인이 있다. 그것은 「명명(命名, 명칭 붙이기)」의 문제이다. 고형물이 들어 있었는데 「탱크」라는 이름을 사용했기 때문에 내용물을 모르는 · 생각하지 않는 사람은 내용물로 쉽게 액체나 기체를 연상한 것이다. 그리고 이들 유체(流体)는 비중차로 인해 대류가 일어나므로 밖에서 냉각시키는데 이것은 고체이기 때문에 그런 속성이 이용될 수 없었던 것이다. 이와 같은 고체 저장조(貯藏曹)에 「탱크」라는 명칭을 붙인 것이 애초의 빌미였던 것이다. 그럼 뭐라고 이름을 붙이면 좋았을까. 그「호퍼」라든다「저장조」라고 했으면 좋았을 것이다. 그랬다면 대류에 의한 표면냉각을 쉽게 연상하는 일은 없었을 것이다.「아, 무서운 이름표」인 것이다.

세상이「환경, 환경」하고 떠들어대니까 정확한 암묵지를 갖지 않은 채 메이커는 이런 물건을 만들어 예사로 판매한다. 발주(發注) 측인 지자체(地自体)도 물건의 위험성을 모르는 채, 아무런 근거도 없이 좋은 물건이라고 생각하고 구입한다. 누구나 생각 없이 물건을 만들고, 누구나 생각 없이 물건을 쓴다. 그래서 사람이 죽는 것이다. 너무나 어리석은 일이 아닌가.

이전에 필자는 그 메이커 중 한 군데에 가서 현장 사람들과 얘기를 나눈 적이 있다. 현장 사람들은,「선생님, 정말로 죄송합니다만 우리는 그걸 모르고 그런 것을 만들고 있었습니다. 선생님이 말씀하시는 "상사법칙(相似法則)"을 암묵지로 갖고 있어야 한다는 것, 저희는 그렇게 생각합니다. 그러나 새로운 기술이 움직여 갈 때 저희는 불분명하여 여기까지는 생각하지 못하고 있었던 겁니다」라고 정확한 내용을 얘기해 주었다.

일본에서는 지금, 어느 현장에서도 암묵지가 공유될 수 없게 되어 있다. 이 상황에 대처하려면 우선은 어쨌거나 암묵지를 눈에 보이는 형태로 표출시키는 수밖에 없다. 암묵지를 갖고 있는 사람이 전혀 없다는 것이 아니다. 반드시 있다. 그러나 그것을 표출하지 않기 때문에, 본래는 갖고 있는 것이 당연한 암묵지를 지니지 못한 사람이 늘고 있다. 표출되지 않기 때문에 공유하지 못한다는 상황이 사실로 존재하는 것이다. 따라서 필자는 진정으로「암묵지를 표출하고 공유하라」고 말하고 싶은 것이다.

첨기

「고체가 얽힌 일에는 복마전이 있을 것」이라고 생각해 두는 것이 좋다. 이와 같이 실패지식을 각 개별 차원에 머무르게 하는 것이 아니라 한 단계 위의 상위개념에까지 높여놓는 것이 중요하다. 그렇게 하지 않으면 대처할 수 없게 되는 것이다. 단일 실패담으로는 아무것도 흡수할 수 없어 살아날 수 없다. 진정한 지식화가 필요한 것이다.

5.3 우직하게, 고지식하게 실행하라

"고체는 무서운 것 같다"는 말을 했는데 그에 못지않게 "분체(粉體)도 무서운 것 같다"는 말도 해두겠다. 이 말은 암묵지의 공유와 함께 우직하게, 고지식하게 실행함의 중요성을 공부하고자 하는 예(例)이다.

「공장」이라는 것을 볼 때 경제학자는 "원재료를 넣으면 제품이 나오는 것"으로 보고 있다. 확실히 이런 견지는 중요하다. 그러나 기술자마저 그런 견지를 가지면 안 된다.

여기서 [그림 5.3]을 보기 바란다. 이것은 기술자가 갖고 있어야 할 공장 구성에 관한 이미지이다. 기술자는 경제학자들과는 다른 관점에서 본다. 원재료에서 제품으로 흐르는 선에 직교(直交)하여 또 하나의 다른 선이 있는 것이 공장이라는 견지를 갖는 것이다. 어떤 것일까. 우선 한 줄의 「공급계(供給系)」를 통해 들어온 전력이나 물 등이 공장 안에서 뻗어나간다. 그 뻗어나간 공급물질을 토대로 제품의 생산이 이루어지면 배수(排水)나 배기(排氣) 등이 한 줄의 「배출계(排出系)」를 통해 밖으로 나간다. 말하자면 기술자는 이런 모델을 머릿속에 가지고 있어야 하는 것이다.

그런데 이와 같은 이미지가 머릿속에 가상으로 갖고 또, 그런 공장이 잘못되는 경우란 어떤 때일까. 어떤 위험한 일이 일어나게 될까. 기술자로서는 그런 이미지도 가져 둘 필요가 있다.

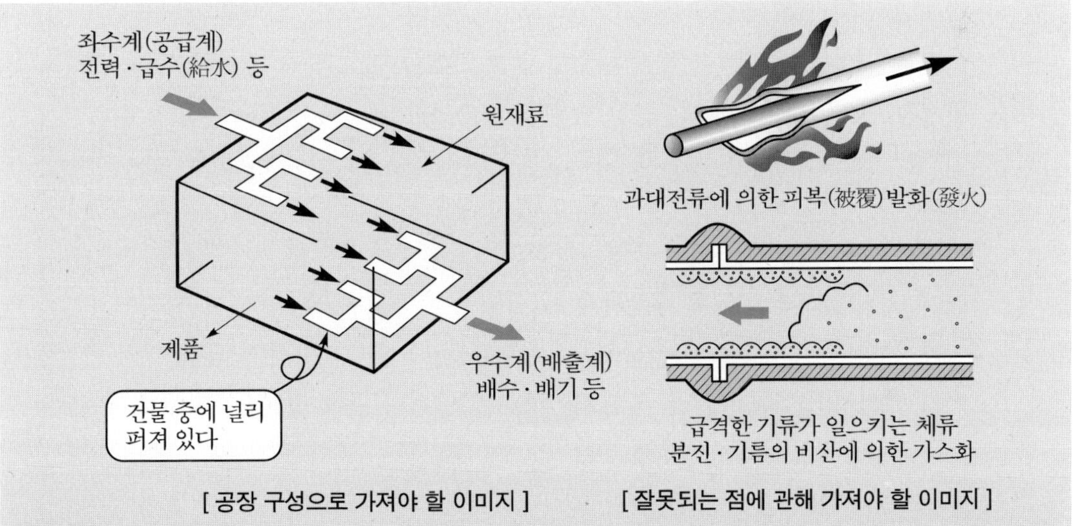

[그림 5.3] 공장 화재의 암묵지 예 : 기술자가 공장에 관해 미리 갖고 있어야 할 이미지

첨기

공급계 쪽을 「좌수계(左手系)」, 배출계 쪽을 「우수계(右手系)」로 부르고 있다. 공급과 배출을 사람의 양 손의 아날로지(analogy)로 표현하고 있는 것이다. 이것은 다음 절에서 설명하는 「역연산사고(逆演算思考)」로 공장을 생각할 때 부르는 방식이다. 역연산사고는 매우 중요한 사고방식으로서, 공장을 어떻게 구축할까를 생각할 때는 불가결한 것이다. 역연산사고에 관해서는 바로 뒤 5.4절에서 자세히 설명한다.

공장에는 항시 일어나고 있는 미세한 잘못됨이 많이 있다. 예를 들어 공급계에서 보면 과대전류에 의한 피복(被覆)의 발화(發火)와 접합단자 부근에서의 불꽃이 그것이다. 접속부분의 과열에 의한 발화 등은 일상적인 일이다. 한편 배출계에서 보면 배출관에 유해물질이 모르는 사이에 유출(流出)되는 일과, 덕트(duct)안에 분진(粉塵)이나 기름이 쌓이는 일이 잘 일어난다. 그런데 그 중에서도 "접합단자 부근에서의 불꽃"과 "덕트 내의 분진"이 결탁되면 무슨 일이 벌어질까. 「분진폭발」이다.

덕트에 쌓여있는 미세한 분진에 불이 붙으면 거기서 소폭발(小爆發)이 일어나고 부착되어 있던 분진이 말려 올라간다. 그러면 그 말려 올라간 분진에 의해 덕트 내의 배기(排氣)가 가연성 가스와 같은 상태가 된다. 그리고 처음의 작은 폭발이 순식간에 전체로 퍼져 배기계(排氣系)가 순식간에 날아가 버리는 것이다. 이것을 분진폭발이라고 한다. 1963년에 일어난 미쓰이(三井) 미이케(三池)탄광의 폭발사고가 정확하게 이 분진폭발에 의한 것이었다.

기술자는 「공장에서는 분진폭발이 제일 위험하다」는 것을 염두에 두고 있지 않으면 안 된다. 그런데 「분진폭발이 위험하다」는 것이 머릿속에 있고서 분진폭발을 미연에 방지하려면 어떻게 하면 좋을까. 우직하게 관리(maintenance)를 하는 것 외에는 없다.

덕트의 외부는 많은 경우 단열재로 싸여 있어 내부 상태를 볼 수 없게 되어있다. 그런데 덕트의 내부를 항시 깨끗하게 해두지 않으면 언젠가는 분진폭발이 일어나는 것이다. 실제로 공장장인 사람들에게 「덕트 화재나 분진폭발이 일어난 적이 없는가?」라고 은밀히 물어보면 모두 반드시 「화재를 일으킨 적이 있다」고 말한다.

참기

「그래서 어떻게 했는가?」라고 물어보면 「아무도 다치지 않았고, 공장에도 아무 일 없었기 때문에 수리만 확실히 하는 것으로 끝냈다」고, 역시 은밀하게 알려주었다. 그럼 됐지 않느냐고 생각할지 모르나, 좋다는 것도 나쁘다는 것도 아니라 현실이 그렇게 되어 있다는 것이다.

그런데 최근 들어 이러쿵저러쿵 하지 않고 덕트를 항시 깨끗하게 하는 사람이 나왔다. 기쁘게도 「선생님의 이야기를 듣는 중에 우직하게 하고 싶어졌다」고 말하는 것이다. 어느 자동차 부품 공장에 견학을 갔을 때 덕트를 봤더니 웬걸, 모든 덕트에 점검구(點檢口)가 설치되어 있었다. 「멋지네요. 당신네 공장은 점검구가 설치되어 있군요」라고 공장장에게 말하자 「선생님이 신문에 쓰셨던 것을 읽고 나서 해두자고 생각했습니다」라는 것이었다. 「한 군데에 얼마나 들었소?」라고 물었더니 5만 엔씩 들었다고 한다. 덕트의 굽은 모서리의 제일 아래까지 점검구가 설치되어 있었다.

이와 같이 매우 고지식하게, 우직하게 실행하는 사람들이 나온 것이다. 이런 착실하고 감도 좋은 노력이 사고(事故)를 막는 것이다.

5.4 역연산사고(逆演算思考)의 필요성

그런데 지금 얘기한 「덕트를 언제나 깨끗하게 한다」는 노력은 실은 이제부터 설명하는, 역연산사고의 실천 예(例) 바로 그것이다. 처음에 분진폭발이라는 최악의 사고(事故)를 상정하고, 그것을 막기 위해 우선 공장의 종단부분(終端部分)인 배출계에 착안하는, 즉 대책을 역으로 생각하는 것이다. 이 역연산사고는 기술세계에 살아가는 사람에게는 필수 사고방식이다.

통상 일을 진행할 때는 먼저 목표를 정하고 그것을 실현시키려면 저것도 있고 이것도 필요하다는 것을, 있는 힘껏 치밀하게 생각해 내어 순서대로 실행해가게 된다. 이런 사고방식을 「순연산사고」라고 한다. 그러나 순연산사고(順演算思考)에는 반드시 생각누락이 발생한다. 즉, 「상정누락(想定漏落)」이다.

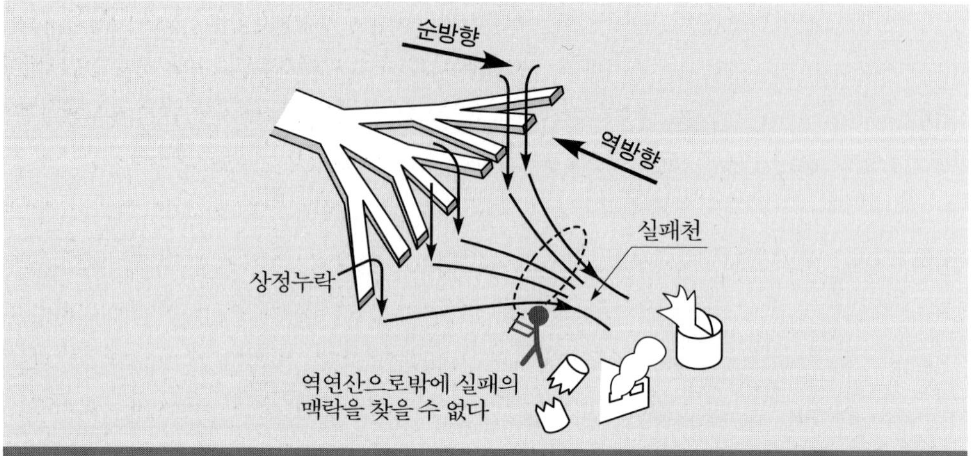

[그림 5.4] 역연산사고의 필요성

여기서 [그림 5.4]를 보기 바란다. 순연산사고로 생각해가면 상정누수(想定漏水)가, 잘 되어가도록 상정한 세밀한 사항의 사이를 빠져나와 점점 아래로 흘러넘쳐 상정누락수로 모여 머지않아「실패천(失敗川)」이 된다. 이「실패천」이라는 것은 순연산으로 생각하고 있는 한은 보이지 않는 것이다. 보통의 사람은 잘 되어가는 방법을 순서대로 생각하려고 한다. 그러나 그런 사고방식으로는「실패천」은 영구히 보이지 않는다. 따라서 언제까지라도 상정누락이 나와 실패를 하는 것이다.

그런데 그 하천변에「실패귀신」이라는 파수꾼이 서있다.「실패귀신」은 흘러오는 상정누락수를 언제나 노려보고 있다. 그리고 이 귀신은 때때로「실패천」이 흐르고 있는 것을 우리에게「대사고(大事故)」라는 형태로 언뜻 보여주는 것이다. 다만, 언제 보여줄지는 모두 귀신의 기분에 달려있다.

첨기

귀신의 기분이 나빠지는 빈도는 우리가 알고 있다. 3/1000, 즉「천에 삼」이다. 귀신은 1000회 중 997회는 너그러이 봐줘서 상정누락을 눈감아준다. 그러나 이따금 기분이 나쁜 3회에 이르면 갑자기 쇠몽둥이 철퇴를 가하는 것이다.

그러나 대사고가 일어나지 않으면 보이지 않는다는 것은 인간으로서는 견딜 수 없는 일이다. 그렇다면 몸이 몇 개라도 모자란다. 그럼 어떻게 하면 좋을까. 어떻게 하면「실패천」을 볼 수 있을까.

여기서 [그림 5.5]를 보기 바란다. 역연산사고가 필요하게 되는 것이다. 「실패천」이란 다른 말로 하면 실패의 맥락이다. 그 「실패의 맥락」을 찾아내는 데는 역연산사고로 생각하는 수밖에는 없는 것이다.

첨기

독자 여러분은 3.3절에서 「사고연산」이라는 말이 나온 것을 기억할 것이다. 사고연산 중에는 「교환 · 역전」이라는 방법이 있었다. 여기서도 그 방법이 들어맞는 것이다. "눌러서 안 되면 당겨 보라"는 속담도 있을 것이다. 그와 같다.

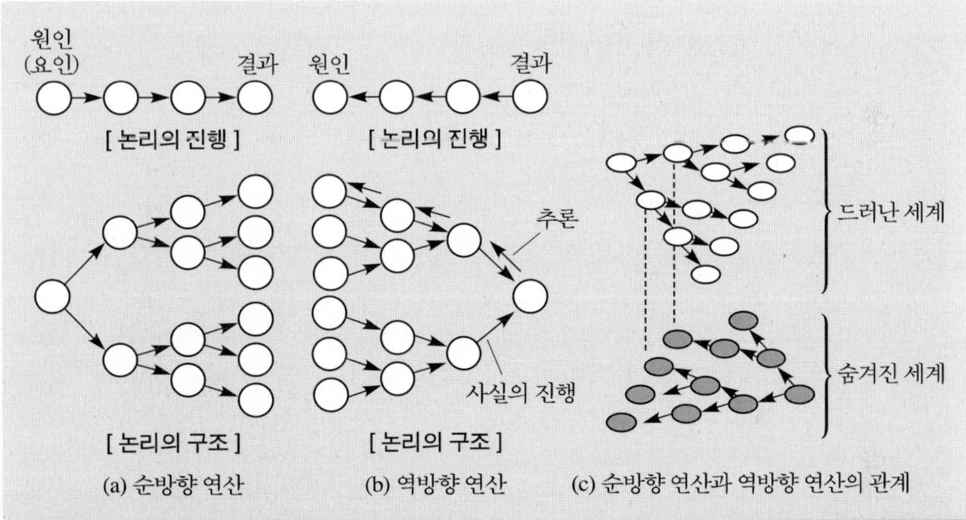

[그림 5.5] 실패원인 규명과 실패 방지에 불가결한 역연산

말하자면, 「잘 되어가는」 것이 아니라 그것과는 정반대인 「잘못되는」 것을 생각하지 않으면 안 된다는 것이다. 「잘못 된다면 그 앞은 이렇게 됐을 것이고, 그 앞의 앞은 이렇게 됐을 것이고, 또 그 앞은 이렇게 됐을 것이고, ……」라는 식으로 모든 것을 뒤에서부터 생각한다. 그렇게 생각하지 않는 한 실패의 맥락은 절대 보이지 않는 것이다.

단지 순방향이 안 된다고 말하는 것은 아니다. 순역 쌍방향으로 생각하게 됐을 때 사물은 비로소 제대로 진행되어간다는 것이다. 순연산과 역연산은 마치 드러난 세계와 숨겨진 세계, 표리일체(表裏一体)인 것이다. 겉만으로 잘 되지 않고, 속만으로도 안 된다. 예를 들어 사람의 양손 아날로지로 생각해보자. 왼손이 순연산, 오른손이 역연산이다. 양손의 손가락이 단단히 붙어 있어서 손을 잡을 수 있으면 어디에도 상정 누락이 없는 완전한 사고(思考)가 되는 것이다.

필자는 전에 국토교통성의 의뢰로 리콜의 원인조사분석위원회 위원장을 맡았다. 그리고 비밀엄수의무의 약속을 하고 여러 회사의 생산현장을 볼 수 있었다. 그 중에서도 자동차외사의 현장은 매우 흥미로웠다. 일본의 자동차회사는 자기들의 경험 속에서 역연산의 중요성에 가장 먼저 눈을 떠서 그것을 실제로 실행하고 있었던 것이다. 설계자, 품질보증 담당자, 판매자, 현장의 반장 등 각 사람이 「화재가 일어난다면」, 「날아가게 된다면」, 「호스가 끊어진다면」, 「전선이 못쓰게 된다면」 등의 것을 자기의 과제로 생각하고 있다. 그와 같이 자기들이 만드는 제품의 설계나 공정에 관한 트러블을 보고 있는 사람이 있다. 그리고 최종적으로 그 한 사람 한 사람이 있는 데서 다양한 실패지식이 전부 집적되어 가는 구성이 되어 있는 것이다. 이것이 일본의 자동차 메이커가 강한 첫 번째 이유라고 필자는 생각하고 있다.

첨기

그런 구성을 「디자인 리뷰(DR)」라고 한다. DR이라는 시스템은 그 사람이 예스라고 말하지 않는 한 생산에는 붙이지 않는다. 일본의 자동차회사는 어디나 DR을 실행하여 과거 30년의 여러 트러블 대응을 제품에 반영시키고 있다. 말하자면 과거 30년분의 지식을 집약한 필터를 통해 제품이 만들어지고 있는 까닭에 좋은 물건이 되도록 정해져 있는 것이다. 중요한 것은, 이런 것을 실행하고 있는 산업은 잘 될 뿐만 아니라 강하다는 것이다. 기계 메이커 중에는 이렇게까지 철저하게 실행하고 있는 데는 아직 없다.

5.5 아웃풋형 학습

그럼 이제부터 일본의 산업이 정말로 강해지기 위해서는 무엇이 필요한 것일까, 그런 얘기를 하고자 한다. 먼저 필요한 것은 머릿속이 아웃풋형으로 되어 있는 사람이다.

여기서 [그림 5.6]을 보기 바란다. 이것은 현재 바라고 있는 머릿속의 움직임을 나타낸 그림이다. 「어느 사람은 머리가 좋다」, 「어느 사람은 사물을 잘 알고 있다」고 말할 때, 종래의 일본에서는 외부지식이 많이 머리에 들어 있는 사람, 머릿속의 메모리가 큰 사람을 가리키고 있었다. 그러나 지금의 일본에서 바라고 있는 것은 그런 사람이 아니다. 머릿속 메모리로부터 필요한 것을 금방 끄집어내 자기 머리의 CPU(중앙연산장치)로 연산을 하고 스스로 행동을 하여 그 결과가 자기가 가정한 것에 들어맞는지 어떤지를 검증할 수 있는 사람이다. 다시 말하면 그런 활동이 가능한 사고회로(思考回路)를 자신이 스스로 만드는 사람이다.

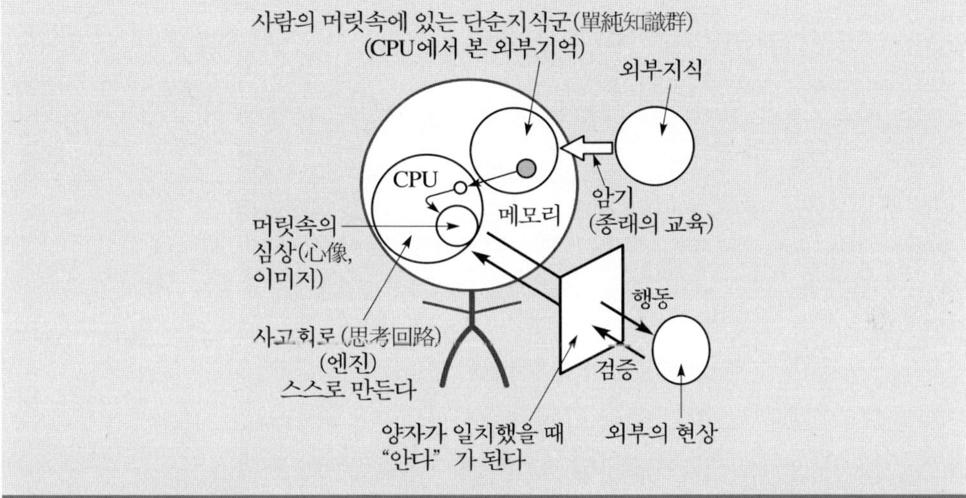

[그림 5.6] 아웃풋형 학습에 있어서 행동의 필요성

참기

도쿄대 이과(理科) I 류로 입학한 사람의 1할이 졸업까지 가지 못하게 된다. 이과 I 류라고 하는 것은 주로 공학부로 진학하는 곳인데 입학 시에는 1000명이었던 학생이 졸업 시에는 900명이 되는 것이다. 이의가 있을지 모르나 실제로 도쿄대에서 교육에 참여하고 있던 필자의 눈에서 보면, 참으로 외부지식 격납형(格納型) 인간이 없어지는 비율이 높아지는 것으로 보인다. 거꾸로, 외부지식의 격납은 적당하나 스스로 아등바등하며 하는 사람은 끈질기게 살아남아 늘어나고 있는 것 같다. 특히 대학원에 진학하여 스스로 뭔가를 하는 단계가 되면 정말 좋은 일을 한다. 스스로 자기 머릿속에 사고(思考)엔진을 만들기 때문이다.

이런 사람을 육성하기 위해서는 **아웃풋형의 학습**이 필요하다. 아웃풋형의 학습이란, 자기로부터 꺼내어 놓고 자기 생각을 사람들에게 부딪치게 해서 사물을 생각하는 사고회로(思考回路)를 머릿속에 맞들어가도록 하는 학습방법이다. 이것은 철저하게 가르쳐 주입시키는 식의 종래 학습방법과는 전혀 다른 것이다.

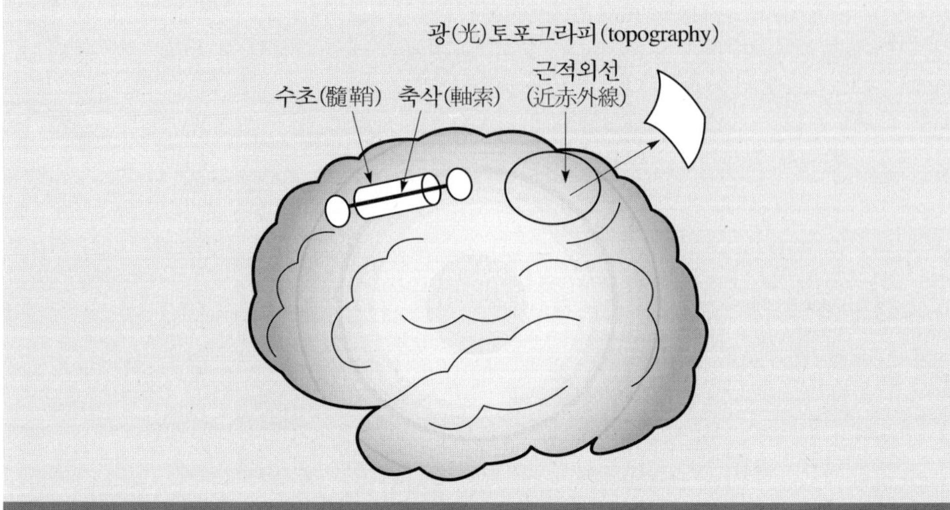

[그림 5.7] 뇌활동의 직접관찰 : 잘 사용하면 두 자릿수나 빨라지는 신호전달

사람이 그 무엇이 궁금하여 머리를 열심히 사용하면, 머릿속에는 필자의 말로 하면 「알기 위한 신경회로」가 만들어져 간다. 그런 신경회로는 전류가 흐르는 것처럼 움직인다. 여기서 [그림 5.7]을 보기 바란다. 그 전류가 전해지는 곳을 축삭(軸索 ; 신경돌기)이라 하고, 그것을 둘러싼 절연층(絶緣層)을 수초(髓鞘 ; 미엘린)라고 한다. 아웃풋형 학습을 하면 그 전달경로가 점차 커진다. 그와 동시에 전류가 흐르는 방식이 점점 고속이 된다. 빠를 때는 약 200배가 된다는 것이 실측(實測)되고 있다. 즉, 뇌가 활성화된다는 것이다.

이와 같이 「스스로 생각한다」고 하는 아웃풋형의 학습방법을 적극적으로 도입함으로써 뇌가 활성화하여 매우 빠르고 적확(的確)한 사고가 가능해진다. 그런 사람이 지금 일본에는 필요한 것이다. 아웃풋형 학습은 제3장에서 설명한 「직관(直觀)」의 획득에도 관계된다. 뇌과학(腦科學)으로 보강된 아웃풋형의 학습방법을 꼭 받아들여야 한다.

[참고문헌] 고이즈미(小泉英明) : 뇌과학과 교육, 문부과학성 과학기술 정책연구소, 2002

참기

뇌의 활성화는 「광토포그라피」라는 장치로 직접 관찰할 수 있다. 히다치제작소의 고이즈미씨에 의하면, 뇌에 근적외선을 쪼여 그 반사를 보고 있으면 뇌 속의 온도가 어느 정도 높아져 있는지를 알 수 있다고 한다. 광토포그라피(光topography)로는 그 온도를 가지고 머리가 어느 곳만을 활발하게 사용하고 있는지를 순간적으로 계측하는 것이다. 단, 필자의 경우에는 장치가 필요 없다. 필자는 집중하여 생각하면 머리가 맹렬히 뜨거워져 오는 것이다. 따라서 손으로 머리를 만지는 것만으로 뇌의 온도가 높아진 것을 알 수 있다. 그리고 또 하나, 머리를 쓰면 머리가 맹렬하게 단 것을 요구하는 것이다. 케이크를 하나 먹으면 머리가 활성화하는 것도 사실이다. 초콜릿 또한 좋다.

5.6 개인의 독립

그런데 「스스로 생각하는」 데는 개인의 독립이 대전제이다. 일본 사회는 "합을 귀하게 여긴다"를 미덕으로 하여 집단을 중요하게 생각한다. 분명히 집단은 중요하다. 그러나 집단만을 우선하게 되면 개인이 생각하지 않게 되고 개인이 판단을 하지 않게 되어 오히려 집단의 힘을 잃게 된다. 중요한 것은 우선 개인의 독립을 확립한 위에 집단으로 공유하는 것이다.

첨기

단, 개인은 독립한 그대로이면 안 된다. 확실하게 개인의 독립을 확립하면 그 다음은 집단으로 생각하여 행동하는 것이 꼭 필요하다. 그렇게 하지 않으면 그저 "개인의 고립"이 일어난다. "개인의 고립"은 극히 폐쇄적이고 소통이 나쁜 인간집단을 만든다. 그런 집단으로부터는 절대로 창조는 나오지 않는 것이다.

그런데 먼저 자기 머리만으로 생각하여 사물의 전체상을 만들어내면 머릿속에는 생각의 경로가 만들어진다. 이것은 앞에서 설명한 뇌의 신경회로와 같은 것이다. 사람의 머리는 한 번 「생각의 경로」가 만들어지면 생각하는 대상물이 없어져도 경로만은 남는다. 여기서 [그림 5.8]을 보기 바란다. 이렇게 열심히 생각을 짜내어 만든 「생각의 경로」는 전차의 레일에 비유할 수 있다. 이 레일은 다른 사람이 가지고 온 새로운 차량(과제, 생각씨앗)도, 자기가 찾아낸 다른 차량(과제, 생각씨앗)도, 무엇이나 달릴 수 있다. 게다가 초고속으로 달릴 수 있는 것이다.

스스로 생각하여 전체를 만들어낸다는 생각의 경로가 생성된다. 한 번 경로가 이루어지면 어떤 차량도 고속으로 달릴 수 있다.

(a) 개인으로 생각한다

각각의 사람 머릿속의 선로에 다른 사람이 제공한 차량이 동시에 달리고 있는 상태가 된다. 이것이 진정한 공유이다.

(b) 집단으로 공유한다

[그림 5.8] 사고(思考)의 경로(經路)와 공유(共有)

그런데 여기서 중요한 것은 이 「생각의 경로(레일)」가 자기 머리에서만 끝나지 않게 하는 것이다. 자기 머리로 만들고 나서 이번에는 그것을 집단으로 공유하는 것이 중요한 것이다. 개인이 각각 만든 「생각의 경로」는 각인각양, 모두 다른 것이다. 그러나 레일이 두 줄 있고, 침목으로 연결되게 한다는 점에서는 어디도 변하지 않는다. 각인이 각인 나름으로 어떤 차량이 와도 초고속으로 달릴 수 있게 한다는 것이다.

말하자면, 한 번 스스로 「생각의 경로」를 만든 사람들이 모이면 무엇이라도 초고속으로 달릴 수 있게 하는 머리를 가진 대단한 집단이 된다는 말이다. 이것이 「진정한 공유」인 것이다. 가르치거나, 깨닫거나, 모두 열심히 공부하거나, 모두 함께 하거나 하는 그런 미지근한 방식으로는 절대로 이런 강한 집단은 될 수 없다. 그래서 먼저 개인이 생각하고, 그리고 집단으로 공유하는 것이 중요한 것이다.

첨기

제3장의 앞부분에서는 필자가 도쿄대에서 행하고 있던 "산업실습"이라는 강의를 소개했다. 이 강의는 바로 이상(以上)의 것을 목표로 하여 실행하고 있었던 것이다. 이제부터는 학교교육만이 아니라 회사에서의 교육이나 연수도 이런 사고방식을 토대로 짜이지 않으면 안 된다는 생각이다.

5.7 보지 못하게 하기 · 지껄이지 않기 · 만지지 못하게 하기

일본이라는 나라는 자기 힘으로 기술을 창출하여 살아 온 국가이다. 그리고 앞으로도 우리 기술을 발전시키고 또한 새로운 물건을 창조하는 것을 지향하고자 한다면 일본의 제조업은 보지 못하게 하기 · 지껄이지 않기 · 만지지 못하게 하기를 실행하지 않으면 안 된다.

바꿔 말하면 이것은 「신3원」이다. [그림 5.9]를 보기 바란다. 종래 외부와의 정보를 차단하고 싶을 때 개인이 취해야 할 방책이라 할 수 있는 것은 「보지 않기 · 말하지 않기 · 듣지 않기」라는 「3원(猿)」이다. 그러나 필자의 눈에서 보면 기술이 외부에 유출되지 않는 방책으로서 이것은 매우 소극적인 방책이다. 이제부터는 더욱 강하고 적극적인 방책이 필요하다. 그것이 「신3원」, 즉 「보지 못하게 하기 · 말하지 못하게 하기 · 만지지 못하게 하기」이다.

보지 않기 · 듣지 않기 · 말하지 않기(3원)에서
"보지 못하게 하기 · 지껄이지 않기 · 만지지 못하게 하기"
(3불, 신3원)으로

[그림 5.9] 보지 못하게 하기 · 지껄이지 않기 · 만지지 못하게 하기 : 이제부터의 일본 제조업이 지향하는 길

「신3원」 중 가장 중요한 것이 「지껄이지 않기」이다. 가장 해서는 안 되는 것은 지껄이는 것이다. 특히 설계사상, 개발사상을 지껄이는 것이 제일로 안 된다. 상위의 지식일수록 의미가 커서 유출됐을 때의 영향 · 피해가 막대하기 때문이다.

종래의 일본은 생산현장의 고안이라는 하위 지식으로 잘 해왔다. 그래서 하위의 지식에만 무게를 두어 상위의 지식을 소홀히 해왔다. 그러나 이제부터는 그건 안 된다. 기술의 싸움은 지성(intelligence)의 싸움이기도 하다. 상위지식의 중요성을 인식하고 그것을 지키고자 한다면 설계사상에 연막을 치는 정도의 교활한 현명함도 실은 필요한 것이다.

여기서 바보와 기술자는 지껄이고 싶어 한다는 특성(공통의 폐해)이 있음을 잘 생각해 두기 바란다. 독자 여러분도 제발 부탁하건대 주의하기 바라는 것이다. 기술자는 어디선가 조금이라도 추어주면 「잘 들었다. 나는 그 말이 제일 듣고 싶었다」라고 하여 기분이 좋아져서 모든 것을 지껄여버리게 되는 것이다. 기술자에게는 정말로 그런 특성이 있으므로 거듭 잘 자각하여 정신을 바짝 차리기 바란다.

지껄인다면 결국 거기까지의 노고는 전부 물거품이다. 따라서 그 설계나 개발에 얼마만큼 대단한 노력을 했는지, 얼마만큼의 투자를 하고 얼마만큼의 비용이 들었는지, 그런 것을 한시도 잊지 말고 외부에 대하여는 절대로 입을 열어서는 안 된다. 그럼에도 불구하고 회사 안에서는 말하지 않으면 안 되기 때문에 어려운 점도 있으나, 이것은 반드시 실행하지 않으면 안 된다.

첨기

「**바보와 기술자는 변하고 싶어 하는**」 특성도 있다. 기술자는 전과 같은 것을 하는 것이 싫어 무언가 다른 것을 하고 싶어 한다. 이것을 「기술자 혼」이라고 듣기 좋은 말로 말해줄 수도 있지만 기술자의 제일가는 문제점이다. 자기들 기술자에게는 이런 특성(통폐 ; 공통의 폐해)이 있음을 확실히 인식하고 고지식하게 생각한 위에 기술이라는 것을 다루어가지 않으면 안 된다는 것이다.

자기들이 위험을 무릅쓰면서 도박을 하여 완성해 온 기술을, 거저 외부로 양도해서 좋은 일은 없다. 그러지 않기 위해서도 생산현장, 생산기술을 외부 사람이 보게 해서는 안 된다. 만일 보여 버렸으면 외부 사람에게는 그것이 "캄캄한 밤의 등대"가 된다. 보기 전에는 실현할지 아닐지도 모른다. 그러나 한 번 봐버리면 「실현할 수 있는 길이 있다」는 것을 알게 된다. 본 사람에 따라서는 그 방향으로 노력을 하면 반드시 만드는, 그런 일이 보증되는 것이다. 「실현가능하다」고 알아 개발을 스타트할 수 있으면 예를 들어 비용을 1/10로 줄이거나, 시간을 1/3로 단축시키거나 하는 그런 일이 일어난다. 제작현장을 보이는 것이 제일로 안 되는 일인 것이다.

첨기

세상에서는 “우리는 2등으로 달렸다”고 당당하게 선언하고 실행하고 있는 회사도 있다. 그러나 그런 2등 의식이 통하는 시대는 이미 끝난 것이다.

또, 같은 문제의식을 갖고 있는 사람이라면 한 번 만지면 전부를 안다. 따라서 실물에 접촉시켜서는 안 된다. 제품이란 「이런 것이 있을 수 있다」고 하는 것을 확실히 명시하고 있는 것이다. 따라서 완성된 제품은 원하는 대로 분석되고, 원하는 대로 주물러진다. 이것은 방법이 없는 것이다. 그러나 제작까지의 공정을 보이거나 제작하고 있는 한가운데의 것을 만지게 해서는 절대로 안 되는 것이다.

첨기

어느 항공기 메이커는 「이놈에게는 아무것도 보이지 마」라는 블랙리스트를 갖고 있다고 한다. 보여준 순간에 전부 알아버리는 사람이 있음을 알고 있기 때문이다. 그런 사람은 한 발도 공장에 들이지 않도록 철저하게 하는 것이 좋다. 거꾸로 말하면 이것은 자기들은 그 정도의 것을 만들고 있다는 자각의 발현이기도 하다.

5.8 기술을 뽑아내는 분위기를 만들라

요즘 단혼(団魂)세대의 사람들이 대거 회사에 간 것으로 기술의 공백이 생기지는 않을까 모두 두려워하고 있다. 그것을 막고, 확실하게 활동을 이어가기 위해서는 기술의 전승(傳承)이 중요하다고 말하는 사람이 많다. 그러나 필자는 「전승」이 아니라고 생각하고 있다. **필요한 것은 기술의 전승이 아니라 기술의 전달이다.**

전승이란 「완성된 것을 전하는 것」이다. 그런데 「완성된 것」 따위는 전혀 바라지 않는 것이다. 바라지 않는 것을 전한다고 해도 그저 귀찮아 할 뿐 억지로 하고 있다고밖에 생각지 않는다. 다시 말하면 **완성된 것을 전하려고 해도 전해지지 않는다**는 말이다.

그러면 어떻게 할까. **「전하는」 것이 아니라 「결과로서 전해 들었다」는 모양이 되는 분위기를 만드는 것이다.** 그런 분위기를 만들지 않으면 기술은 전해지지 않는 것이다. 그리고 그런 분위기를 만들어 실행해가는 것이 「기술의 전달」인 것이다. 이것은 기술의 전승과는 확실히 다른 것이다.

첨기

가령 전했다고 해도 그것을 고정화해서는 안 된다. 고정화가 일어나면 사람은 금방 「지키면 된다」라는 생각이 든다. 그것이 안 되는 것이다.

여기서 [그림 5.10]을 보기 바란다. 개인의 성장을 기능과 시간을 축으로 하여 나타내 본다. 언뜻 보기에는 마치 선배로부터 기술이 전해지는 것처럼 보인다. 그런데 실제는 그렇지 않다. 먼저 기술을 원한다고 생각하는 사람이 있다. 그 사람이 활기차게 일하고 있는 선배를 보고 자기도 저렇게 되고 싶다고 생각한다. 그리고 선배로부터 지식이나 경험을 뽑아낸다. 그 사람은 그것을 자기 양식(糧食)으로 하여 성장해가는 것이다. 「기술의 전달」이란 이렇게 전하는 방식임을 가리키는 것이다. 전하려고 해서 전해지는 것이 아니라 결과로서 전해지는 것이다.

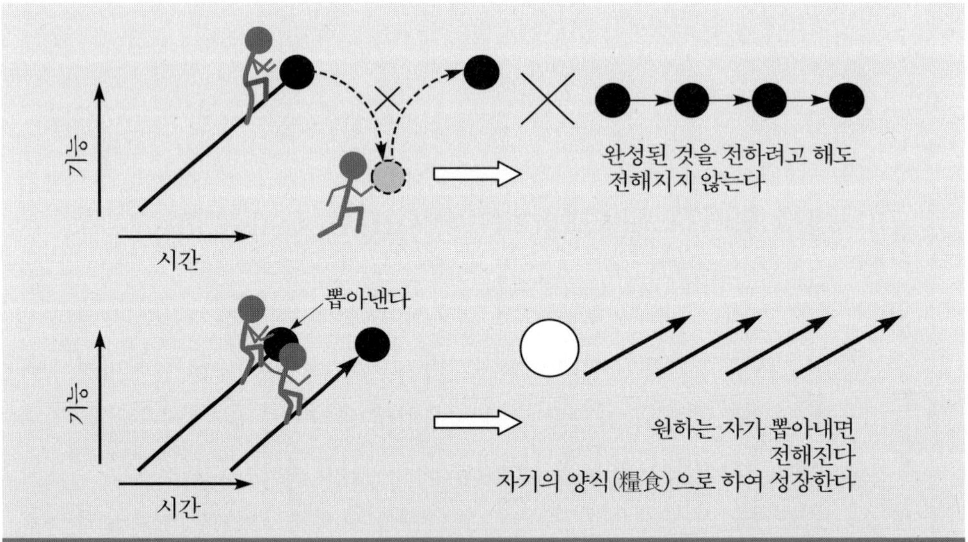

[그림 5.10] 조직으로서의 기술 전달과 개인의 성장

이것을 거꾸로 말하면, 기술을 전하고 싶다고 생각한다면 선배로부터 뽑아내어 성장할 수 있는 분위기를 만들라는 것이다. 전승, 전승이라고 말할 시간이 있다면 그런 조직운영을 하라고 필자는 말하고 싶은 것이다. 그것이 장차 일본에 정말로 강한 산업현장을

만드는 것이 되는 것이다.

첨기

「어떻게 하면 전해질까」를 생각하려면 「어떻게 하면 단절될까」도 생각할 필요가 있다. 기술을 전해가기 위해서는 경제 사이클에 편승시키지 않으면 안 된다. 예를 들어 일본의 전통사업인 옻칠이 쇠퇴해지고 있다. 그것은 경제 사이클에 편승시키지 않고 있기 때문이다. 세간에서는 경제 사이클에 편승하지 못한 기술을 다만 "멋지다", "전통이 있다"라는 이유만으로 지켜 전하는 것이 당연한 것 같이 하고 있다. 그러나 사라지고 있는 기술을 단순한 노스탈지아로 지키려고 해도 의미는 없는 것이다. 사회 안에서의 생산활동, 경제활동과 연결되지 않는 기술은 없어져 단절되는 것이다. 혹시 정말로 남아있어야 할 기술이라면 경제 사이클에 편승하는 방책을 분명히 하여 실행하지 않으면 안 된다. "후세에 길이 남겨야 할 것"이라는 미적지근한 생각은 딱 잘라버리지 않으면 안 된다.

[참고문헌] 하타무라 요타로(畑村洋太郎) 편저, 실제설계연구회 저 『실제의 설계 제6권 기술을 전한다』, 일간공업신문사, 2006.

5.9 긴급제언

그럼 이 절(節)로서 본서도 드디어 마무리하게 된다. 마지막으로 필자의 「긴급제언」을 듣기 바란다.

5년 정도 전부터 일본 내의 여기저기가 불타거나 날아가거나 여러 가지 사고(事故)가 일어나고 있다. 그런 사고가 일어날 때마다 총책임자를 맡고 있는 사람이 필자가 있는 곳에 와서 상담에 응해달라고 한다. 예를 들면 「30년간 무사고로 해 왔는데 이 때가 되어 갑자기 사고가 일어나게 되었다. 총책임자로서 어떻게 대처하면 좋을지 모르겠다. 사장을 맡고 있는 것이 정말로 괴롭다」고 말하는 것이다.

확실히 그것은 정말로 괴로운 것이라고 생각한다. 그러나 필자는 그 사람들에게 이렇게 말한다.

「당신 회사는 고도성장기 이후 사람이 결정한 대로의 일을 하는 것이 좋다고 하여 그렇게 한 적이 없습니까?」, 「사원 한 사람씩이 보고, 생각하여 사물을 말하는 그런 식으로 되어 온 것이 아닙니까?」, 「한 사람씩이 생각하게 되어 있지 않는 데에 제일 문제가 있는 것이다. 따라서 모두가 자기 생각을 확실하게 표출해 와서 사람들과 주고받을 수 있도록 하는 분위기를 만들어 달라. 그리고 그것은 당신이 반느는 수밖에 없는 것이지요.」

그리고 다음의 3가지를 전 사원에게 생각하게 하여 자기 입으로 발표하게 하라고 하고 있다. 조금 전에 설명한 아웃풋형의 학습을 실행시키자고 하는 것이다. 그것이 이제부터 말하는「긴급제언」이기도 하다. [그림 5.11]을 보면서 차례대로 설명하겠다.

1. 나는 일을 통해 사회와 어떻게 관계하고 있는가?

현대사회에 있어서 최대 문제의 하나가, 한 사람 한 사람이 사회의 구성원임에도 불구하고, 그 자각이 없어져 있는 것이다. 따라서 사원에게「일을 통해 사회와 어떻게 관계하고 있는가를 말해보라」고 하면 고객이라고 밖에 말하지 않는 사람이 많다. 고객이란 돈을 갖고 와주는 사람인 것이다. 그 사원은 돈을 갖고 오는 사람들의 일을 사회라고 착각하고 있는 것이다.

보통의 사람은 고객에 관한 일이라면 여러 가지 얘기가 가능하다. 그러나 이것을 거꾸로 말하면, 고객과의 관계까지밖에 말할 수 없다는 것이다. 실패나 사고를 반복하는 회사에서는 어느 사람도 자기가 사회와 어떻게 관계하고 있는지를 말하지 않는 것이다. 필자의 제언은 그것을 생각하게 하여 자기 입으로 이야기하도록 하는 것이다.

다음의 세 가지 내용을 전 종업원에게 생각하게 하고, 자기 입으로 발표를 시키라.

1. 나는 일을 통해 사회와 어떻게 관계하고 있는가?
(“고객”은 아니다)

2. 일련의 화재·폭발을 보고 무엇을 생각하는가?
“직접원인”만이 아니라 “배경”·“조직의 특성”도 포함한다.

3. 지금 바로 해야 할 일은 무엇인가?

발표에 비판을 하면 안 된다. 말하는 이유·설명은 불필요하다.
진정한 대책은 이 발표 안에 있다. 그것을 실행할 수 있는 것은 사장뿐이다.

[그림 5.11] 긴급제언

만일에 필자가 사장이었다면 고객의 일밖에 보이지 않는 사람에게는 이렇게 말할 것이다. 「고객이란 돈을 갖고 오는 사람의 일일 것이다. 당신은 돈을 갖고 오는 사람의 일밖에 생각하지 않는가? 그것은 이상하지 않는가? 모두 사회 전체 안에서 생기고 있지 않는가. 돈을 갖고 오지 않는 저쪽 사람의 일도 생각하라. 그것이 당신 자신의 일이나 회사를 생각하는 것이 되기도 한다」고 하는 식이다.

회사에서 확실히 일을 하는 것은 중요하다. 그렇다고 해서 회사 안의 일만 생각하여 보다 넓은 사회의 일까지 머리가 가지 않게 하는 것은 오히려 회사를 안 되게 하는 것이다. 지금의 일본 안에서 회사라고 하는 존재에게는 매우 어려운 시기가 오고 있다. 회사라는 것을 잘 생각해야 한다. 그러나 회사의 일만 생각하고 있게 하면 안 되는 것이다.

「개인의 독립」, 「전체를 본 자율분산(自律分散)」이 중요한 것이다.

2. 일련의 화재나 폭발을 보고 무엇을 생각하는가?

이런 질문을 받으면 회사에서 일하고 있는 사람들은 모두 직접원인에 관한 것만 보고 아는 듯이 말하고 싶어 한다. "저곳이 이상했다", "이놈이 나쁘다"라고 얘기할 뿐이다. 그러나 그런 것으로는 똑같은 사고나 실패를 반복할 뿐이다. 직접원인만이 아니라 그 실패나 사고의 배경, 자기들 조직의 특성도 포함하여 생각하지 않으면 안 된다. 경우에 따라서는 자기 회사의 어두운 곳에까지 밟아 들어갈 필요가 있는 것이다. 제4장에서는 자기를 둘러싸고 있는 「기(氣)」에 주의해야 한다고 얘기했는데 그것은 여기에도 해당하는 것이다. 그리고 그 「기」를 확실하게 의식하기 위해서는 앞에서도 설명한 「개인의 독립」이 반드시 필요하게 된다. 참으로 중요한 일은 자기 눈으로 보고, 자기 머리로 생각하지 않으면 절대로 파악할 수 없다. 그런 사고방식이 가능한지 어떤지를 이 질문에서는 착안해야 한다.

3. 지금 바로 해야 할 일은 무엇인가?

"문제는 많이 있다", "하지 않으면 안 될 일이 많이 있다"고 말하는 사람이 있다. 분명히 그건 그렇다. 그러나 그런 것을 말하는 사람이야말로 안 하는 핑계대기를 좋아하는 것이다. 그게 아니라 중요한 것은 그 "많이 있다" 마다에 무게를 두고 지금의 자기에게 있어서 제일 중요한 것은 무엇일까, 지금의 자기에게 실행해야 할 것은 무엇일까, 그것을 확실하게 파악하여 먼저 손을 대는 것이다.

그런데 이런 일을 누군가 하기 시작하려고 하면 반드시 중간관리직에 있는 상사가 나와서 "그런 일을 말해봤자"라고, 말하는 이유나 될 수 없는 설명을 하고 싶어 하는 것이다. 그리고 어떻게 자기는 확실하게 업무를 행하고 있는지, 자기에게는 책임이 없다는 얘기로 끌고 가려고 한다. 책임자다운 사람이라면 그런 말을 절대로 입에 담아서는 안 되는 것이다. 그런 말을 하려고 하면 누구도 어떤 일을 말하지 않게 되기 때문이다.

첨기

아침에 「안녕하세요」라고 하지 않는 회사는 결국 안 되게 되는 것과 다르지 않다고 생각하는 것이다. 가만히 들어와 묵묵히 일을 하고 있는 회사라면 짜임새 있는 것이다. 그러나 돈이 드는 것도 아니고, 어쨌든 아침이라면, 만난 사람에게는 반드시 「안녕하세요」를 말하기 싫을 정도로 해본다면 어떨까를 생각하는 것이다. 처음에는 멋쩍을지도 모르지만 그런 것은 처음뿐이다. 금방 예삿일이 되어버리는 것이다.

이상의 3가지 점을 설명하고 「전원에게 자기 입으로 발표시켜 당신 자신이 그것에 응해달라」고 말한다. 왜냐하면 진정한 대책이나 생각은 이미 반드시 사원들의 생각 안에 확실하게 있는 것이다. 그리고 그 생각을 도입하여 실행에 옮기는 것은 사장만의 일이다. 그것을 하지 않기 때문에 사고(事故)가 일어나고 있는 것이다. 최종 인사권을 갖고 있는 사람이 이것을 확실하게 실행하지 않는 한 회사의 진짜 문제점은 해결되지 않는다. 그러니까 사원들은 모두 리더가 그것을 실행하기 바라고 있는 것이다.

지금의 일본을 리드하는 회사의 책임자들은 모두 반드시 이것을 실행하고 있다. 이 일을 실행하지 않는 회사, 실행할 수 없는 회사는 어쩌면 사회에서의 역할을 끝내고 사라져가게 될 것이다.

맺음말

염원하던 책이 드디어 완성되었다.

본서에 쓰여 있는 것은 내가 40년에 걸쳐 구축해온 생각을 표출하여 집내성한 것이다. 얼마나 이 날을 애타게 기다렸던가. 지금 이 「맺음말」을 쓰면서 그런 생각을 하고 있다.

1960년부터 2000년에 걸친 40년간은 내가 기술자로서 제일 원기왕성하게 활동한 시기이다. 그리고 그와 동시에 일본의 사회나 산업이 급격하게 변해온 시기이기도 하다. 나는 그런 유례없는 시대상황의 한가운데를 살며 강하게 영향을 받으면서 본서에 있는 생각을 키워왔다.

단, 영향을 받은 것은 시대상황 뿐만은 아니다. 내가 순회하며 만난, 정말로 많은 사람들에게서도 깊게 영향을 받았다. 「실제설계연구회」의 멤버를 필두로, 필자가 주재하는 「기술창조연구회」의 분들, 「하타무라숙」에 참가해준 기업 분들, 그리고 도쿄대학이나 공학원대학에서 내 강의를 들어준 학생 제군들, 이 사람들로부터 받은 유형무형의 영향이 본서를 구성하고 있다. 그 의미로 「이 책은 모두가 만든 공동 작품이라」고 나는 생각하고 있다. 지금 여기서 기술(記述)을 마치고 보니 그런 감회를 갖는 것이다.

아니면 그 때문인 것일까, 견지를 바꾸면 본서는 기술(技術)을 자기 일로 하고, 자기 목표로 하여 살아가는 사람들의 「비명(悲鳴)」을 문자로 표현한 것이기도 하다. 기술자로서 「이런 것을 말하고 싶은데 잘 되지 않는다」, 「이런 것을 생각하고 있는데 말할 분위기가 아니다」, 「희미하게 느끼고 있는데도 말로 나타내지 못한다」 등 복잡한 생각을 품으면서 매일의 일을 우직하고 고지식하게 실행하고 있는 사람들이 많이 있다.

본서는 그 「잘 말하지 못하는 것」을 단어나 그림으로 표출한 것이다. 스스로는 머릿속에 여러 가지 형태로 생각하고 있는데 그것을 잘 표출하지 못하는 사람들의 몫까지 표출한 셈이다.

어쩌면 본서는 기술세계에 사는 사람들의 다양한 생각이 이전되어 만들어진 것이다. 마지막에 전체를 통독해보고 나는 놀라운 마음과 함께 그것을 발견했다. 그러한 기술자들의 생각이 내게 본서를 쓰게 한 것이라고 생각한다.

본서는 내 생각을 집대성한 것이지만 내 생각을 고정한 것은 아니다. 최후에 남은 「생각의 기본형」은 변하지 않는다. 그러나 생각은 이미 변이되어가는 것이다. 따라서 이제부터의 시대나 상황의 변화에 대응하여 본서에 쓰여 있는 생각의 표현방법이나 표출방식은 변해갈 것이다. 나는 그렇게 느끼고 있다.

「변하지 않는다」와 동시에 「변한다」가 있다. 지금까지의 집대성은 여기에 써 넣었다. 나는 이제부터 또 변해갈 예정이다.

하타무라 요타로

찾아보기

저/자/소/개

하타무라 요타로(畑村洋太郎)

1941년 출생
공학원대학 글로벌엔지니어링학부 기계창조공학과 교수
도쿄대학 명예교수
하타무라 창조공학연구소 대표
전공은 창조적 설계론, 실패학, 지능화 가공학, 나노・마이크로 가공학, 의학 지원공학
저서 : 『직관으로 아는 수학』, 『속 직관으로 아는 수학』, 『직관으로 하는 미적분학』, 『수(數)로 강해진다』(岩波書店), 『실패학의 장려』, 『위험학의 장려』(講談社), 『속속 실제의 설계-실패로 배우다』, 『실제의 설계 제6권 기술을 전하다』(日刊工業新聞社, 編著), 『도어 프로젝트로 배우다-검증 회전도어 사고』(日刊工業新聞社), 『기계창조학』(丸善, 共著) 외 다수

역/자/소/개

오덕수
공학박사, 기술사
㈜경원엔지니어링 부사장

임종국
공학박사
한국교동대학교 안진공학과 교수

기술의 창조와 설계 정가 15,000원

저자 : 하타무라 요타로(畑村洋太郎)
역자 : 오덕수 · 임종국

발행인 : 임정대
발행처 : 도서출판 화수목

인쇄 : 2016년 2월 19일 초판
발행 : 2016년 2월 26일 초판

등록 : 제2014-000166호

주소 : 서울시 마포구 신촌로 2길 5-15
전화 : 02-338-9119
팩스 : 02-335-2201

ISBN 979-11-86290-44-6 (93530)

파본이나 잘못된 책은 교환하여 드립니다.